TABLES

DES

SURFACES DE DÉBLAI ET DE REMBLAI,

DES LARGEURS D'EMPRISE,

ET DES LONGUEURS DES TALUS,

RELATIVES

A UN CHEMIN DE FER A UNE VOIE

OU

A UNE ROUTE DE 6 MÈTRES DE LARGEUR ENTRE FOSSES,

POUR DES COTES SUR L'AXE

DE $0^m,00$ A $15^m,00$.

ET

POUR DES DÉCLIVITÉS SUR LE PROFIL TRANSVERSAL

DE $0^m,00$ A $0^m,23$,

Par F. LEFORT,

INGÉNIEUR EN CHEF DES PONTS ET CHAUSSÉES,
MEMBRE CORRESPONDANT DE L'ACADÉMIE DES SCIENCES DE NAPLES.

———•———

PARIS,

MALLET-BACHELIER, IMPRIMEUR-LIBRAIRE

DU BUREAU DES LONGITUDES, DE L'ÉCOLE IMPÉRIALE POLYTECHNIQUE,

Quai des Augustins, 55.

—

1862.

TABLES

DES

SURFACES DE DÉBLAI ET DE REMBLAI,

DES LARGEURS D'EMPRISE,

ET DES LONGUEURS DES TALUS,

RELATIVES

A UN CHEMIN DE FER A UNE VOIE

OU

A UNE ROUTE DE 6 MÈTRES DE LARGEUR ENTRE FOSSÉS,

POUR DES COTES SUR L'AXE

DE 0^m,00 A 15^m,00,

ET

POUR DES DÉCLIVITÉS SUR LE PROFIL TRANSVERSAL

DE 0^m,00 A 0^m,23,

Par F. LEFORT,
INGÉNIEUR EN CHEF DES PONTS ET CHAUSSÉES,
MEMBRE CORRESPONDANT DE L'ACADÉMIE DES SCIENCES DE NAPLES.

PARIS,

MALLET-BACHELIER, IMPRIMEUR-LIBRAIRE
DU BUREAU DES LONGITUDES, DE L'ÉCOLE IMPÉRIALE POLYTECHNIQUE,
Quai des Augustins, 55.

1862.

TABLE DES MATIÈRES.

	Pages.
Avertissement.	V
Introduction	VII
CHAPITRE I. — Construction des Tables.	VII
CHAPITRE II. — Disposition des Tables.	XVI
CHAPITRE III. — Usage des Tables.	XIX
Note sur la Table des longueurs des talus de déblai et de remblai	XX
I. Table des surfaces de déblai et de remblai, et des largeurs d'emprise	(1)
II. Table des longueurs des talus de déblai et de remblai	(81)

AVERTISSEMENT.

Les Tables qui font la matière de cette publication ne diffèrent pas, quant à leur contexture et à leur mode de composition, de celles que j'ai publiées à la fin de l'année dernière, pour un chemin de fer à deux voies ou pour une route de 10 mètres de largeur entre fossés. Cependant, comme les unes ou les autres peuvent convenir à des classes diverses de lecteurs, j'ai cru devoir, à nouveau, rappeler les formules qui ont servi de base aux calculs, et faire connaître la disposition et l'usage des Tables.

Paris, le 1er avril 1862.

F. LEFORT.

INTRODUCTION.

CHAPITRE Ier. — CONSTRUCTION DES TABLES.

1. Le nouveau cahier des charges imposé aux Compagnies concessionnaires des chemins de fer porte, dans ses articles 6 et 7, les indications suivantes :

« Les terrains seront acquis et les ouvrages d'art seront exécutés immédia-
« tement pour deux voies; les terrassements pourront être exécutés et les
« rails pourront être posés pour une voie seulement, sauf l'établissement d'un
« certain nombre de gares d'évitement.

« La largeur de la voie entre les bords intérieurs des rails devra être de
« 1^m,44 à 1^m,45. Dans les parties à deux voies, la largeur de l'entre-voie, me-
« surée entre les bords extérieurs des rails, sera de 2^m.

« La largeur des accotements, c'est-à-dire des parties comprises de chaque
« côté entre le bord extérieur du rail et l'arête supérieure du ballast, sera de
« 1^m au moins.

« On ménagera au pied de chaque talus du ballast une banquette de 0^m,50
« de largeur.

« La Compagnie établira le long du chemin de fer les fossés ou rigoles qui
« seront jugées nécessaires pour l'asséchement de la voie et pour l'écoulement
« des eaux.

« Les dimensions de ces fossés et rigoles seront déterminées par l'Adminis-
« tration, suivant les circonstances locales, sur les propositions de la Compa-
« gnie. »

2. Ces indications laissant encore une certaine latitude aux Ingénieurs, les profils en travers ne varient guère moins, d'un chemin de fer à un autre, pour une voie que pour deux voies. Cependant, dans l'un comme dans l'autre cas, l'amplitude des variations est assez restreinte. Mes calculs sont basés sur les demi-profils types représentés ci-dessous :

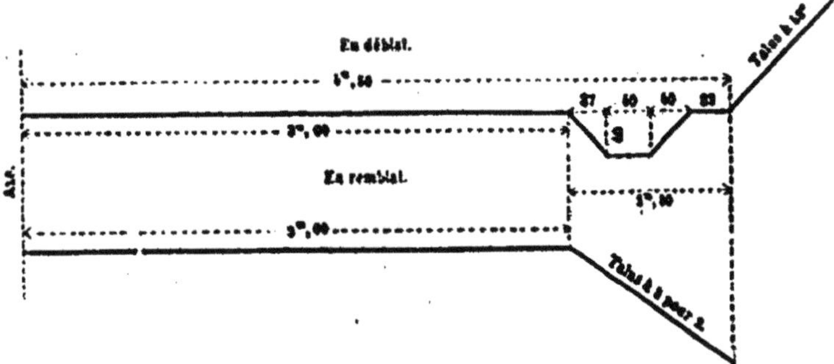

Les profils communément adoptés pour les routes de 6^m de largeur ne diffèrent des précédents que par les dimensions des fossés et par la suppression de la contre-banquette dans les parties en déblai. Cette contre-banquette me paraît avantageuse à plusieurs points de vue : je la préfère à un élargissement et à un approfondissement du fossé. J'engagerais donc les ingénieurs et les agents-voyers à conserver ces profils, sans changements autres que ceux que pourrait motiver la nature du terrain déblayé, et à employer en conséquence ces Tables sans modification aucune pour les cas ordinaires de la pratique.

3. Tous les calculs de terrassements, pour les projets de chemins de fer ou pour les projets de routes, supposent que la plate-forme de la voie se réduit à une horizontale sur le profil en travers. Mes Tables supposent de plus que la déclivité du terrain naturel, soit en rampe, soit en pente, est constante à droite ou à gauche de l'axe, et ne peut varier que lorsque l'on passe du demi-profil de gauche au demi-profil de droite. C'est sur ces hypothèses que sont basées les formules générales qui donnent les surfaces de déblai ou de remblai, et les largeurs. Je vais les rappeler sommairement, et je spécifierai avec quelque détail les cas divers que les applications présentent.

4. *Désignation des grandeurs considérées sur un demi-profil transversal.*

l largeur depuis l'axe jusqu'à l'arête intérieure du couronnement du fossé, ou jusqu'à l'arête supérieure du talus de remblai ;

[Dans nos applications, $l = 3^m$.]

l' largeur entre l'axe et le pied du talus intérieur du fossé ;

[$l' = 3^m,37$.]

l'' largeur entre l'axe et le pied du talus de déblai, pris sur l'horizontale qui couronne le fossé ;

[$l'' = 4^m,50$.]

l'_1 largeur entre l'axe et l'arête extérieure du couronnement du fossé dans le profil en déblai ;

[$l'_1 = 4^m,17$.]

F aire du fossé au-dessous de la même ligne horizontale ;

[$F = 0^{mq},314$.]

f largeur du fond du fossé ou de la cunette ;

[$f = 0^m,40$.]

h profondeur du fossé;

$$[h = 0^m, 40.]$$

l inclinaison par mètre du talus de déblai sur l'horizontale;

$$[l = 1.]$$

l' inclinaison par mètre du talus de remblai sur l'horizontale;

$$[l' = \tfrac{1}{4}.]$$

d cote (rouge) sur l'axe, en déblai;

r cote (rouge) sur l'axe, en remblai;

c la déclivité en rampe du terrain naturel, ou l'inclinaison par mètre sur l'horizontale de la ligne qui le représente;

p la déclivité en pente du terrain naturel;

D la surface en déblai;

R la surface en remblai;

L la largeur de l'emprise, comptée depuis l'axe jusqu'au sommet du talus de déblai, ou jusqu'au pied du talus de remblai. (La largeur L ne comprend pas les zones de garantie.)

5. La combinaison des déclivités en rampe ou en pente, et des cotes en déblai ou en remblai, donne naissance à quatre cas principaux, qui se subdivisent eux-mêmes en plusieurs autres, suivant que la ligne du terrain naturel coupe le talus intérieur du fossé, considéré dans le profil en déblai, lui est supérieure, ou lui est inférieure.

Pour abréger le discours, et permettre en même temps à l'esprit de mieux saisir l'ensemble des formules, je les présente sous une forme synoptique, et je les accompagne de figures qui en définissent le sens géométrique.

6. *Cote en déblai sur l'axe. — Terrain en rampe.*

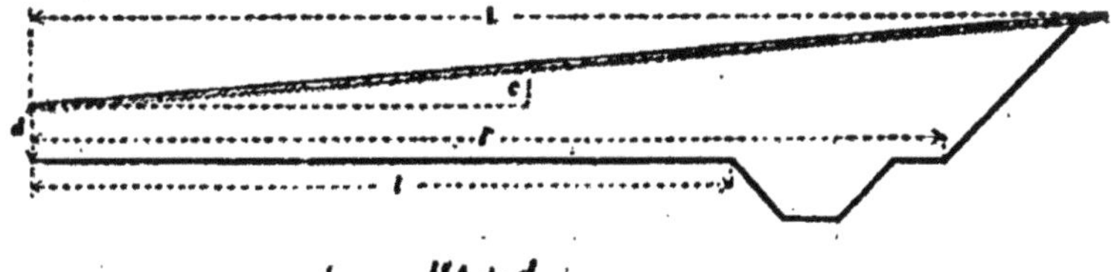

$$\text{(A)} \quad \begin{cases} L = \dfrac{l'l + d}{l - c}, \\[2mm] D = \dfrac{(l'l + d)^2}{2(l - c)} - \left(\dfrac{l'^2 l}{2} - F\right), \\[2mm] R = 0. \end{cases}$$

Pour la figure type de nos Tables,

$$L = \frac{4,5+d}{1-c}; \quad D = \frac{L}{2}(4,5+d) - 9,811; \quad R = 0.$$

7. Cote en déblai sur l'axe. — *Terrain en pente.*

a. La ligne du terrain naturel est inférieure au talus extérieur du fossé.
Analytiquement, $d < (l'+f)p - h.$

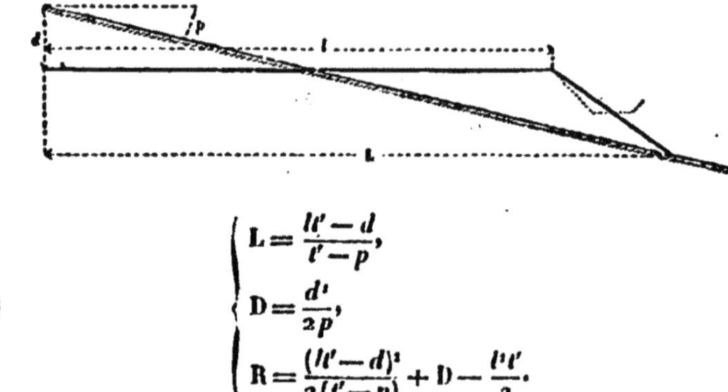

$$(\text{A}) \quad \begin{cases} L = \dfrac{ll' - d}{l' - p}, \\[2mm] D = \dfrac{d^2}{2p}, \\[2mm] R = \dfrac{(ll' - d)^2}{2(l'-p)} + D - \dfrac{l^2l'}{2}. \end{cases}$$

Pour la figure type de nos Tables,

$$L = \frac{6-3d}{2-3p}; \quad D = \frac{d^2}{2p}; \quad R = \frac{L}{2}(2-d) + D - 3.$$

b. La ligne du terrain naturel coupe les deux talus du fossé.
Analytiquement, $d \begin{array}{l} > (l'+f)p - h, \\ < lp. \end{array}$

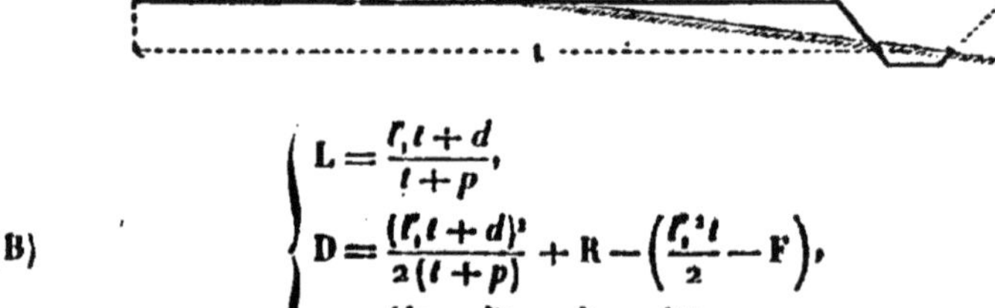

$$(\text{B}) \quad \begin{cases} L = \dfrac{f_1 l + d}{l + p}, \\[2mm] D = \dfrac{(f_1 l + d)^2}{2(l+p)} + R - \left(\dfrac{f_1^2 l}{2} - F\right), \\[2mm] R = \dfrac{(ll - d)^2}{2(l-p)} + \dfrac{d^2}{2p} - \dfrac{l^2l}{2}. \end{cases}$$

Pour la figure type de nos Tables,

$$L = \frac{4,17+d}{1+p}; \quad D = \frac{L}{2}(4,17+d) + R - 8,38; \quad R = \frac{(3-d)^2}{2(1-p)} + \frac{d^2}{2p} - 4,5.$$

c. **La ligne du terrain naturel coupe seulement le talus extérieur du fossé.**

Analytiquement, $d \begin{smallmatrix} > lp, \\ < l''p. \end{smallmatrix}$

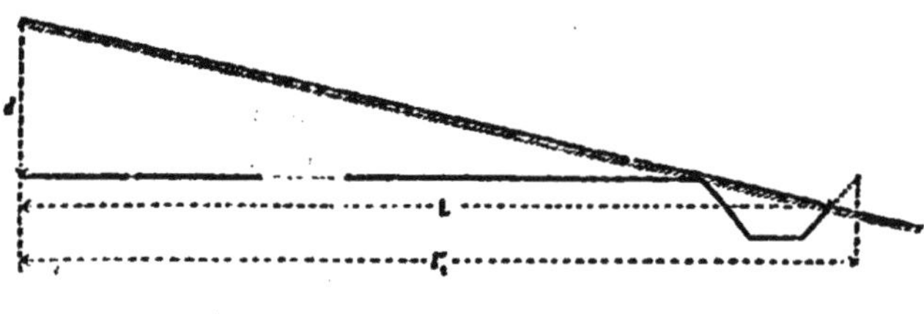

$$(C) \quad \begin{cases} L = \dfrac{l'_1 l + d}{l + p}, \\[2mm] D = \dfrac{(l'_1 l + d)^2}{2(l + p)} - \left(\dfrac{l'_1 l}{2} - F\right), \\[2mm] R = o. \end{cases}$$

On voit que les formules (C) ne diffèrent des formules (B) que par la suppression des termes en R.

d. **La ligne du terrain naturel est supérieure au fossé et à la banquette.**

Analytiquement, $d > l''p$.

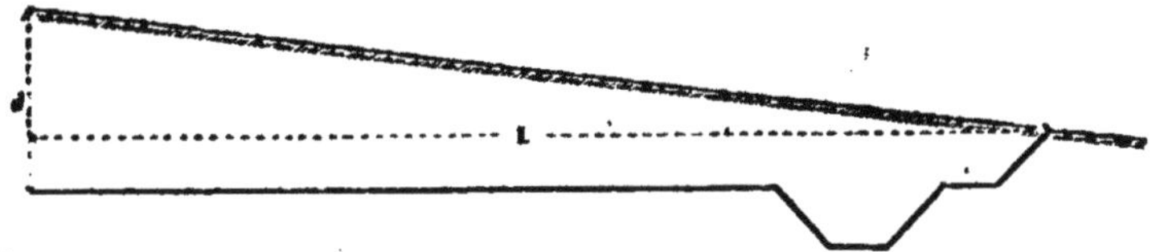

$$(D) \quad \begin{cases} L = \dfrac{l' l + d}{l + p}, \\[2mm] D = \dfrac{(l' l + d)^2}{2(l + p)} - \left(\dfrac{l' l}{2} - F\right), \\[2mm] R = o. \end{cases}$$

Pour la figure type de nos Tables,

$$L = \frac{4.5 + d}{l + p}; \quad D = \frac{L}{2}(4,5 + d) - 9,811.$$

Réunion des quatre cas en un diagramme.

Si l'on prend pour abscisses les pentes *p*, pour ordonnées les cotes *d*, et si l'on trace les lignes représentées par les équations

$$d_1 = (l' + f)p - h; \quad d_2 = lp; \quad d_3 = l''p;$$

ces lignes fixeront, pour chaque cas, les limites d'application des divers systèmes de formules.

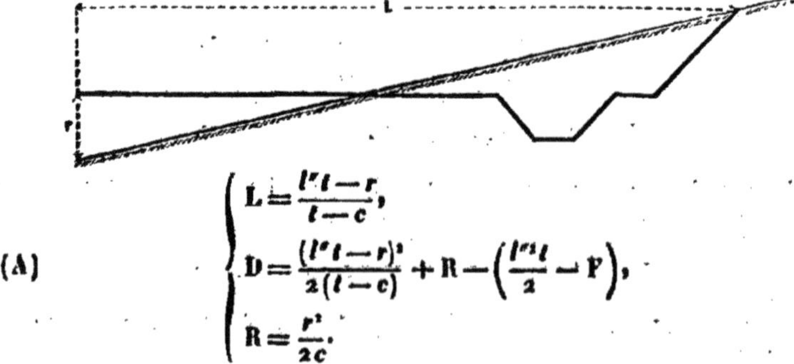

$p.$	d_1	d_2	d_3
0,00		0,000	0,000
01		0,030	0,045
02		0,060	0,090
03		0,090	0,135
04		0,120	0,180
0,05		0,150	0,225
06		0,180	0,270
07		0,210	0,315
08		0,240	0,360
09		0,270	0,405
0,10		0,300	0,450
11	0,015	0,330	0,495
12	0,052	0,360	0,540
13	0,090	0,390	0,585
14	0,128	0,420	0,630
0,15	0,166	0,450	0,675
16	0,203	0,480	0,720
17	0,241	0,510	0,765
18	0,279	0,540	0,810
19	0,316	0,570	0,855
0,20	0,354	0,600	0,900
21	0,392	0,630	0,945
22	0,429	0,660	0,990
23	0,467	0,690	1,035
24	0,505	0,720	1,080
0,25	0,543	0,750	1,125

8. *Cote en remblai sur l'axe. — Terrain en rampe.*

a. La ligne du terrain naturel s'élève au-dessus du fossé et de la banquette, dans le profil en déblai.

Analytiquement, $r < lc$.

(A)

$$\begin{cases} L = \dfrac{l''l - r}{l - c}, \\[2mm] D = \dfrac{(l''l - r)^2}{2(l - c)} + R - \left(\dfrac{l''l}{2} - F\right), \\[2mm] R = \dfrac{r^2}{2c}. \end{cases}$$

Pour la figure type de nos Tables,

$$L = \frac{4,5-r}{1-c}; \quad D = \frac{L}{2}(4,5-r) + R - 9,811; \quad R = \frac{r^2}{2c}.$$

b. La ligne du terrain naturel coupe le talus intérieur du fossé, ou le fond de la cunette.

Analytiquement, $r \genfrac{}{}{0pt}{}{> lc,}{< l'c+h.}$

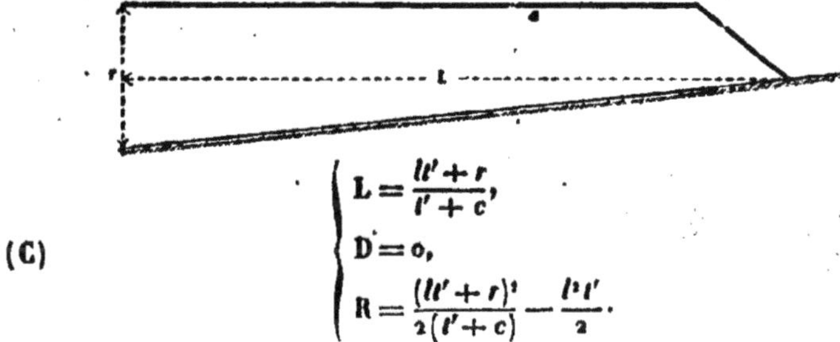

(B)
$$\begin{cases} L = \dfrac{l_1 l - r}{l - c}, \\[2mm] D = \dfrac{(l_1 l - r)^2}{2(l-c)} + R - \left(\dfrac{l'^2 l}{2} - F\right), \\[2mm] R = \dfrac{(ll + r)^2}{2(l+c)} - \dfrac{l'l}{2}. \end{cases}$$

Pour la figure type de nos Tables,

$$L = \frac{4,17-r}{1-c}; \quad D = \frac{L}{2}(4,17-r) + R - 8,38; \quad R = \frac{(5+r)^2}{2(1+c)} - 4,5.$$

c. La ligne du terrain naturel est inférieure à la cunette du fossé dans le profil en déblai.

Analytiquement, $r > l'c + h.$

(C)
$$\begin{cases} L = \dfrac{ll' + r}{l' + c}, \\[2mm] D = 0, \\[2mm] R = \dfrac{(ll' + r)^2}{2(l'+c)} - \dfrac{l'l'}{2}. \end{cases}$$

Pour la figure type de nos Tables,

$$L = \frac{6+3r}{2+3c}; \quad R = \frac{L}{2}(2+r) - 3.$$

Réunion des trois cas en un diagramme.

Si l'on prend pour abscisses les rampes c, pour ordonnées les cotes r, et si l'on trace les lignes représentées par les équations

$$r_1 = lc; \quad r_2 = l'c + h;$$

ces lignes fixeront les limites d'application des divers systèmes de formules.

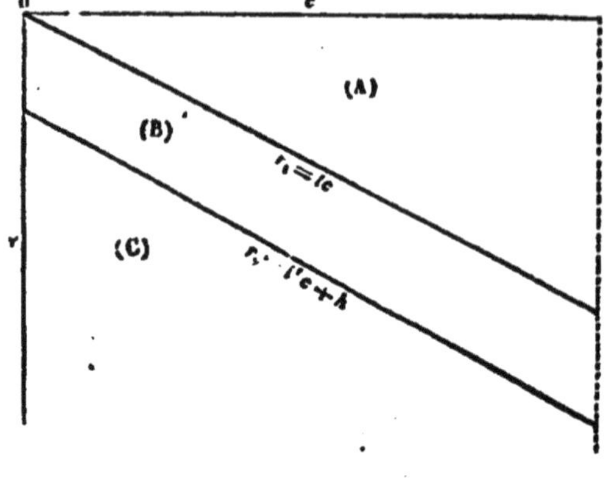

c	r_1	r_2
,00	0,000	0,400
01	0,030	0,434
02	0,060	0,467
03	0,090	0,501
04	0,120	0,535
0,05	0,150	0,569
06	0,180	0,602
07	0,210	0,636
08	0,240	0,670
09	0,270	0,703
0,10	0,300	0,737
11	0,330	0,771
12	0,360	0,804
13	0,390	0,838
14	0,420	0,872
0,15	0,450	0,906
16	0,480	0,939
17	0,510	0,973
18	0,540	1,007
19	0,570	1,040
0,20	0,600	1,074
21	0,630	1,108
22	0,660	1,141
23	0,690	1,175
24	0,720	1,209
0,25	0,730	1,243

9. *Cote en remblai sur l'axe. — Terrain en pente.*

c. La ligne du terrain naturel coupe le talus intérieur du fossé dans le profil en déblai.

Analytiquement, $r < h - (l' + f) p$.

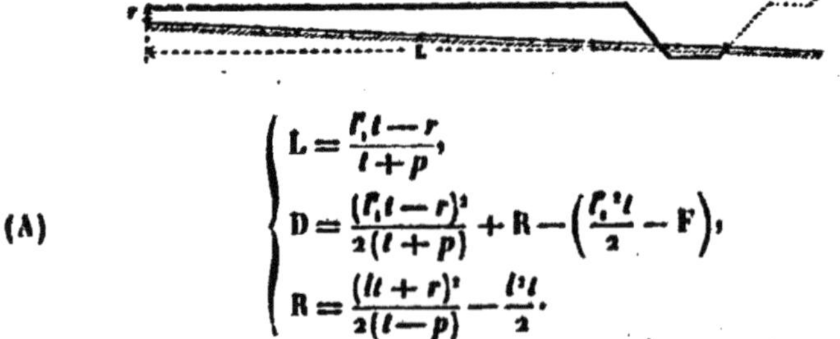

$$(A) \quad \begin{cases} L = \dfrac{r_1 l - r}{l + p}, \\[2mm] D = \dfrac{(r_1 l - r)^2}{2(l + p)} + R - \left(\dfrac{r_1 l}{2} - F\right), \\[2mm] R = \dfrac{(l_1 + r)^2}{2(l - p)} - \dfrac{l' l}{2}. \end{cases}$$

Pour la figure type de nos Tables,

$$L = \frac{4,17 - r}{1 + p}; \quad D = \frac{L}{2}(4,17 - r) + R - 8,38; \quad R = \frac{(3 + r)^2}{2(1 - p)} - 4,5.$$

b. La ligne du terrain naturel est inférieure à la cunette du fossé dans le profil en déblai.

Analytiquement, $r > h - (l' + f)\,p.$

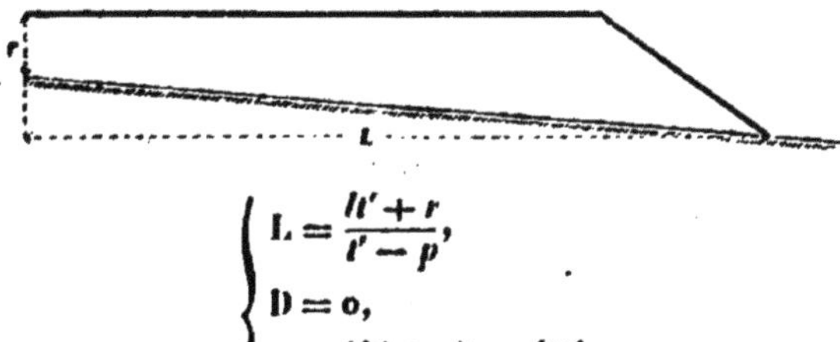

(B)
$$\begin{cases} L = \dfrac{hl' + r}{l' - p}, \\[2mm] D = 0, \\[2mm] R = \dfrac{(hl' + r)^2}{2(l' - p)} - \dfrac{h^2 l'}{2}. \end{cases}$$

Pour la figure type de nos Tables,

$$L = \frac{6 + 3r}{2 - 3p}; \quad R = \frac{L}{2}(2 + r) - 3.$$

Réunion des deux cas en un diagramme.

Le diagramme suivant, construit comme nous l'avons indiqué ci-dessus, présente les limites d'application des divers systèmes de formules.

p	r
0,00	0,4000
01	0,3623
02	0,3246
03	0,2869
04	0,2492
0.05	0.2115
06	0.1738
07	0.1361
08	0.0984
09	0.0607
0,10	0,0230

10. Telles sont les formules fondamentales que j'ai appliquées. On peut les résumer comme il suit. Soit

L la largeur de l'emprise, non compris la zone de garantie, pour le demi-profil en travers où l'on admet une déclivité constante;

S la surface du déblai ou du remblai;

z la hauteur du déblai ou du remblai sur l'axe;

on a

$$L = f(z); \quad S = F(z).$$

La fonction f est toujours du premier degré en z, et la fonction F du second degré. Ainsi, les différences secondes des surfaces, et les différences premières des largeurs, sont constantes. Si donc on prend un accroissement uniforme Δz, et si l'on détermine, pour une valeur spéciale z_i, les valeurs particulières

$$F(z_i), \quad \Delta^1 F(z_i), \quad \Delta^2 F(z_i), \quad f(z_i), \quad \Delta^1 f(z_i),$$

on pourra construire, par la méthode d'interpolation due au géomètre lyonnais *Mouton*, les valeurs successives

$$F(z_i + \Delta z)\ldots\ldots, \quad F(z_i + n\Delta z),$$
$$f(z_i + \Delta z)\ldots\ldots, \quad f(z_i + n\Delta z),$$

dans toute l'étendue où les fonctions $F(z)$ et $f(z)$, qui sont continues et constamment croissantes ou décroissantes, représentent les surfaces de déblai et de remblai, et les largeurs.

Les fonctions $F(z_i)$, $f(z_i)$ se calculent, plus rapidement que par les logarithmes, à l'aide des Tables de multiplication de Crelle et des Tables de division de Picarte.

Les différences s'obtiennent, avec sûreté et sans peine, par les formules générales qui dérivent du théorème de Taylor, et qui se réduisent ici à

$$\Delta^1 f(z) = f'(z)\Delta z; \quad \Delta^1 F(z) = F'(z)\Delta z + F''(z)\frac{\Delta z^2}{2}; \quad \Delta^2 F(z) = F''(z)\Delta z^2.$$

J'ai calculé les valeurs initiales qui répondent à chaque déclivité, avec un nombre de décimales suffisant pour que la partie négligée dans les additions successives, ne produise pas sur le dernier terme une erreur de plus de 0,02. Ces valeurs ont servi de base à l'interpolation que j'ai fait effectuer par des calculateurs auxiliaires. Je vérifiais les résultats par l'application directe de la formule générale des différences

$$u_n = u_i + n\Delta u_i + n\cdot\frac{n-1}{2}\Delta^2 u_i + \ldots \quad (*).$$

CHAPITRE II. — Disposition des Tables.

11. La disposition dés Tables de Coriolis n'est pas commode, et est sujette à induire en erreur. J'ajoute qu'elle paraît peu logique. Chaque page y répond à

(*) Les personnes qui seraient désireuses d'avoir de plus amples détails sur cette méthode, dont l'application est très-générale et très-sûre, peuvent consulter un article que j'ai inséré dans les *Annales de l'Observatoire impérial de Paris*, tome IV, 1858.

une cote déterminée de déblai ou de remblai, mesurée sur l'axe, et les déclivités sont prises pour argument; en sorte que, si l'on désigne par

$$\left.\begin{matrix} D \\ R \end{matrix}\right\} \text{ les surfaces de } \left\{\begin{matrix} \text{déblai,} \\ \text{remblai,} \end{matrix}\right.$$

$$\left.\begin{matrix} c \\ p \end{matrix}\right\} \text{ les déclivités en } \left\{\begin{matrix} \text{rampe} \\ \text{pente} \end{matrix}\right\} \text{ sur le demi-profil en travers,}$$

chaque page représente le tableau des surfaces de déblai et de remblai, exprimées par les équations suivantes

$$\left.\begin{matrix} D \\ R \end{matrix}\right\} = f\left(\left\{\begin{matrix} c \\ p \end{matrix}\right.\right).$$

Or ces fonctions des déclivités se développent en séries infinies, et peu convergentes. Les différences des divers ordres sont assez considérables, malgré la petitesse des intervalles choisis; de plus, leurs signes sont différents. Il en résulte, d'une part, que l'on ne se sert en aucune façon de ces séries et de ces différences pour construire les Tables; d'autre part, que l'on ne peut être facilement averti des erreurs, dans l'inscription des surfaces, par la prise à vue des différences non écrites. C'est à cette dernière cause que j'attribue les erreurs de typographie, très-nombreuses et réellement dangereuses, dont sont entachées les Tables de Coriolis.

12. Quand bien même mon opinion n'eût pas été faite à ce sujet, je ne pouvais adopter le même système, puisque je devais étendre mes Tables jusqu'à des hauteurs de 15ᵐ, soit en déblai, soit en remblai. Il aurait fallu leur donner un développement qui en aurait rendu le maniement pénible et l'impression onéreuse. La disposition à laquelle je me suis arrêté, a beaucoup d'analogie avec celle des Tables de logarithmes à simple entrée.

13. L'ensemble des Tables comprend vingt-six Tables partielles, qui répondent aux déclivités croissant de 0ᵐ,01 depuis 0ᵐ,00 jusqu'à 0ᵐ,25. Chacune de ces Tables donne immédiatement les surfaces de déblai ou de remblai, et les largeurs relatives aux cotes en déblai ou en remblai sur l'axe, variant de 0ᵐ,1 depuis 0ᵐ,0 jusqu'à 1ᵐ,9. Par une interpolation à vue, on obtient, à l'aide des parties proportionnelles inscrites, les surfaces et les largeurs, qui répondent à des cotes sur l'axe, et à des déclivités sur les profils en travers, déterminées à 0ᵐ,005 près.

Chaque page contient 50 cotes ou valeurs de l'argument, et embrasse la totalité des cas que le profil peut présenter tant en déblai qu'en remblai.

Chaque page est divisée en deux parties principales, dénotées par les lettres *D* et *R*, qui indiquent respectivement des cotes en déblai ou des cotes en remblai. Chacune de ces parties est subdivisée elle-même en deux autres: la subdivision de gauche répondant à une déclivité en rampe, figurée, et dénotée par la lettre *c*; la subdivision de droite répondant à une déclivité en pente, également figurée, et dénotée par la lettre *p*.

La valeur de la déclivité, à laquelle la page s'applique, est inscrite en chiffres très-apparents au milieu du haut de la page.

Les lettres *d* et *r*, placées en tête des colonnes, désignent les cotes de déblai ou de remblai sur l'axe; D, R, L, les surfaces de déblai, de remblai, et les largeurs qui correspondent à ces cotes. *p.p* veut dire parties proportionnelles : ces parties, lorsqu'elles sont comprises dans l'intérieur du cadre, sont toujours relatives à la colonne verticale qui les précède et à la différence qui les surmonte. Leur plus petite unité est du deuxième ordre décimal.

La dernière colonne, qui porte pour titre *p.p* (L), comprend uniquement les parties proportionnelles relatives aux largeurs, et répond aux différences ΔL, inscrites au bas des quatre colonnes des L. Ces différences sont constantes, dans chaque cas particulier, pour toute l'étendue d'une même déclivité.

14. Il n'en est pas de même pour les surfaces : les différences premières varient de la quantité exprimée par la différence seconde. Si l'on avait voulu inscrire exactement toutes les parties proportionnelles qui, aux différents degrés de l'échelle, répondent à une variation de 0^m,1 de l'argument, il aurait fallu donner aux Tables un très-grand développement. Mais une pareille précision n'est ni utile, ni désirable, dans des calculs de terrassements où il existe déjà d'autres causes d'erreurs d'un ordre au moins aussi élevé. Il suffit en définitive d'estimer les cubes avec une approximation égale à celle que recherchent les entrepreneurs dans leurs rapports avec les ouvriers et les tacherons. J'ai donc admis, pour toute la partie des Tables où les variations ne sont pas très-considérables, une différence moyenne relative à un accroissement de 0^m,1 de l'argument, et qui s'applique, sans changement, à une hauteur de 1^m. L'erreur résultant de ce fait s'éteint en grande partie par compensation, lorsqu'on applique les calculs à un projet d'une certaine étendue.

15. Là où les variations successives diffèrent beaucoup, les parties proportionnelles n'ont pas été données. On les calculera spécialement pour chaque intervalle de 0^m,1. Cette circonstance se présente d'une manière habituelle au bas de l'échelle, principalement dans l'étendue où, la fonction étant décroissante, les parties proportionnelles doivent être prises avec le signe —.

Il résulte de cette omission volontaire que les parties proportionnelles inscrites sont toujours additives, et qu'aucune incertitude ne peut peser sur leur mode d'emploi.

16. Lorsque aucun chiffre n'est porté à la colonne des D ou des R en regard d'une certaine cote *d* ou *r*, c'est que la valeur de D ou de R correspondant à cette cote est nulle.

17. La plus petite unité de toutes les valeurs inscrites, tant pour les fonctions que pour les différences et pour les parties proportionnelles, est du second ordre décimal. Ainsi, quand on trouve, dans l'une des colonnes, l'inscription 07, 81, etc., on doit lire 0,07, 0,81, etc. La virgule représente tou-

jours, dans nos Tables, la séparation de la partie entière avec la partie décimale (*).

18. Pour abréger les recherches, les valeurs successives des déclivités sont indiquées de deux en deux par des appendices marginaux, à la manière des lettres saillantes des répertoires.

CHAPITRE III. — Usage des Tables.

Étant données une cote en déblai sur l'axe de $0^m,37$, une déclivité en pente sur le demi-profil en travers de $0^m,15$, trouver les surfaces de déblai et de remblai, et la largeur correspondante.

En ouvrant la Table à la page (46), on trouve pour $p = 0,15$ et $d = 0,3,$

$$1^o \qquad\qquad\qquad\qquad\qquad\qquad\qquad\qquad\qquad D = \quad 0,40$$
$$\Delta D, = 0,71 - 0,40 = 0,31 \qquad p.p. \quad 0,31.0,7 \quad = \quad 0,22$$
$$\text{La surface de déblai cherchée.} \ldots \quad = \quad 0,62$$

$$2^o \qquad\qquad\qquad\qquad\qquad\qquad\qquad\qquad\qquad R = \quad 0,09$$
$$\Delta R, = 0,01 - 0,09 = -0,08 \qquad p.p. \quad 0,08.0,7 \quad = - \quad 6$$
$$\text{La surface de remblai cherchée.} \ldots \quad = \quad 0,03$$

$$3^o \qquad\qquad\qquad\qquad\qquad\qquad\qquad\qquad\qquad L = \quad 3,89$$
$$\Delta L, = 3,97 - 3,89 = 0,08 \qquad p.p. \quad 0,08.0,7 \quad = \quad 6$$
$$\text{La largeur cherchée.} \ldots \quad = \quad 3,95$$

Étant données une cote en remblai sur l'axe de $12^m,93$, une déclivité en rampe sur le demi-profil en travers de $0^m,13$, trouver la surface de remblai et la largeur correspondante.

En ouvrant la Table à la page (42), on trouve pour $c = 0,13$ et $r = 12^m,9,$

$$1^o \qquad\qquad\qquad\qquad\qquad\qquad\qquad\qquad\qquad R = 136,34$$
$$p.p. \text{ pour } 0,3 \qquad\qquad\qquad 55$$
$$\text{La surface cherchée.} \ldots \quad = 136,89$$

$$2^o \qquad\qquad\qquad\qquad\qquad\qquad\qquad\qquad\qquad L = \quad 18,70$$
$$\Delta L = 0,13 \qquad\qquad p.p. \text{ pour } 0,3 \qquad\qquad 4$$
$$\text{La largeur cherchée.} \ldots \quad = 18,74$$

(*) Il serait à désirer que les Ingénieurs fissent disparaître de leurs bureaux l'habitude qu'ont beaucoup d'employés, de séparer par des virgules les groupes de trois chiffres, et par des points les parties entières des parties décimales. Le point et la virgule ont une signification mathématique, que les Ingénieurs sont tenus à respecter, au même titre que les règles de la grammaire.

Il serait superflu, je crois, d'entrer dans de plus grands détails sur l'usage de ces Tables, qui ne présente aucune espèce de difficulté.

C'est uniquement dans le bas de l'échelle que l'on rencontre des différences soustractives : on est averti, soit par l'omission des parties proportionnelles, soit par la marche décroissante des valeurs de la fonction.

Note sur la Table des longueurs des talus de déblai et de remblai.

Pour estimer les règlements des talus, leurs revêtements en gazon, en perrés, etc., il est nécessaire de connaître les longueurs de ces talus. Nous les avons calculées au moyen des formules suivantes :

$$T = (L - l') \sqrt{1 + l'^2}, \quad \Delta T = \Delta L \sqrt{1 + l'^2},$$
$$T = (L - l) \sqrt{1 + l'^2}, \quad \Delta T = \Delta L \sqrt{1 + l'^2}.$$

Les deux premières s'appliquent au cas du déblai, les deux dernières au cas du remblai.

Les résultats du calcul sont réunis dans la Table II qui donne les longueurs des talus, pour chaque cote de déblai ou de remblai sur l'axe, pour chaque déclivité sur le profil transversal, et pour chacun des cas que nous avons considérés précédemment. Cette Table est à double entrée, la fonction y répondant aux deux arguments, cote et déclivité. Les parties proportionnelles sont disposées de la manière qui a été adoptée pour les largeurs d'emprises dans la Table I, en sorte que le calcul des longueurs des talus se fait exactement comme le calcul des largeurs d'emprises.

I.

TABLE

DES

SURFACES DE DÉBLAI ET DE REMBLAI,

ET DES LARGEURS D'EMPRISE.

(1)

D' 0,00 R

d	D	p.p	L	r	D	R	p.p	L	p.p(L)
									10
0,0	0,31	50	4,50	0,0	0,32	0,00		4,17	
1	0,77	05	4,60	1	0,21	0,31		4,07	1 01
2	1,23	10	4,70	2	0,12	0,62		3,97	2 02
3	1,71	15	4,80	3	0,05	0,95		3,87	3 03
4	2,19	20	4,90	4		1,32		3,60	4 04
0,5	2,69	25	5,00	0,5		1,69		3,75	5 05
6	3,19	30	5,10	6		2,07		3,90	6 06
7	3,71	35	5,20	7		2,47		4,05	7 07
8	4,23	40	5,30	8		2,88		4,20	8 08
9	4,77	45	5,40	9		3,31		4,35	9 09
									15
1,0	5,31	60	5,50	1,0		3,75	53	4,50	
1	5,87	06	5,60	1		4,21	05	4,65	1 02
2	6,43	12	5,70	2		4,68	11	4,80	2 03
3	7,01	18	5,80	3		5,17	16	4,95	3 05
4	7,59	24	5,90	4		5,67	21	5,10	4 06
1,5	8,19	30	6,00	1,5		6,19	27	5,25	5 08
6	8,79	36	6,10	6		6,72	32	5,40	6 09
7	9,41	42	6,20	7		7,27	37	5,55	7 11
8	10,03	48	6,30	8		7,83	42	5,70	8 12
9	10,67	54	6,40	9		8,41	48	5,85	9 14
2,0	11,31	70	6,50	2,0		9,00	68	6,00	
1	11,97	07	6,60	1		9,61	07	6,15	
2	12,63	14	6,70	2		10,23	14	6,30	
3	13,31	21	6,80	3		10,87	20	6,45	
4	13,99	28	6,90	4		11,52	27	6,60	
2,5	14,69	35	7,00	2,5		12,19	34	6,75	
6	15,39	42	7,10	6		12,87	41	6,90	
7	16,11	49	7,20	7		13,57	48	7,05	
8	16,83	56	7,30	8		14,28	54	7,20	
9	17,57	63	7,40	9		15,01	61	7,35	
3,0	18,31	80	7,50	3,0		15,75	83	7,50	
1	19,07	08	7,60	1		16,51	08	7,65	
2	19,83	16	7,70	2		17,28	17	7,80	
3	20,61	24	7,80	3		18,07	25	7,95	
4	21,39	32	7,90	4		18,87	33	8,10	
3,5	22,19	40	8,00	3,5		19,69	42	8,25	
6	22,99	48	8,10	6		20,52	50	8,40	
7	23,81	56	8,20	7		21,37	58	8,55	
8	24,63	64	8,30	8		22,23	66	8,70	
9	25,47	72	8,40	9		23,11	75	8,85	
4,0	26,31	90	8,50	4,0		24,00	98	9,00	
1	27,17	09	8,60	1		24,91	10	9,15	
2	28,03	18	8,70	2		25,83	20	9,30	
3	28,91	27	8,80	3		26,77	29	9,45	
4	29,79	36	8,90	4		27,72	39	9,60	
4,5	30,69	45	9,00	4,5		28,69	49	9,75	
6	31,59	54	9,10	6		29,67	59	9,90	
7	32,51	63	9,20	7		30,67	69	10,05	
8	33,43	72	9,30	8		31,68	78	10,20	
9	34,37	81	9,40	9		32,71	88	10,35	
		ΔL	10				ΔL	15	

(2)

	D	0,00			R			
d	D	p.p	L	r	R	p.p	L	p.p(L)
5,0	35,31	1,00	9,50	5,0	33,75	1,13	10,50	10
1	36,27	10	9,60	1	34,81	11	10,65	1 01
2	37,23	20	9,70	2	35,88	23	10,80	2 02
3	38,21	30	9,80	3	36,97	35	10,95	3 03
4	39,19	40	9,90	4	38,67	45	11,10	4 04
5,5	40,19	50	10,00	5,5	39,19	57	11,25	5 05
6	41,19	60	10,10	6	40,32	68	11,40	6 06
7	42,21	70	10,20	7	41,47	79	11,55	7 07
8	43,23	80	10,30	8	42,63	90	11,70	8 08
9	44,27	90	10,40	9	43,81	1,02	11,85	9 09
6,0	45,31	1,10	10,50	6,0	45,00	1,28	12,00	15
1	46,37	11	10,60	1	46,21	13	12,15	1 02
2	47,43	22	10,70	2	47,43	26	12,30	2 03
3	48,51	33	10,80	3	48,67	38	12,45	3 05
4	49,59	44	10,90	4	49,92	51	12,60	4 06
6,5	50,69	55	11,00	6,5	51,19	64	12,75	5 08
6	51,79	66	11,10	6	52,47	77	12,90	6 09
7	52,91	77	11,20	7	53,77	90	13,05	7 11
8	54,03	88	11,30	8	55,08	1,02	13,20	8 12
9	55,17	99	11,40	9	56,41	1,15	13,35	9 16
7,0	56,31	1,20	11,50	7,0	57,75	1,43	13,50	
1	57,47	12	11,60	1	59,11	15	13,65	
2	58,63	24	11,70	2	60,48	29	13,80	
3	59,81	36	11,80	3	61,87	43	13,95	
4	60,99	48	11,90	4	63,27	57	14,10	
7,5	62,19	60	12,00	7,5	64,69	72	14,25	
6	63,39	72	12,10	6	66,12	86	14,40	
7	64,61	84	12,20	7	67,57	1,00	14,55	
8	65,83	96	12,30	8	69,03	1,15	14,70	
9	67,07	1,08	12,40	9	70,51	1,29	14,85	
8,0	68,31	1,30	12,50	8,0	72,00	1,58	15,00	
1	69,57	13	12,60	1	73,51	16	15,15	
2	70,83	26	12,70	2	75,03	32	15,30	
3	72,11	39	12,80	3	76,57	47	15,45	
4	73,39	52	12,90	4	78,12	63	15,60	
8,5	74,69	65	13,00	8,5	79,69	79	15,75	
6	75,99	78	13,10	6	81,27	95	15,90	
7	77,31	91	13,20	7	82,87	1,11	16,05	
8	78,63	1,04	13,30	8	84,48	1,26	16,20	
9	79,97	1,17	13,40	9	86,11	1,42	16,35	
9,0	81,31	1,40	13,50	9,0	87,75	1,73	16,50	
1	82,67	14	13,60	1	89,41	17	16,65	
2	84,03	28	13,70	2	91,08	35	16,80	
3	85,41	42	13,80	3	92,77	52	16,95	
4	86,79	56	13,90	4	94,47	69	17,10	
9,5	88,19	70	14,00	9,5	96,19	87	17,25	
6	89,59	84	14,10	6	97,92	1,04	17,40	
7	91,01	98	14,20	7	99,67	1,21	17,55	
8	92,43	1,12	14,30	8	101,43	1,38	17,70	
9	93,87	1,26	14,40	9	103,21	1,56	17,85	
		Δl.	10			Δl.	15	

d	D	p.p	L	r	R	p.p	L	p.p(L.)
	D	**0,00**			**R**			
10,0	95,31	1,50	15,50	10,0	105,00	1,88	18,00	10
1	96,77	15	15,60	1	105,81	19	18,15	1 / 01
2	98,23	30	15,70	2	108,63	38	18,30	2 / 02
3	99,71	45	15,80	3	110,47	56	18,45	3 / 03
4	101,19	60	15,90	4	112,32	75	18,60	4 / 04
10,5	102,69	75	15,00	10,5	114,19	94	18,75	5 / 05
6	104,19	90	15,10	6	116,07	1,13	18,90	6 / 06
7	105,71	1,05	15,20	7	117,97	1,32	19,05	7 / 07
8	107,23	1,20	15,30	8	119,88	1,50	19,20	8 / 08
9	108,77	1,35	15,40	9	121,81	1,69	19,35	9 / 09
11,0	110,31	1,60	15,50	11,0	123,75	2,03	19,50	15
1	111,87	16	15,60	1	125,71	20	19,65	1 / 02
2	113,43	32	15,70	2	127,68	41	19,80	2 / 03
3	115,01	48	15,80	3	129,67	61	19,95	3 / 05
4	116,59	64	15,90	4	131,67	81	20,10	4 / 06
11,5	118,19	80	16,00	11,5	133,69	1,02	20,25	5 / 08
6	119,79	96	16,10	6	135,72	1,22	20,40	6 / 09
7	121,41	1,12	16,20	7	137,77	1,42	20,55	7 / 11
8	123,03	1,28	16,30	8	139,83	1,62	20,70	8 / 12
9	124,67	1,44	16,40	9	141,91	1,83	20,85	9 / 14
12,0	126,31	1,70	16,50	12,0	144,00	2,18	21,00	
1	127,97	17	16,60	1	146,11	22	21,15	
2	129,63	34	16,70	2	148,23	44	21,30	
3	131,31	51	16,80	3	150,37	65	21,45	
4	132,99	68	16,90	4	152,52	87	21,60	
12,5	134,69	85	17,00	12,5	154,69	1,09	21,75	
6	136,39	1,02	17,10	6	156,87	1,31	21,90	
7	138,11	1,19	17,20	7	159,07	1,53	22,05	
8	139,83	1,36	17,30	8	161,28	1,74	22,20	
9	141,57	1,53	17,40	9	163,51	1,96	22,35	
13,0	143,31	1,80	17,50	13,0	165,75	2,33	22,50	
1	145,07	18	17,60	1	168,01	23	22,65	
2	146,83	36	17,70	2	170,28	45	22,80	
3	148,61	54	17,80	3	172,57	67	22,95	
4	150,39	72	17,90	4	174,87	89	23,10	
13,5	152,19	90	18,00	13,5	177,19	1,12	23,25	
6	153,99	1,08	18,10	6	179,52	1,34	23,40	
7	155,81	1,26	18,20	7	181,87	1,56	23,55	
8	157,63	1,44	18,30	8	184,23	1,78	23,70	
9	159,47	1,62	18,40	9	186,61	2,01	23,85	
14,0	161,31	1,90	18,50	14,0	189,00	2,48	24,00	
1	163,17	19	18,60	1	191,41	25	24,15	
2	165,03	38	18,70	2	193,83	50	24,30	
3	166,91	57	18,80	3	196,27	74	24,45	
4	168,79	76	18,90	4	198,72	99	24,60	
14,5	170,69	95	19,00	14,5	201,19	1,24	24,75	
6	172,59	1,14	19,10	6	203,67	1,49	24,90	
7	174,51	1,33	19,20	7	206,17	1,74	25,05	
8	176,43	1,52	19,30	8	208,68	1,98	25,20	
9	178,37	1,71	19,40	9	211,21	2,23	25,35	
		ΔL	10			ΔL	15	

(4)

d	c — D	c — p.p	c — L	D — D	D — p.p	R	L	r	c — D	c — B	c — p.p	c — L	R — D	R — R	R — p.p	R — L
0,0	0,42	51	4,55	0,27		0,65	4,13	0,0	0,42	0,00		4,55	0,27	0,05		4,13
1	0,83	05	4,65	0,66			4,55	1	0,24	0,26		4,11	0,17	0,35		4,03
2	1,35	10	4,75	1,12			4,65	2	0,15	0,57		4,01	0,09	0,67		3,93
3	1,83	15	4,85	1,59			4,75	3	0,08	0,89		3,91	0,03	1,00		3,83
4	2,32	20	4,95	2,07			4,85	4	0,02	1,12		3,81		1,39		3,65
0,5	2,82	26	5,05	2,56			4,95	0,5		1,62		3,69		1,76		3,81
6	3,33	31	5,15	3,05			5,05	6		2,00		3,81		2,15		3,96
7	3,85	36	5,25	3,57			5,15	7		2,39		3,99		2,55		4,11
8	4,38	41	5,35	4,09			5,25	8		2,79		4,14		2,97		4,26
9	4,92	46	5,45	4,62			5,35	9		3,21		4,29		3,40		4,41
1,0	5,47	61	5,56	5,16	59		5,45	1,0		3,64	52	4,13		3,85	54	4,57
1	6,03	06	5,66	5,71	06		5,55	1		4,09	05	4,58		4,32	05	4,72
2	6,60	12	5,76	6,27	12		5,65	2		4,56	10	4,73		4,80	11	4,87
3	7,18	18	5,86	6,84	18		5,75	3		5,01	16	4,88		5,29	16	5,03
4	7,77	24	5,96	7,42	24		5,85	4		5,53	21	5,02		5,80	22	5,18
1,5	8,37	31	6,06	8,01	30		5,91	1,5		6,04	26	5,17		6,33	27	5,33
6	8,98	37	6,16	8,61	35		6,01	6		6,57	31	5,33		6,87	32	5,48
7	9,60	43	6,26	9,22	41		6,11	7		7,11	36	5,47		7,42	38	5,63
8	10,24	49	6,36	9,84	47		6,21	8		7,66	42	5,62		8,00	43	5,79
9	10,88	55	6,46	10,47	53		6,31	9		8,23	47	5,76		8,58	49	5,94
2,0	11,53	71	6,57	11,11	69		6,44	2,0		8,81	67	5,91		9,18	69	6,09
1	12,19	07	6,67	11,75	07		6,53	1		9,41	07	6,06		9,80	07	6,24
2	12,86	14	6,77	12,41	14		6,63	2		10,03	13	6,21		10,43	14	6,40
3	13,54	21	6,87	13,08	21		6,73	3		10,65	20	6,36		11,08	21	6,55
4	14,24	28	6,97	13,76	28		6,83	4		11,30	27	6,50		11,75	28	6,70
2,5	14,94	36	7,07	14,45	35		6,93	2,5		11,95	34	6,65		12,42	35	6,85
6	15,65	43	7,17	15,14	41		7,03	6		12,63	40	6,80		13,11	41	7,01
7	16,37	50	7,27	15,85	48		7,13	7		13,31	47	6,95		13,82	48	7,16
8	17,10	57	7,37	16,57	55		7,23	8		14,01	54	7,09		14,54	55	7,31
9	17,85	64	7,47	17,30	62		7,33	9		14,73	60	7,24		15,28	62	7,46
3,0	18,60	81	7,58	18,05	79		7,43	3,0		15,46	82	7,39		16,05	84	7,61
1	19,36	08	7,68	18,78	08		7,52	1		16,21	08	7,54		16,81	08	7,77
2	20,14	16	7,78	19,54	16		7,62	2		16,97	16	7,69		17,59	17	7,92
3	20,92	24	7,88	20,31	24		7,72	3		17,75	25	7,83		18,39	25	8,07
4	21,71	32	7,98	21,09	32		7,82	4		18,54	33	7,98		19,20	35	8,22
3,5	22,51	41	8,08	21,87	40		7,92	3,5		19,34	41	8,13		20,03	42	8,38
6	23,33	49	8,18	22,67	47		8,02	6		20,16	49	8,28		20,88	50	8,53
7	24,15	57	8,28	23,48	55		8,12	7		21,00	57	8,42		21,74	59	8,68
8	24,98	65	8,38	24,29	63		8,22	8		21,85	66	8,57		22,62	67	8,83
9	25,83	73	8,48	25,12	71		8,32	9		22,71	74	8,72		23,51	76	8,99
4,0	26,68	91	8,59	25,96	89		8,42	4,0		23,59	96	8,87		24,41	99	9,14
1	27,54	09	8,69	26,80	09		8,51	1		24,49	10	9,02		25,33	10	9,29
2	28,42	18	8,79	27,66	18		8,61	2		25,39	19	9,16		26,27	20	9,44
3	29,30	27	8,89	28,53	27		8,71	3		26,32	29	9,31		27,22	30	9,59
4	30,20	36	8,99	29,40	36		8,81	4		27,26	38	9,46		28,19	40	9,75
4,5	31,10	46	9,09	30,29	45		8,91	4,5		28,21	48	9,61		29,17	50	9,90
6	32,01	55	9,19	31,18	53		9,01	6		29,18	58	9,75		30,17	59	10,05
7	32,94	64	9,29	32,09	62		9,11	7		30,16	67	9,90		31,18	69	10,20
8	33,87	73	9,39	33,01	71		9,21	8		31,16	77	10,05		32,21	79	10,36
9	34,81	82	9,49	33,93	80		9,31	9		32,17	86	10,20		33,25	89	10,51
	ΔL	10			10				ΔL	15				15		

0,01

p.p(L):

	1c / 10		15
1	01	1	02
2	02	2	03
3	03	3	05
4	04	4	06
5	05	5	08
6	06	6	09
7	07	7	11
8	08	8	12
9	09	9	14

Top column symbols: c D p · 0,01 c R p

d	D	p.p	L	D	p.p	L	r	R	p.p	L	R	p.p	L
5,0	35,77	1,01	9,60	34,87	99	9,41	5,0	33,21	1,11	10,35	34,31	1,15	10,66
1	36,73	10	9,70	35,81	10	9,50	1	34,25	11	10,49	35,38	11	10,81
2	37,71	20	9,80	36,77	20	9,60	2	35,31	22	10,65	36,47	23	10,96
3	38,69	30	9,90	37,73	30	9,70	3	36,38	33	10,79	37,58	35	11,12
4	39,69	40	10,00	38,71	40	9,80	4	37,46	45	10,91	38,70	46	11,27
5,5	40,69	51	10,10	39,69	50	9,90	5,5	38,56	56	11,08	39,83	57	11,42
6	41,71	61	10,20	40,69	59	10,00	6	39,68	67	11,23	40,98	68	11,57
7	42,73	71	10,30	41,69	69	10,10	7	40,81	78	11,38	42,15	80	11,73
8	43,77	81	10,40	42,71	79	10,20	8	41,96	89	11,53	43,33	91	11,88
9	44,81	91	10,50	43,73	89	10,30	9	43,12	1,00	11,68	44,52	1,03	12,03
6,0	45,87	1,11	10,61	44,77	1,09	10,40	6,0	44,29	1,26	11,82	45,73	1,30	12,18
1	46,95	11	10,71	45,81	11	10,49	1	45,48	13	11,97	46,96	13	12,34
2	48,01	22	10,81	46,87	22	10,59	2	46,69	25	12,12	48,20	26	12,49
3	49,10	33	10,91	47,93	33	10,69	3	47,90	38	12,27	49,45	39	12,64
4	50,19	44	11,01	49,01	44	10,79	4	49,14	50	12,41	50,73	52	12,79
6,5	51,30	56	11,11	50,09	55	10,89	6,5	50,39	63	12,56	52,01	65	12,94
6	52,42	67	11,21	51,18	65	10,99	6	51,63	76	12,71	53,32	78	13,10
7	53,54	78	11,31	52,29	76	11,09	7	52,93	88	12,86	54,63	91	13,25
8	54,68	89	11,41	53,40	87	11,19	8	54,22	1,01	13,01	55,97	1,04	13,40
9	55,82	1,00	11,51	54,53	98	11,29	9	55,53	1,13	13,15	57,31	1,17	13,55
7,0	56,98	1,21	11,62	55,66	1,19	11,39	7,0	56,85	1,41	13,30	58,68	1,45	13,71
1	58,15	12	11,72	56,80	12	11,48	1	58,19	14	13,45	60,05	15	13,86
2	59,33	24	11,82	57,96	24	11,58	2	59,55	28	13,60	61,45	29	14,01
3	60,51	36	11,92	59,12	36	11,68	3	60,91	42	13,74	62,85	44	14,16
4	61,71	48	12,02	60,29	48	11,78	4	62,29	56	13,89	64,28	58	14,32
7,5	62,92	61	12,12	61,48	60	11,88	7,5	63,69	71	14,04	65,72	73	14,47
6	64,13	73	12,22	62,67	71	11,98	6	65,10	85	14,19	67,17	87	14,62
7	65,36	85	12,32	63,87	83	12,08	7	66,53	99	14,31	68,64	1,02	14,77
8	66,60	97	12,42	65,08	95	12,18	8	67,97	1,13	14,48	70,13	1,16	14,92
9	67,84	1,09	12,52	66,31	1,07	12,28	9	69,42	1,27	14,63	71,63	1,31	15,08
8,0	69,10	1,31	12,63	67,55	1,29	12,38	8,0	70,89	1,55	14,78	73,14	1,60	15,23
1	70,37	13	12,73	68,78	13	12,47	1	72,38	16	14,93	74,67	16	15,38
2	71,65	26	12,83	70,04	26	12,57	2	73,88	31	15,07	76,22	32	15,53
3	72,94	39	12,93	71,30	39	12,67	3	75,39	47	15,21	77,78	48	15,69
4	74,23	52	13,03	72,57	52	12,77	4	76,92	62	15,37	79,36	65	15,85
8,5	75,54	66	13,13	73,85	65	12,87	8,5	78,47	78	15,52	80,95	80	15,99
6	76,85	79	13,23	75,14	77	12,97	6	80,03	93	15,67	82,35	96	16,15
7	78,19	92	13,33	76,45	90	13,07	7	81,60	1,09	15,81	84,18	1,12	16,30
8	79,53	1,05	13,43	77,76	1,03	13,17	8	83,19	1,25	15,96	85,81	1,28	16,45
9	80,87	1,18	13,53	79,08	1,16	13,27	9	84,79	1,40	16,11	87,47	1,44	16,60
9,0	82,23	1,41	13,64	80,41	1,39	13,37	9,0	86,41	1,70	16,26	89,13	1,75	16,75
1	83,60	14	13,74	81,75	14	13,46	1	88,04	17	16,40	90,82	18	16,90
2	84,98	28	13,84	83,10	28	13,56	2	89,69	35	16,55	92,51	35	17,05
3	86,37	42	13,94	84,47	42	13,66	3	91,35	51	16,70	94,23	53	17,21
4	87,77	56	14,04	85,84	56	13,76	4	93,03	68	16,85	95,96	70	17,36
9,5	89,18	71	14,14	87,22	70	13,86	9,5	94,72	85	17,00	97,70	88	17,51
6	90,60	85	14,25	88,61	83	13,96	6	96,43	1,02	17,15	99,46	1,05	17,67
7	92,03	99	14,35	90,01	97	14,06	7	98,15	1,19	17,29	101,23	1,23	17,82
8	93,47	1,13	14,45	91,42	1,11	14,16	8	99,89	1,36	17,44	103,02	1,40	17,97
9	94,91	1,27	14,54	92,84	1,25	14,26	9	101,65	1,53	17,59	104,83	1,58	18,12
d	ΔL	10			10		r	ΔL	15			·15	

p.p(L)

10	
1	01
2	02
3	03
4	04
5	05
6	06
7	07
8	08
9	09

15	
1	02
2	03
3	05
4	06
5	08
6	09
7	11
8	12
9	14

(6)

c — D — P — 0,01 — c — R — P

d	D	p·p	L	D	p·p	L	r	R	p·p	L	R	p·p	L	p·p(L)
10,0	96,37	1,51	14,65	94,27	1,49	14,36	10,0	103,40	1,85	17,73	106,65	1,91	18,27	10
1	97,84	15	14,75	95,71	15	14,46	1	105,19	19	17,88	108,58	19	18,43	1 01
2	99,32	30	14,85	97,16	30	14,55	2	106,98	37	18,03	110,33	38	18,58	2 02
3	100,84	46	14,95	98,62	45	14,65	3	108,79	56	18,18	112,20	57	18,73	3 03
4	102,31	61	15,05	100,09	60	14,75	4	110,62	74	18,33	114,08	76	18,88	4 04
10,5	103,82	76	15,15	101,57	75	14,85	10,5	112,46	93	18,47	115,97	96	19,04	5 05
6	105,34	91	15,25	103,06	89	14,95	6	114,31	1,11	18,62	117,88	1,15	19,19	6 06
7	106,87	1,06	15,35	104,56	1,04	15,05	7	116,18	1,30	18,77	119,81	1,34	19,34	7 07
8	108,41	1,22	15,45	106,07	1,19	15,15	8	118,06	1,48	18,92	121,75	1,53	19,49	8 08
9	109,96	1,37	15,55	107,59	1,34	15,25	9	119,96	1,67	19,06	123,74	1,72	19,64	9 09
11,0	111,53	1,62	15,66	109,12	1,58	15,35	11,0	121,88	2,00	19,21	125,68	2,06	19,80	15
1	113,10	16	15,76	110,66	16	15,45	1	123,81	20	19,36	127,67	21	19,95	1 02
2	114,68	32	15,86	112,21	32	15,55	2	125,75	40	19,51	129,67	41	20,10	2 03
3	116,27	49	15,96	113,77	47	15,65	3	127,71	60	19,66	131,69	62	20,25	3 05
4	117,87	65	16,06	115,34	63	15,75	4	129,68	80	19,80	133,72	82	20,41	4 06
11,5	119,48	81	16,16	116,92	79	15,85	11,5	131,67	1,00	19,95	135,77	1,03	20,56	5 08
6	121,10	97	16,26	118,51	95	15,95	6	133,67	1,20	20,10	137,83	1,24	20,71	6 09
7	122,73	1,13	16,36	120,11	1,11	16,05	7	135,69	1,40	20,25	139,91	1,44	20,86	7 11
8	124,37	1,30	16,46	121,72	1,26	16,15	8	137,72	1,60	20,39	142,01	1,65	21,01	8 12
9	126,02	1,46	16,56	123,34	1,42	16,25	9	139,77	1,80	20,55	144,11	1,85	21,17	9 14
12,0	127,69	1,72	16,67	124,97	1,68	16,35	12,0	141,83	2,15	20,69	146,25	2,21	21,32	
1	129,36	17	16,77	126,60	17	16,45	1	143,90	22	20,84	148,38	22	21,47	
2	131,04	35	16,87	128,25	35	16,55	2	146,00	43	20,99	150,54	44	21,62	
3	132,73	52	16,97	129,91	50	16,63	3	148,10	65	21,13	152,71	66	21,78	
4	134,43	69	17,07	131,58	67	16,73	4	150,22	86	21,28	154,89	88	21,93	
12,5	136,15	85	17,17	133,26	84	16,83	12,5	152,36	1,08	21,43	157,09	1,11	22,08	
6	137,87	1,03	17,27	134,95	1,01	16,93	6	154,51	1,29	21,58	159,31	1,33	22,23	
7	139,60	1,20	17,37	136,64	1,18	17,03	7	156,67	1,51	21,72	161,54	1,55	22,39	
8	141,34	1,38	17,47	138,35	1,35	17,13	8	158,85	1,72	21,87	163,79	1,77	22,54	
9	143,09	1,55	17,57	140,07	1,51	17,23	9	161,05	1,94	22,02	166,05	1,99	22,69	
13,0	144,86	1,82	17,68	141,80	1,78	17,33	13,0	163,26	2,29	22,17	168,32	2,36	22,84	
1	146,63	18	17,78	143,53	18	17,43	1	165,48	23	22,32	170,61	24	23,00	
2	148,41	36	17,88	145,28	36	17,52	2	167,72	46	22,46	172,92	47	23,15	
3	150,21	55	17,98	147,04	53	17,62	3	169,97	69	22,61	175,24	71	23,30	
4	152,01	73	18,08	148,81	71	17,72	4	172,24	92	22,76	177,58	94	23,45	
13,5	153,82	91	18,18	150,58	89	17,81	13,5	174,53	1,15	22,91	179,93	1,18	23,60	
6	155,65	1,09	18,28	152,37	1,06	17,92	6	176,82	1,37	23,05	182,30	1,42	23,76	
7	157,48	1,27	18,38	154,17	1,24	18,02	7	179,14	1,60	23,20	184,68	1,65	23,91	
8	159,32	1,46	18,48	155,97	1,42	18,12	8	181,47	1,83	23,35	187,08	1,89	24,06	
9	161,17	1,64	18,58	157,79	1,59	18,22	9	183,81	2,06	23,50	189,50	2,12	24,21	
14,0	163,04	1,92	18,69	159,62	1,88	18,32	14,0	186,16	2,44	23,65	191,93	2,52	24,37	
1	164,91	19	18,79	161,45	19	18,42	1	188,54	24	23,79	194,37	25	24,52	
2	166,80	38	18,89	163,30	38	18,51	2	190,92	49	23,94	196,83	50	24,67	
3	168,69	58	18,99	165,16	56	18,61	3	193,33	73	24,09	199,30	76	24,82	
4	170,59	77	19,09	167,02	75	18,71	4	195,74	98	24,24	201,79	1,01	24,98	
14,5	172,51	96	19,19	168,90	94	18,81	14,5	198,17	1,22	24,39	204,30	1,26	25,13	
6	174,43	1,15	19,29	170,78	1,13	18,91	6	200,62	1,46	24,53	206,82	1,51	25,28	
7	176,37	1,34	19,39	172,68	1,32	19,01	7	203,08	1,71	24,68	209,36	1,76	25,43	
8	178,31	1,54	19,49	174,59	1,50	19,11	8	205,55	1,95	24,83	211,91	2,02	25,58	
9	180,26	1,73	19,59	176,50	1,69	19,21	9	208,04	2,20	24,98	214,47	2,27	25,74	
		ΔL	10			10			ΔL	15			15	p·p(L)

c	D	p	0,02	c	R	p

Left section (c D p)

d	D	p.p	L	D	p.p	R	L
0,0	0,52	51	4,59	0,24		0,09	4,09
1	0,99	05	4,69	0,56			4,51
2	1,46	10	4,80	1,02			4,61
3	1,91	15	4,90	1,58			4,71
4	2,44	20	5,00	1,96			4,80
0,5	2,91	26	5,10	2,44			4,90
6	3,46	31	5,20	2,95			5,00
7	3,98	36	5,31	3,44			5,10
8	4,52	41	5,41	3,96			5,20
9	5,07	46	5,51	4,48			5,29
1,0	5,62	61	5,61	5,02	59		5,39
1	6,19	06	5,71	5,56	06		5,49
2	6,76	12	5,82	6,12	12		5,59
3	7,35	18	5,92	6,68	18		5,69
4	7,95	24	6,02	7,25	24		5,78
1,5	8,56	31	6,12	7,84	30		5,88
6	9,17	37	6,22	8,43	35		5,98
7	9,80	43	6,33	9,03	41		6,08
8	10,44	49	6,43	9,64	47		6,18
9	11,09	55	6,53	10,27	53		6,27
2,0	11,74	71	6,63	10,90	69		6,37
1	12,41	07	6,73	11,54	07		6,47
2	13,09	14	6,84	12,19	14		6,57
3	13,68	21	6,94	12,85	21		6,67
4	14,48	28	7,04	13,53	28		6,76
2,5	15,19	36	7,14	14,21	35		6,86
6	15,91	43	7,24	14,90	41		6,96
7	16,63	50	7,35	15,60	48		7,06
8	17,37	57	7,45	16,31	55		7,16
9	18,12	64	7,55	17,03	62		7,25
3,0	18,88	82	7,65	17,76	78		7,35
1	19,65	08	7,75	18,50	08		7,45
2	20,43	16	7,86	19,25	16		7,55
3	21,23	25	7,96	20,01	23		7,65
4	22,03	33	8,06	20,78	31		7,74
3,5	22,84	41	8,16	21,56	39		7,84
6	23,66	49	8,26	22,35	47		7,94
7	24,49	57	8,37	23,15	55		8,04
8	25,33	66	8,47	23,95	62		8,15
9	26,18	74	8,57	24,77	70		8,23
4,0	27,05	92	8,67	25,60	88		8,33
1	27,92	09	8,77	26,44	09		8,43
2	28,80	18	8,88	27,29	18		8,53
3	29,69	28	8,98	28,14	26		8,63
4	30,60	37	9,08	29,01	35		8,72
4,5	31,51	46	9,18	29,89	44		8,82
6	32,43	55	9,28	30,77	53		8,92
7	33,37	64	9,39	31,67	62		9,02
8	34,31	74	9,49	32,58	70		9,12
9	35,26	83	9,59	33,49	79		9,21
		ΔL	10		10		

Right section (c R p)

r	D	R	p.p	L	D	R	p.p	L	p.p(L)
0,0	0,52	0,00		4,59	0,24	0,09		4,09	10
1	0,24	0,21		4,15	0,13	0,40		3,99	01
2	0,14	0,62		4,05	0,07	0,72		3,89	02
3	0,06	1,04		3,95	0,02	1,06		3,79	03
4		1,46		3,85		1,45		3,71	04
0,5		1,55		3,64		1,83		3,87	05
6		1,92		3,79		2,23		4,02	06
7		2,31		3,93		2,64		4,18	07
8		2,71		4,08		3,06		4,33	08
9		3,12		4,22		3,50		4,48	09
1,0		3,55	51	4,37		3,96	51	4,64	15
1		4,00	05	4,51		4,43	05	4,79	02
2		4,46	10	4,66		4,92	11	4,95	03
3		4,93	15	4,81		5,43	16	5,10	05
4		5,42	20	4,95		5,94	22	5,26	06
1,5		5,92	26	5,10		6,47	27	5,41	08
6		6,44	31	5,24		7,02	32	5,57	09
7		6,97	36	5,39		7,58	38	5,72	11
8		7,51	41	5,53		8,16	43	5,88	12
9		8,03	46	5,68		8,76	49	6,03	14
2,0		8,65	66	5,82		9,37	70	6,18	
1		9,24	07	5,97		10,00	07	6,34	
2		9,84	13	6,12		10,64	14	6,49	
3		10,46	20	6,26		11,30	21	6,65	
4		11,10	26	6,41		11,97	28	6,80	
2,5		11,74	33	6,55		12,66	35	6,96	
6		12,41	40	6,70		13,36	42	7,11	
7		13,08	46	6,84		14,08	49	7,27	
8		13,78	53	6,99		14,81	56	7,42	
9		14,48	59	7,14		15,56	63	7,58	
3,0		15,20	80	7,28		16,33	85	7,73	
1		15,95	08	7,43		17,11	09	7,89	
2		16,69	16	7,57		17,91	17	8,04	
3		17,45	24	7,72		18,72	26	8,19	
4		18,23	32	7,86		19,55	34	8,35	
3,5		19,02	40	8,01		20,39	43	8,50	
6		19,83	48	8,15		21,25	51	8,65	
7		20,66	56	8,30		22,12	60	8,81	
8		21,49	64	8,45		23,01	68	8,97	
9		22,34	72	8,59		23,91	77	9,12	
4,0		23,21	95	8,74		24,83	1,01	9,28	
1		24,09	10	8,88		25,77	10	9,43	
2		24,99	19	9,03		26,72	20	9,59	
3		25,90	29	9,17		27,69	30	9,74	
4		26,82	38	9,32		28,67	40	9,90	
4,5		27,76	48	9,46		29,66	51	10,05	
6		28,71	57	9,61		30,68	61	10,20	
7		29,68	67	9,76		31,71	71	10,36	
8		30,67	76	9,90		32,75	81	10,51	
9		31,65	86	10,05		33,81	91	10,67	
		ΔL	15			15			15

(8)

	c	$\bigvee$ D	p $\bigwedge$		0,02	c $\bigvee$	R	p $\bigwedge$					

d	D	p.p	L	D	p.p	L	r	R	p.p	L	R	p.p	L	p.p(L)
5,0	36,23	1,02	9,69	34,43	98	9,31	5,0	32,68	1,09	10,19	34,89	1,16	10,81	10
1	37,21	10	9,80	35,37	10	9,41	1	33,71	11	10,34	35,98	12	10,98	1 01
2	38,19	20	9,90	36,31	20	9,51	2	34,75	22	10,49	37,08	23	11,13	2 02
3	39,19	31	10,00	37,27	29	9,61	3	35,80	33	10,63	38,20	35	11,29	3 03
4	40,19	41	10,10	38,23	39	9,71	4	36,87	44	10,78	39,34	46	11,44	4 04
5,5	41,21	51	10,20	39,21	49	9,80	5,5	37,96	55	10,92	40,49	58	11,60	5 c5
6	42,23	61	10,31	40,19	59	9,90	6	39,06	65	11,07	41,66	70	11,75	6 06
7	43,27	71	10,41	41,19	69	10,00	7	40,17	76	11,21	42,85	81	11,91	7 07
8	44,31	82	10,51	42,19	78	10,10	8	41,30	87	11,36	44,05	93	12,06	8 08
9	45,37	92	10,61	43,21	88	10,20	9	42,44	98	11,50	45,26	1,05	12,22	9 09
6,0	46,44	1,12	10,71	44,23	1,08	10,29	6,0	43,60	1,24	11,65	46,49	1,32	12,37	15
1	47,51	11	10,82	45,27	11	10,39	1	44,77	12	11,80	47,73	13	12,53	1 02
2	48,60	22	10,92	46,31	22	10,49	2	45,95	25	11,91	48,99	26	12,67	2 03
3	49,70	34	11,02	47,36	32	10,59	3	47,16	37	12,09	50,27	40	12,82	3 05
4	50,80	45	11,12	48,43	43	10,69	4	48,38	50	12,23	51,56	53	11,98	4 06
6,5	51,92	56	11,22	49,50	54	10,78	6,5	49,61	62	12,38	52,86	66	13,13	5 08
6	53,05	67	11,33	50,58	65	10,88	6	50,83	74	12,52	54,19	79	13,29	6 09
7	54,18	78	11,43	51,68	76	10,98	7	52,11	87	12,67	55,51	92	13,44	7 11
8	55,33	90	11,53	52,78	86	11,08	8	53,39	99	12,81	56,88	1,06	13,60	8 12
9	56,49	1,01	11,63	53,89	97	11,18	9	54,68	1,12	12,96	58,25	1,19	13,75	9 14
7,0	57,66	1,22	11,73	55,02	1,18	11,27	7,0	55,98	1,39	13,11	59,63	1,47	13,92	
1	58,85	12	11,84	56,15	12	11,37	1	57,30	14	13,25	61,03	15	14,07	
2	60,03	24	11,94	57,29	24	11,47	2	58,63	28	13,40	62,44	29	14,23	
3	61,22	37	12,04	58,44	35	11,57	3	59,98	42	13,54	63,87	44	14,38	
4	62,43	49	12,14	59,60	47	11,67	4	61,34	56	13,69	65,32	59	14,54	
7,5	63,65	61	12,24	60,77	59	11,76	7,5	62,71	70	13,83	66,78	74	14,69	
6	64,88	73	12,35	61,96	71	11,85	6	64,10	83	13,98	68,26	88	14,84	
7	66,12	85	12,45	63,15	83	11,96	7	65,51	97	14,13	69,75	1,03	15,00	
8	67,37	98	12,55	64,35	94	12,06	8	66,93	1,11	14,27	71,26	1,18	15,15	
9	68,63	1,10	12,65	65,56	1,06	12,16	9	68,36	1,25	14,42	72,78	1,32	15,31	
8,0	69,90	1,33	12,75	66,78	1,27	12,25	8,0	69,81	1,53	14,56	74,31	1,63	15,46	
1	71,18	13	12,86	68,01	13	12,35	1	71,28	15	14,71	75,87	16	15,62	
2	72,47	27	12,96	69,25	25	12,45	2	72,75	31	14,85	77,44	33	15,77	
3	73,77	40	13,06	70,50	38	12,55	3	74,25	46	15,00	79,03	49	15,93	
4	75,08	53	13,16	71,76	51	12,65	4	75,75	61	15,14	80,63	63	16,08	
8,5	76,41	67	13,26	73,03	64	12,74	8,5	77,28	77	15,29	82,24	82	16,24	
6	77,74	80	13,37	74,31	76	12,85	6	78,81	92	15,44	83,87	98	16,39	
7	79,08	93	13,47	75,60	89	12,95	7	80,36	1,07	15,58	85,52	1,14	16,55	
8	80,43	1,06	13,57	76,89	1,02	13,05	8	81,93	1,22	15,73	87,18	1,30	16,70	
9	81,79	1,20	13,67	78,20	1,14	13,15	9	83,51	1,38	15,87	88,86	1,47	16,85	
9,0	83,16	1,43	13,77	79,52	1,37	13,23	9,0	85,10	1,68	16,02	90,55	1,78	17,01	
1	84,55	14	13,88	80,85	14	13,33	1	86,71	17	16,16	92,26	18	17,16	
2	85,94	29	13,98	82,19	27	13,43	2	88,34	34	16,31	93,99	36	17,32	
3	87,34	43	14,08	83,54	41	13,53	3	89,97	50	16,45	95,73	53	17,47	
4	88,76	57	14,18	84,89	55	13,63	4	91,63	67	16,60	97,48	71	17,63	
9,5	90,18	72	14,28	86,26	69	13,72	9,5	93,29	84	16,75	99,25	89	17,78	
6	91,61	86	14,39	87,64	82	13,82	6	94,98	1,01	16,89	101,04	1,07	17,94	
7	93,06	1,00	14,49	89,02	96	13,92	7	96,67	1,18	17,04	102,84	1,25	18,09	
8	94,51	1,14	14,59	90,42	1,10	14,02	8	98,38	1,34	17,18	104,66	1,42	18,25	
9	95,97	1,29	14,69	91,83	1,23	14,12	9	100,11	1,51	17,33	106,49	1,60	18,30	
		ΔL	10			10			ΔL	15			15	

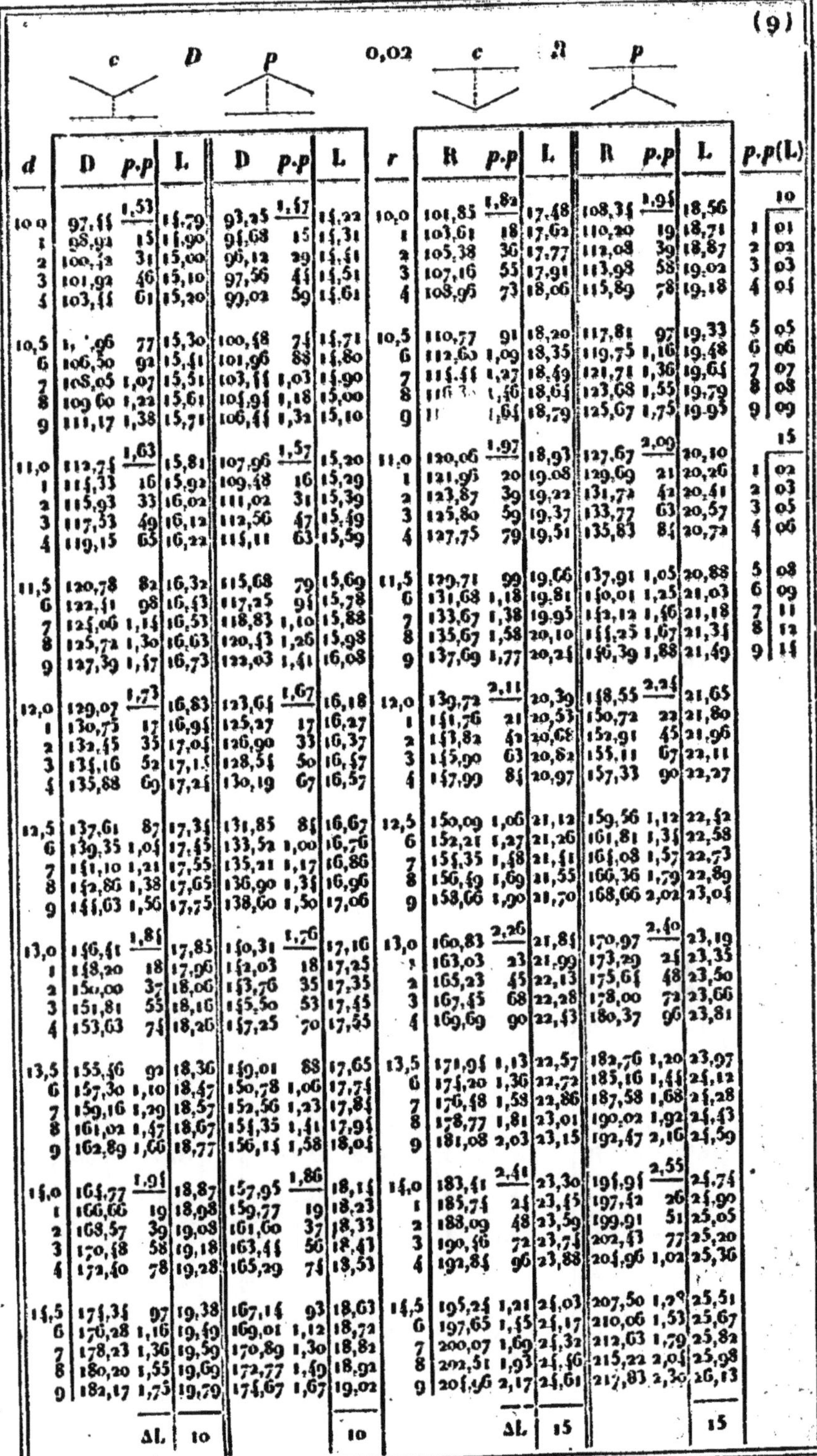

d	D	p.p	L	D	p.p	L	r	R	p.p	L	R	p.p	L	p.p(L)
10,0	97,44	1,53	14,79	93,25	1,47	14,22	10,0	101,85	1,82	17,48	108,34	1,94	18,56	**10**
1	98,94	15	14,90	94,68	15	14,31	1	103,61	18	17,62	110,20	19	18,71	1 — 01
2	100,43	31	15,00	96,12	29	14,41	2	105,38	36	17,77	112,08	39	18,87	2 — 02
3	101,92	46	15,10	97,56	44	14,51	3	107,16	55	17,91	113,98	58	19,02	3 — 03
4	103,44	61	15,20	99,02	59	14,61	4	108,95	73	18,06	115,89	78	19,18	4 — 04
10,5	104,96	77	15,30	100,48	74	14,71	10,5	110,77	91	18,20	117,81	97	19,33	5 — 05
6	106,50	92	15,41	101,96	88	14,80	6	112,60	1,09	18,35	119,75	1,16	19,48	6 — 06
7	108,05	1,07	15,51	103,44	1,03	14,90	7	114,44	1,27	18,49	121,71	1,36	19,64	7 — 07
8	109,60	1,22	15,61	104,94	1,18	15,00	8	116,30	1,46	18,64	123,68	1,55	19,79	8 — 08
9	111,17	1,38	15,71	106,44	1,32	15,10	9	118,17	1,64	18,79	125,67	1,75	19,93	9 — 09
11,0	112,74	1,63	15,81	107,96	1,57	15,20	11,0	120,06	1,97	18,93	127,67	2,09	20,10	**15**
1	114,33	16	15,92	109,48	16	15,29	1	121,95	20	19,08	129,69	21	20,26	1 — 02
2	115,93	33	16,02	111,02	31	15,39	2	123,87	39	19,22	131,72	42	20,41	2 — 03
3	117,53	49	16,12	112,56	47	15,49	3	125,80	59	19,37	133,77	63	20,57	3 — 05
4	119,15	65	16,22	114,11	63	15,59	4	127,75	79	19,51	135,83	84	20,72	4 — 06
11,5	120,78	82	16,32	115,68	79	15,69	11,5	129,71	99	19,66	137,91	1,05	20,88	5 — 08
6	122,41	98	16,43	117,25	95	15,78	6	131,68	1,18	19,81	140,01	1,25	21,03	6 — 09
7	124,06	1,14	16,53	118,83	1,10	15,88	7	133,67	1,38	19,95	142,12	1,46	21,18	7 — 11
8	125,72	1,30	16,63	120,43	1,26	15,98	8	135,67	1,58	20,10	144,25	1,67	21,34	8 — 12
9	127,39	1,47	16,73	122,03	1,41	16,08	9	137,69	1,77	20,24	146,39	1,88	21,49	9 — 14
12,0	129,07	1,73	16,83	123,64	1,67	16,18	12,0	139,72	2,11	20,39	148,55	2,24	21,65	
1	130,75	17	16,94	125,27	17	16,27	1	141,76	21	20,53	150,72	22	21,80	
2	132,45	35	17,04	126,90	33	16,37	2	143,82	42	20,68	152,91	45	21,96	
3	134,16	52	17,15	128,54	50	16,47	3	145,90	63	20,82	155,11	67	22,11	
4	135,88	69	17,24	130,19	67	16,57	4	147,99	84	20,97	157,33	90	22,27	
12,5	137,61	87	17,34	131,85	84	16,67	12,5	150,09	1,06	21,12	159,56	1,12	22,42	
6	139,35	1,04	17,45	133,52	1,00	16,76	6	152,21	1,27	21,26	161,81	1,34	22,58	
7	141,10	1,21	17,55	135,21	1,17	16,86	7	154,35	1,48	21,41	164,08	1,57	22,73	
8	142,86	1,38	17,65	136,90	1,34	16,96	8	156,49	1,69	21,55	166,36	1,79	22,89	
9	144,63	1,56	17,75	138,60	1,50	17,06	9	158,66	1,90	21,70	168,66	2,02	23,04	
13,0	146,41	1,85	17,85	140,31	1,76	17,16	13,0	160,83	2,26	21,84	170,97	2,40	23,19	
1	148,20	18	17,96	142,03	18	17,25	1	163,03	23	21,99	173,29	24	23,35	
2	150,00	37	18,06	143,76	35	17,35	2	165,23	45	22,13	175,64	48	23,50	
3	151,81	55	18,16	145,50	53	17,45	3	167,45	68	22,28	178,00	72	23,66	
4	153,63	74	18,26	147,25	70	17,55	4	169,69	90	22,43	180,37	96	23,81	
13,5	155,46	92	18,36	149,01	88	17,65	13,5	171,94	1,13	22,57	182,76	1,20	23,97	
6	157,30	1,10	18,47	150,78	1,06	17,74	6	174,20	1,36	22,72	185,16	1,44	24,12	
7	159,16	1,29	18,57	152,56	1,23	17,84	7	176,48	1,58	22,86	187,58	1,68	24,28	
8	161,02	1,47	18,67	154,35	1,41	17,94	8	178,77	1,81	23,01	190,02	1,92	24,43	
9	162,89	1,66	18,77	156,14	1,58	18,04	9	181,08	2,03	23,15	192,47	2,16	24,59	
14,0	164,77	1,91	18,87	157,95	1,86	18,14	14,0	183,41	2,41	23,30	194,94	2,55	24,74	
1	166,66	19	18,98	159,77	19	18,23	1	185,74	24	23,45	197,42	26	24,90	
2	168,57	39	19,08	161,60	37	18,33	2	188,09	48	23,59	199,91	51	25,05	
3	170,48	58	19,18	163,44	56	18,43	3	190,46	72	23,74	202,43	77	25,20	
4	172,40	78	19,28	165,29	74	18,53	4	192,84	96	23,88	204,96	1,02	25,36	
14,5	174,34	97	19,38	167,14	93	18,63	14,5	195,24	1,21	24,03	207,50	1,28	25,51	
6	176,28	1,16	19,49	169,01	1,12	18,72	6	197,65	1,45	24,17	210,06	1,53	25,67	
7	178,23	1,36	19,59	170,89	1,30	18,82	7	200,07	1,69	24,32	212,63	1,79	25,82	
8	180,20	1,55	19,69	172,77	1,49	18,92	8	202,51	1,93	24,46	215,22	2,04	25,98	
9	182,17	1,75	19,79	174,67	1,67	19,02	9	204,96	2,17	24,61	217,83	2,30	26,13	
		ΔL	10			10			ΔL	15			15	

(10)   c   D   p   0,03   c   R   p

d	D	p.p	L	D	p.p	R	L	r	D	R	p.p	L	D	R	p.p	L	p.p(L.)
0,0	0,63	52	4,64	0,20		0,11	4,45	0,0	0,63	0,00		4,64	0,22	0,15		4,06	10
1	1,10	05	4,74	0,47			4,45	1	0,35	0,18		4,20	0,13	0,55		3,96	01
2	1,58	10	4,85	0,91			4,56	2	0,23	0,49		4,09	0,07	0,78		3,86	02
3	2,07	16	4,95	1,37			4,65	3	0,15	0,80		3,99		1,16		3,61	03
4	2,57	21	5,05	1,85			4,76	4	0,07	1,13		3,89		1,52		3,77	04
0,5	3,08	26	5,15	2,33			4,85	0,5	0,02	1,46		3,78		1,91		3,93	05
6	3,60	31	5,25	2,82			4,95	6		1,85		3,73		2,31		4,08	06
7	4,13	36	5,36	3,31			5,05	7		2,23		3,88		2,73		4,25	07
8	4,67	42	5,46	3,83			5,15	8		2,63		4,02		3,16		4,40	08
9	5,22	47	5,57	4,34			5,25	9		3,05		4,16		3,61		4,56	09
1,0	5,78	62	5,67	4,87	58		5,35	1,0		3,46	50	4,31		4,07	55	4,71	14
1	6,35	06	5,77	5,41	06		5,45	1		3,90	05	4,45		4,55	06	4,87	01
2	6,95	12	5,88	5,96	12		5,53	2		4,35	10	4,59		5,05	11	5,03	03
3	7,55	19	5,98	6,52	17		5,63	3		4,82	15	4,75		5,55	17	5,18	04
4	8,13	25	6,08	7,09	23		5,73	4		5,30	20	4,88		6,08	22	5,35	06
1,5	8,75	31	6,19	7,67	29		5,83	1,5		5,79	25	5,02		6,62	28	5,50	07
6	9,37	37	6,29	8,25	35		5,92	6		6,30	30	5,17		7,18	33	5,65	08
7	10,00	43	6,39	8,85	41		6,02	7		6,83	35	5,31		7,75	39	5,81	10
8	10,65	50	6,49	9,46	46		6,12	8		7,36	40	5,45		8,34	44	5,97	11
9	11,30	56	6,60	10,07	52		6,21	9		7,92	45	5,60		8,95	50	6,13	13
2,0	11,97	72	6,70	10,70	68		6,31	2,0		8,48	65	5,75		9,57	71	6,28	16
1	12,65	07	6,80	11,34	07		6,41	1		9,06	07	5,88		10,20	07	6,45	02
2	13,33	14	6,91	11,98	14		6,51	2		9,66	13	6,03		10,85	14	6,60	03
3	14,02	22	7,01	12,65	20		6,60	3		10,27	20	6,17		11,52	21	6,75	05
4	14,73	29	7,11	13,30	27		6,70	4		10,89	26	6,32		12,21	28	6,91	06
2,5	15,45	36	7,22	13,98	34		6,80	2,5		11,53	33	6,46		12,90	36	7,07	08
6	16,17	43	7,32	14,66	41		6,89	6		12,19	39	6,60		13,62	43	7,23	10
7	16,91	50	7,42	15,35	48		6,99	7		12,85	46	6,75		14,35	50	7,38	11
8	17,66	58	7,53	16,06	54		7,09	8		13,54	52	6,89		15,10	57	7,55	13
9	18,42	65	7,63	16,77	61		7,18	9		14,23	59	7,03		15,86	65	7,70	14
3,0	19,18	82	7,73	17,50	78		7,28	3,0		14,94	79	7,18		16,64	87	7,85	
1	19,96	08	7,84	18,23	08		7,38	1		15,67	08	7,32		17,43	09	8,01	
2	20,75	16	7,94	18,97	16		7,48	2		16,41	16	7,46		18,24	17	8,17	
3	21,55	25	8,04	19,72	23		7,57	3		17,16	24	7,61		19,06	26	8,33	
4	22,36	33	8,14	20,49	31		7,67	4		17,93	32	7,75		19,90	35	8,48	
3,5	23,18	41	8,25	21,26	39		7,77	3,5		18,74	40	7,89		20,76	44	8,65	
6	24,01	49	8,35	22,04	47		7,86	6		19,51	47	8,05		21,63	52	8,80	
7	24,85	57	8,45	22,83	55		7,96	7		20,32	55	8,18		22,52	61	8,95	
8	25,70	66	8,56	23,63	62		8,06	8		21,14	63	8,32		23,42	70	9,11	
9	26,56	74	8,66	24,44	70		8,16	9		21,98	71	8,47		24,34	78	9,27	
4,0	27,43	93	8,76	25,26	87		8,25	4,0		22,85	94	8,61		25,28	1,02	9,43	
1	28,31	09	8,87	26,09	09		8,35	1		23,70	09	8,75		26,23	10	9,58	
2	29,20	19	8,97	26,93	17		8,45	2		24,59	19	8,90		27,19	20	9,74	
3	30,11	28	9,07	27,78	26		8,55	3		25,48	28	9,04		28,17	31	9,90	
4	31,02	37	9,18	28,64	35		8,65	4		26,39	38	9,19		29,17	41	10,05	
4,5	31,94	47	9,28	29,51	44		8,74	4,5		27,32	47	9,33		30,18	51	10,21	
6	32,87	56	9,38	30,39	52		8,84	6		28,26	56	9,47		31,21	61	10,37	
7	33,82	65	9,48	31,28	61		8,93	7		29,21	66	9,62		32,26	71	10,53	
8	34,77	74	9,59	32,18	70		9,03	8		30,18	75	9,76		33,32	82	10,68	
9	35,74	84	9,69	33,08	78		9,13	9		31,17	85	9,90		34,39	92	10,85	
		ΔL	10				10				ΔL	15				16	

c   **D** | **P** | 0,03 | c   **R** | **P**

d	D	p.p	L.	D	p.p	L.	r	R	p.p	L.	R	p.p	L.	p.p
5,0	36,71	1,03	9,79	34,00	97	9,22	5,0	32,17	1,08	10,05	35,48	1,18	10,99	10
1	37,69	10	9,90	34,93	10	9,32	1	33,18	11	10,19	36,59	12	11,15	01
2	38,69	21	10,00	35,86	19	9,42	2	34,21	22	10,33	37,71	24	11,31	02
3	39,69	31	10,10	36,81	29	9,51	3	35,25	32	10,48	38,85	35	11,47	03
4	40,74	41	10,21	37,77	39	9,61	4	36,30	43	10,62	40,01	47	11,62	04
5,5	41,74	52	10,31	38,73	49	9,71	5,5	37,37	54	10,77	41,18	59	11,78	05
6	42,77	62	10,41	39,71	58	9,81	6	38,46	65	10,91	42,36	71	11,94	06
7	43,82	72	10,52	40,69	68	9,90	7	39,55	76	11,05	43,56	83	12,09	07
8	44,87	82	10,62	41,69	78	10,00	8	40,67	86	11,20	44,78	94	12,25	08
9	45,94	93	10,72	42,69	87	10,10	9	41,79	97	11,34	46,01	1,06	12,41	09
6,0	47,02	1,13	10,83	43,71	1,07	10,19	6,0	42,93	1,22	11,48	47,26	1,34	12,57	14
1	48,11	11	10,93	44,73	11	10,29	1	44,09	12	11,63	48,53	13	12,72	01
2	49,20	23	11,03	45,77	21	10,39	2	45,26	24	11,77	49,80	27	12,88	03
3	50,31	34	11,13	46,81	32	10,49	3	46,44	37	11,91	51,10	40	13,04	04
4	51,43	45	11,24	47,86	43	10,58	4	47,64	49	12,06	52,41	54	13,19	06
6,5	52,56	57	11,34	48,93	54	10,68	6,5	48,85	61	12,20	53,74	67	13,35	07
6	53,70	68	11,44	50,00	65	10,78	6	50,08	73	12,34	55,08	80	13,51	08
7	54,85	79	11,55	51,08	75	10,87	7	51,32	85	12,49	56,44	94	13,67	10
8	56,01	90	11,65	52,18	86	10,97	8	52,58	98	12,63	57,82	1,07	13,82	11
9	57,18	1,02	11,75	53,28	96	11,07	9	53,85	1,10	12,77	59,21	1,21	13,98	13
7,0	58,36	1,25	11,86	54,39	1,16	11,17	7,0	55,13	1,37	12,92	60,61	1,50	14,14	16
1	59,55	12	11,96	55,51	12	11,26	1	56,43	14	13,06	62,04	15	14,29	02
2	60,75	25	12,06	56,64	23	11,36	2	57,75	27	13,20	63,47	30	14,45	03
3	61,96	37	12,17	57,78	35	11,46	3	59,07	41	13,35	64,93	45	14,61	05
4	63,18	50	12,27	58,93	46	11,55	4	60,42	55	13,49	66,39	60	14,77	06
7,5	64,42	62	12,37	60,09	58	11,65	7,5	61,77	69	13,64	67,88	75	14,92	08
6	65,66	74	12,47	61,26	70	11,75	6	63,14	82	13,78	69,38	90	15,08	10
7	66,91	87	12,58	62,44	81	11,85	7	64,53	96	13,92	70,89	1,05	15,24	11
8	68,17	99	12,68	63,63	93	11,94	8	65,93	1,10	14,07	72,43	1,20	15,39	13
9	69,45	1,12	12,78	64,83	1,04	12,04	9	67,34	1,23	14,21	73,97	1,35	15,55	14
8,0	70,73	1,34	12,89	66,04	1,26	12,14	8,0	68,77	1,51	14,35	75,55	1,65	15,71	
1	72,03	13	12,99	67,26	13	12,23	1	70,21	15	14,50	77,12	17	15,86	
2	73,33	27	13,09	68,49	25	12,33	2	71,67	30	14,64	78,71	33	16,02	
3	74,64	40	13,20	69,72	38	12,43	3	73,14	45	14,78	80,32	50	16,18	
4	75,97	54	13,30	70,97	50	12,52	4	74,63	60	14,93	81,95	66	16,34	
8,5	77,30	67	13,40	72,23	63	12,62	8,5	76,13	76	15,07	83,59	83	16,49	
6	78,65	80	13,51	73,50	76	12,72	6	77,64	91	15,21	85,24	99	16,65	
7	80,00	94	13,61	74,77	88	12,82	7	79,17	1,06	15,36	86,92	1,16	16,81	
8	81,37	1,07	13,71	76,06	1,01	12,91	8	80,71	1,21	15,50	88,61	1,32	16,96	
9	82,75	1,21	13,82	77,36	1,13	13,01	9	82,27	1,36	15,64	90,31	1,49	17,12	
9,0	84,13	1,41	13,92	78,66	1,36	13,11	9,0	83,84	1,65	15,79	92,03	1,81	17,28	
1	85,53	14	14,02	79,98	14	13,20	1	85,43	17	15,93	93,77	18	17,44	
2	86,94	29	14,12	81,30	27	13,30	2	87,03	33	16,07	95,52	36	17,59	
3	88,35	43	14,23	82,64	41	13,40	3	88,64	50	16,22	97,28	54	17,75	
4	89,78	58	14,33	83,98	54	13,50	4	90,25	66	16,36	99,07	72	17,91	
9,5	91,22	72	14,43	85,34	68	13,59	9,5	91,91	83	16,51	100,87	91	18,06	
6	92,67	86	14,55	86,70	82	13,69	6	93,57	99	16,65	102,68	1,09	18,22	
7	94,13	1,01	14,65	88,07	95	13,79	7	95,24	1,16	16,79	104,51	1,27	18,35	
8	95,60	1,15	14,74	89,46	1,09	13,88	8	96,93	1,32	16,94	106,36	1,45	18,55	
9	97,08	1,30	14,85	90,85	1,22	13,98	9	98,63	1,49	17,08	108,22	1,63	18,69	
		ΔL	10			10			ΔL	14			16	

(12)

c   D   p   0,03   c   R   p

d	D	p.p	L	D	p.p	L	r	R	p.p	L	R	p.p	L
10,0	98,57	1,55	14,95	92,25	1,56	14,08	10,0	100,35	1,80	17,22	110,09	1,97	18,85
1	100,07	16	15,05	93,67	15	14,17	1	102,08	18	17,37	111,98	20	19,01
2	101,58	31	15,16	95,09	29	14,27	2	103,82	36	17,51	113,89	39	19,16
3	103,10	47	15,26	96,52	44	14,37	3	105,58	54	17,66	115,81	59	19,32
4	104,63	62	15,36	97,96	58	14,47	4	107,35	72	17,80	117,75	79	19,48
10,5	106,17	78	15,46	99,41	73	14,56	10,5	109,14	90	17,94	119,71	99	19,63
6	107,73	93	15,57	100,87	88	14,66	6	110,94	1,08	18,09	121,68	1,18	19,79
7	109,29	1,09	15,67	102,35	1,02	14,76	7	112,76	1,26	18,23	123,67	1,38	19,95
8	110,86	1,24	15,77	103,83	1,17	14,85	8	114,59	1,44	18,37	125,67	1,58	20,11
9	112,44	1,40	15,88	105,32	1,31	14,95	9	116,43	1,62	18,52	127,69	1,77	20,26
11,0	114,04	1,65	15,98	106,82	1,55	15,05	11,0	118,29	1,91	18,66	129,72	2,12	20,42
1	115,64	17	16,08	108,33	16	15,15	1	120,16	19	18,80	131,77	21	20,58
2	117,25	33	16,19	109,85	31	15,24	2	122,05	39	18,95	133,84	42	20,73
3	118,88	50	16,29	111,37	47	15,34	3	123,95	58	19,09	135,92	64	20,89
4	120,51	66	16,39	112,91	62	15,44	4	125,87	78	19,23	138,02	85	21,05
11,5	122,15	83	16,50	114,46	78	15,53	11,5	127,80	97	19,38	140,13	1,06	21,20
6	123,81	99	16,60	116,02	93	15,63	6	129,75	1,16	19,52	142,26	1,27	21,36
7	125,47	1,16	16,70	117,59	1,09	15,73	7	131,71	1,36	19,66	144,40	1,48	21,52
8	127,15	1,32	16,80	119,17	1,24	15,83	8	133,68	1,55	19,81	146,56	1,70	21,68
9	128,83	1,49	16,91	120,75	1,40	15,92	9	135,67	1,75	19,95	148,74	1,91	21,83
12,0	130,53	1,75	17,01	122,35	1,65	16,02	12,0	137,67	2,08	20,09	150,93	2,28	21,99
1	132,24	18	17,11	123,96	17	16,12	1	139,69	21	20,24	153,13	23	22,15
2	133,95	35	17,22	125,57	33	16,21	2	141,72	42	20,38	155,36	46	22,30
3	135,68	53	17,32	127,20	50	16,31	3	143,76	62	20,53	157,60	68	22,46
4	137,42	70	17,42	128,84	66	16,41	4	145,82	83	20,67	159,85	91	22,62
12,5	139,16	88	17,53	130,48	83	16,51	12,5	147,90	1,04	20,81	162,12	1,14	22,78
6	140,92	1,05	17,63	132,14	99	16,60	6	149,98	1,25	20,96	164,40	1,37	22,93
7	142,69	1,23	17,73	133,80	1,16	16,70	7	152,09	1,46	21,10	166,71	1,60	23,09
8	144,47	1,40	17,84	135,48	1,32	16,80	8	154,20	1,66	21,24	169,02	1,82	23,25
9	146,26	1,58	17,94	137,16	1,49	16,89	9	156,34	1,87	21,39	171,36	2,05	23,40
13,0	148,06	1,86	18,05	138,85	1,75	16,99	13,0	158,48	2,23	21,53	173,70	2,44	23,56
1	149,87	19	18,15	140,56	18	17,09	1	160,64	22	21,67	176,07	24	23,72
2	151,69	37	18,25	142,27	35	17,18	2	162,82	45	21,82	178,45	49	23,88
3	153,52	56	18,35	144,00	53	17,28	3	165,01	67	21,96	180,84	73	24,03
4	155,36	74	18,45	145,73	70	17,38	4	167,21	89	22,10	183,25	98	24,19
13,5	157,21	93	18,56	147,47	88	17,48	13,5	169,43	1,12	22,25	185,68	1,22	24,35
6	159,07	1,12	18,66	149,22	1,05	17,57	6	171,66	1,34	22,39	188,12	1,46	24,50
7	160,94	1,30	18,76	150,99	1,23	17,67	7	173,90	1,56	22,53	190,58	1,71	24,66
8	162,82	1,49	18,87	152,76	1,40	17,77	8	176,17	1,78	22,68	193,06	1,95	24,82
9	164,71	1,67	18,97	154,54	1,58	17,86	9	178,44	2,01	22,82	195,55	2,20	24,98
14,0	166,61	1,96	19,07	156,33	1,85	17,96	14,0	180,73	2,37	22,96	198,05	2,59	25,13
1	168,53	20	19,18	158,13	18	18,06	1	183,03	24	23,11	200,57	26	25,29
2	170,45	39	19,28	159,94	37	18,16	2	185,35	47	23,25	203,11	52	25,43
3	172,38	59	19,38	161,76	55	18,25	3	187,68	71	23,40	205,66	78	25,60
4	174,33	78	19,49	163,59	74	18,35	4	190,03	95	23,54	208,23	1,04	25,76
14,5	176,28	98	19,59	165,43	92	18,45	14,5	192,39	1,19	23,68	210,81	1,30	25,92
6	178,24	1,18	19,69	167,28	1,10	18,54	6	194,77	1,42	23,83	213,41	1,55	26,07
7	180,22	1,37	19,79	169,14	1,29	18,64	7	197,16	1,66	23,97	216,03	1,81	26,23
8	182,20	1,57	19,90	171,01	1,47	18,74	8	199,56	1,90	24,11	218,66	2,07	26,39
9	184,20	1,76	20,00	172,89	1,66	18,84	9	201,98	2,13	24,26	221,31	2,33	26,55
	ΔL	10				10		ΔL	14				16

Proportional parts for L — p.p(L):

	10		14		16
1	01	1	01	1	02
2	02	2	03	2	03
3	03	3	04	3	05
4	04	4	06	4	06
5	05	5	07	5	08
6	06	6	08	6	10
7	07	7	10	7	11
8	08	8	11	8	13
9	09	9	13	9	14

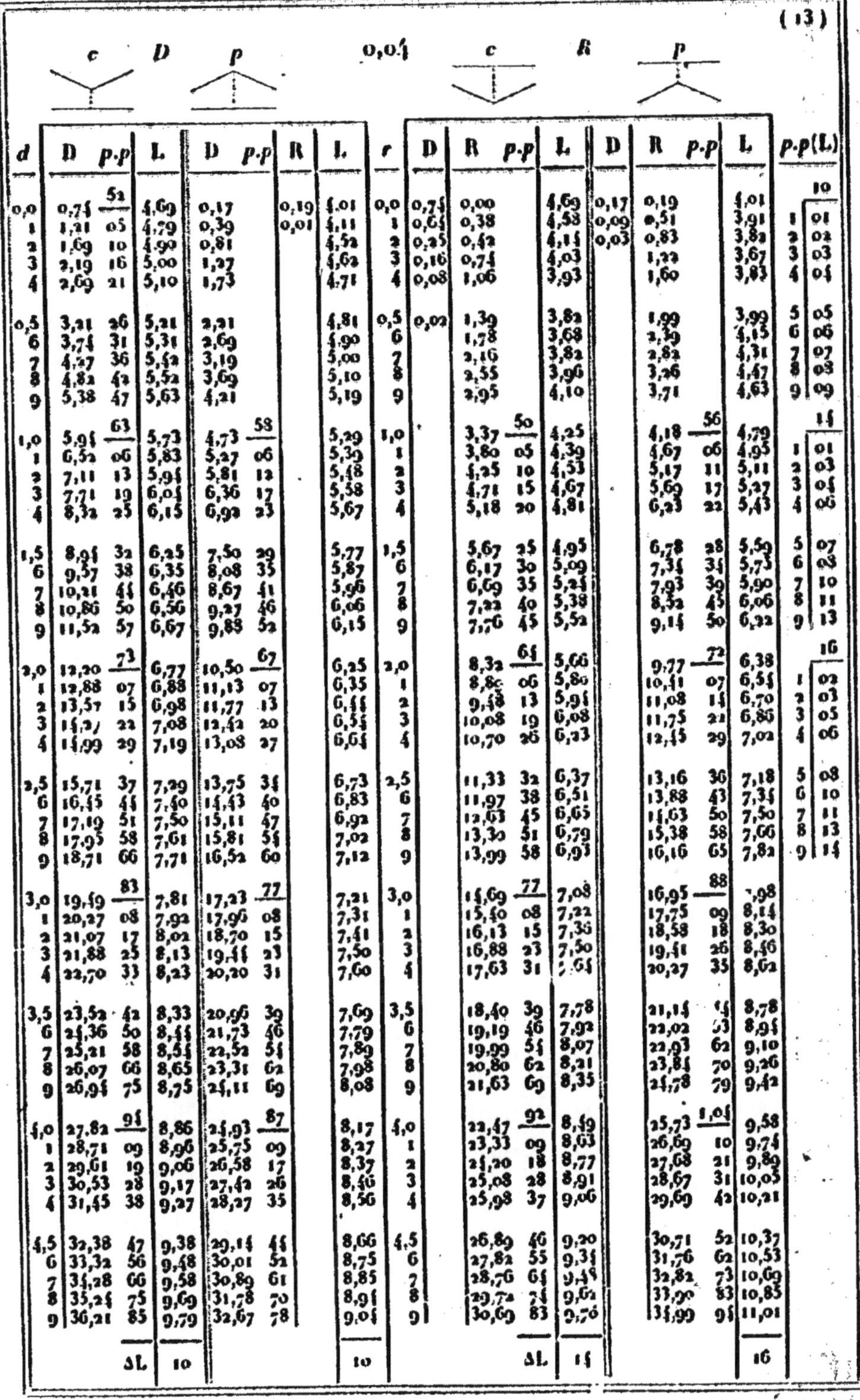

Heading symbols across the table: **c D p**   —   **0,04**   —   **c R p**

Left group (c D p):

d	D	p.p	L	D	p.p	R	L
0,0	0,74	52	4,69	0,17		0,19	4,01
1	1,21	05	4,79	0,39		0,01	4,11
2	1,69	10	4,90	0,81			4,52
3	2,19	16	5,00	1,27			4,62
4	2,69	21	5,10	1,73			4,71
0,5	3,21	26	5,21	2,21			4,81
6	3,74	31	5,31	2,69			4,90
7	4,27	36	5,42	3,19			5,00
8	4,81	42	5,52	3,69			5,10
9	5,38	47	5,63	4,21			5,19
1,0	5,94	63	5,73	4,73	58		5,29
1	6,52	06	5,83	5,27	06		5,39
2	7,11	13	5,94	5,81	12		5,48
3	7,71	19	6,04	6,36	17		5,58
4	8,32	25	6,15	6,92	23		5,67
1,5	8,94	32	6,25	7,50	29		5,77
6	9,57	38	6,35	8,08	35		5,87
7	10,21	44	6,46	8,67	41		5,96
8	10,86	50	6,56	9,27	46		6,06
9	11,52	57	6,67	9,88	52		6,15
2,0	12,20	73	6,77	10,50	67		6,25
1	12,88	07	6,88	11,13	07		6,35
2	13,57	15	6,98	11,77	13		6,44
3	14,27	22	7,08	12,42	20		6,55
4	14,99	29	7,19	13,08	27		6,64
2,5	15,71	37	7,29	13,75	34		6,73
6	16,45	44	7,40	14,43	40		6,83
7	17,19	51	7,50	15,11	47		6,92
8	17,95	58	7,61	15,81	54		7,02
9	18,71	66	7,71	16,52	60		7,12
3,0	19,49	83	7,81	17,23	77		7,21
1	20,27	08	7,92	17,96	08		7,31
2	21,07	17	8,02	18,70	15		7,41
3	21,88	25	8,13	19,44	23		7,50
4	22,70	33	8,23	20,20	31		7,60
3,5	23,52	42	8,33	20,96	39		7,69
6	24,36	50	8,44	21,73	46		7,79
7	25,21	58	8,54	22,52	54		7,89
8	26,07	66	8,65	23,31	62		7,98
9	26,94	75	8,75	24,11	69		8,08
4,0	27,82	91	8,86	24,93	87		8,17
1	28,71	09	8,96	25,75	09		8,27
2	29,61	19	9,06	26,58	17		8,37
3	30,53	28	9,17	27,42	26		8,46
4	31,45	38	9,27	28,27	35		8,56
4,5	32,38	47	9,38	29,14	44		8,66
6	33,32	56	9,48	30,01	52		8,75
7	34,28	66	9,58	30,89	61		8,85
8	35,24	75	9,69	31,78	70		8,94
9	36,21	85	9,79	32,67	78		9,04
		ΔL	10				10

Right group (c R p):

r	D	R	p.p	L	D	R	p.p	L
0,0	0,74	0,00		4,69	0,17	0,19		4,01
1	0,64	0,38		4,58	0,09	0,51		3,91
2	0,25	0,42		4,15	0,03	0,83		3,82
3	0,16	0,74		4,03		1,22		3,67
4	0,08	1,06		3,93		1,60		3,83
0,5	0,02	1,39		3,82		1,99		3,99
6		1,78		3,68		2,39		4,15
7		2,16		3,82		2,82		4,31
8		2,55		3,96		3,26		4,47
9		2,95		4,10		3,71		4,63
1,0		3,37	50	4,25		4,18	56	4,79
1		3,80	05	4,39		4,67	06	4,95
2		4,25	10	4,53		5,17	11	5,11
3		4,71	15	4,67		5,69	17	5,27
4		5,18	20	4,81		6,23	22	5,43
1,5		5,67	25	4,95		6,78	28	5,59
6		6,17	30	5,09		7,34	34	5,75
7		6,69	35	5,24		7,93	39	5,90
8		7,22	40	5,38		8,52	45	6,06
9		7,76	45	5,52		9,14	50	6,22
2,0		8,32	61	5,66		9,77	72	6,38
1		8,86	06	5,80		10,41	07	6,55
2		9,43	13	5,94		11,08	14	6,70
3		10,08	19	6,08		11,75	21	6,85
4		10,70	26	6,23		12,45	29	7,02
2,5		11,33	32	6,37		13,16	36	7,18
6		11,97	38	6,51		13,88	43	7,35
7		12,63	45	6,65		14,63	50	7,50
8		13,30	51	6,79		15,38	58	7,66
9		13,99	58	6,93		16,16	65	7,82
3,0		14,69	77	7,08		16,95	88	7,98
1		15,40	08	7,22		17,75	09	8,14
2		16,13	15	7,36		18,58	18	8,30
3		16,88	23	7,50		19,44	26	8,46
4		17,63	31	7,64		20,27	35	8,62
3,5		18,40	39	7,78		21,14	44	8,78
6		19,19	46	7,92		22,02	53	8,94
7		19,99	54	8,07		22,93	62	9,10
8		20,80	62	8,21		23,84	70	9,26
9		21,63	69	8,35		24,78	79	9,42
4,0		22,47	92	8,49		25,73	1,04	9,58
1		23,33	09	8,63		26,69	10	9,74
2		24,20	18	8,77		27,68	21	9,89
3		25,08	28	8,91		28,67	31	10,05
4		25,98	37	9,06		29,69	42	10,21
4,5		26,89	46	9,20		30,71	52	10,37
6		27,82	55	9,31		31,76	62	10,53
7		28,76	64	9,48		32,82	73	10,69
8		29,72	74	9,62		33,90	83	10,85
9		30,69	83	9,76		34,99	95	11,01
		ΔL	14					16

p.p (L) — proportional-parts column (far right):

	ΔL = 10	ΔL = 14	ΔL = 16
1	01	01	02
2	02	03	03
3	03	04	05
4	04	06	06
5	05	07	08
6	06	08	10
7	07	10	11
8	08	11	13
9	09	13	14

	c → D			D → P			0,04	c → R			R → P			P.P(L)
d	D	p.p	L	D	p.p	L	r	R	p.p	L	R	p.p	L	
5,0	37,20	1,04	9,90	33,58	96	9,13	5,0	31,67	1,05	9,91	36,10	1,20	11,17	
1	38,19	10	10,00	34,50	10	9,23	1	32,67	11	10,05	37,22	12	11,33	
2	39,20	21	10,11	35,42	19	9,33	2	33,68	21	10,19	38,35	24	11,49	
3	40,21	31	10,21	36,36	29	9,42	3	34,71	32	10,33	39,52	36	11,65	
4	41,25	42	10,31	37,31	38	9,52	4	35,75	42	10,47	40,69	48	11,81	
5,5	42,28	52	10,42	38,27	48	9,62	5,5	36,80	53	10,61	41,88	60	11,97	
6	43,32	62	10,52	39,23	58	9,71	6	37,87	64	10,75	43,09	72	12,13	
7	44,38	73	10,63	40,21	67	9,81	7	38,95	75	10,90	44,31	85	12,29	
8	45,45	83	10,73	41,19	77	9,90	8	40,05	85	11,04	45,55	96	12,45	
9	46,53	94	10,83	42,19	86	10,00	9	41,16	95	11,18	46,80	1,08	12,61	
6,0	47,62	1,15	10,94	43,19	1,06	10,10	6,0	42,28	1,20	11,32	48,07	1,36	12,77	
1	48,71	12	11,04	44,21	11	10,19	1	43,42	12	11,46	49,35	14	12,93	
2	49,82	23	11,15	45,23	21	10,29	2	44,58	24	11,60	50,65	27	13,09	
3	50,94	35	11,25	46,27	32	10,39	3	45,74	36	11,75	51,97	41	13,25	
4	52,07	46	11,36	47,31	42	10,48	4	46,92	48	11,89	53,30	55	13,40	
6,5	53,22	58	11,46	48,36	53	10,58	6,5	48,12	60	12,03	54,65	68	13,56	
6	54,37	69	11,56	49,43	64	10,67	6	49,33	72	12,17	56,01	81	13,72	
7	55,53	81	11,67	50,50	74	10,77	7	50,55	85	12,31	57,39	95	13,88	
8	56,70	92	11,77	51,58	85	10,87	8	51,79	96	12,45	58,79	1,09	14,04	
9	57,88	1,04	11,88	52,67	95	10,96	9	53,04	1,08	12,59	60,20	1,22	14,20	
7,0	59,07	1,25	11,98	53,77	1,15	11,06	7,0	54,31	1,35	12,75	61,63	1,52	14,36	
1	60,28	13	12,08	54,88	12	11,15	1	55,59	14	12,88	63,07	15	14,52	
2	61,49	25	12,19	56,00	23	11,25	2	56,89	27	13,02	64,53	30	14,68	
3	62,72	38	12,29	57,13	35	11,35	3	58,20	41	13,16	66,01	46	14,84	
4	63,95	50	12,40	58,27	46	11,46	4	59,52	55	13,30	67,50	61	15,00	
7,5	65,20	63	12,50	59,42	58	11,54	7,5	60,86	68	13,44	69,01	76	15,16	
6	66,45	75	12,61	60,58	69	11,65	6	62,21	81	13,58	70,53	91	15,32	
7	67,72	88	12,71	61,75	81	11,73	7	63,57	95	13,73	72,07	1,06	15,48	
8	68,99	1,00	12,81	62,93	92	11,83	8	64,95	1,08	13,87	73,63	1,22	15,64	
9	70,28	1,13	12,92	64,11	1,04	11,92	9	66,35	1,22	14,01	75,20	1,37	15,80	
8,0	71,58	1,35	13,02	65,31	1,25	12,02	8,0	67,76	1,49	14,15	76,79	1,68	15,96	
1	72,88	15	13,13	66,52	13	12,12	1	69,18	15	14,29	78,39	17	16,12	
2	74,20	27	13,23	67,73	25	12,21	2	70,61	30	14,43	80,01	34	16,28	
3	75,53	41	13,35	68,95	38	12,31	3	72,06	45	14,58	81,65	50	16,44	
4	76,87	54	13,44	70,20	50	12,41	4	73,53	60	14,72	83,30	67	16,60	
8,5	78,22	68	13,55	71,45	63	12,50	8,5	75,01	75	14,86	84,97	84	16,76	
6	79,58	81	13,65	72,70	75	12,60	6	76,50	89	15,00	86,65	1,01	16,92	
7	80,95	95	13,75	73,95	88	12,69	7	78,01	1,04	15,14	88,35	1,18	17,08	
8	82,33	1,08	13,86	75,21	1,00	12,79	8	79,53	1,19	15,28	90,07	1,35	17,24	
9	83,72	1,22	13,96	76,52	1,13	12,89	9	81,06	1,35	15,42	91,80	1,51	17,39	
9,0	85,12	1,46	14,06	77,81	1,35	12,98	9,0	82,61	1,63	15,57	93,55	1,85	17,55	
1	86,53	15	14,17	79,12	14	13,08	1	84,18	16	15,71	95,31	18	17,71	
2	87,95	29	14,27	80,43	27	13,18	2	85,76	33	15,85	97,09	37	17,87	
3	89,39	44	14,38	81,75	41	13,27	3	87,35	49	15,99	98,88	55	18,03	
4	90,83	58	14,48	83,08	55	13,37	4	88,95	65	16,13	100,70	74	18,19	
9,5	92,28	73	14,59	84,42	68	13,46	9,5	90,57	82	16,27	102,52	92	18,35	
6	93,75	88	14,69	85,78	81	13,56	6	92,21	98	16,41	104,37	1,10	18,51	
7	95,22	1,02	14,79	87,14	95	13,66	7	93,86	1,14	16,56	106,22	1,29	18,67	
8	96,70	1,17	14,90	88,51	1,08	13,75	8	95,52	1,30	16,70	108,10	1,47	18,83	
9	98,20	1,31	15,00	89,89	1,22	13,85	9	97,20	1,47	16,85	109,99	1,66	18,99	
	ΔL	10			10			ΔL	15			15		

P.P(L):

10			15			16	
1	01		1	01		1	02
2	02		2	03		2	03
3	03		3	04		3	05
4	04		4	06		4	06
5	05		5	07		5	08
6	06		6	08		6	10
7	07		7	10		7	11
8	08		8	11		8	13
9	09		9	13		9	14

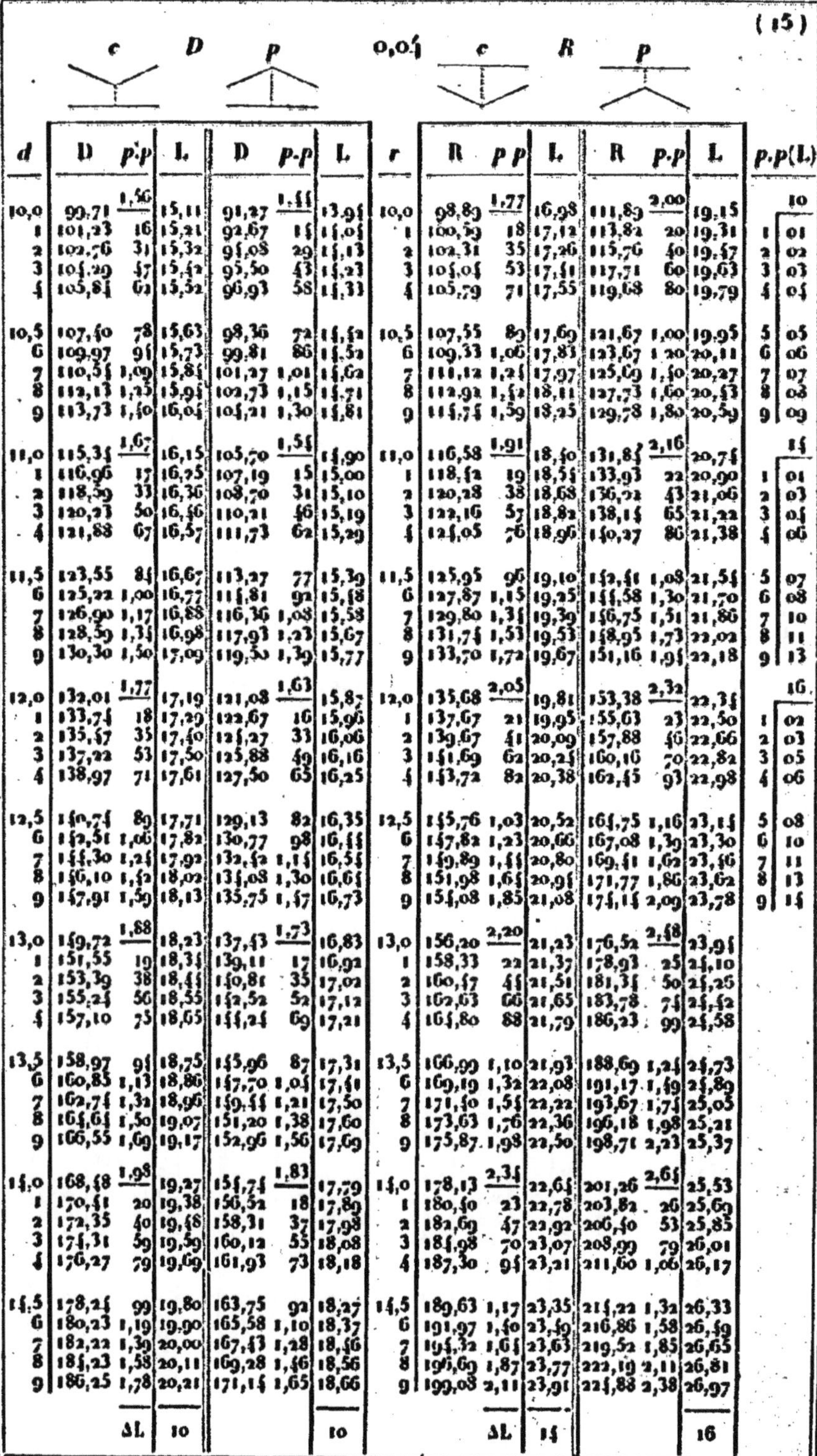

Column groups (with their head diagrams): **c D** — **P** — **0,05** — **c R** — **P**

d	D	p.p	L	D	p.p	L	r	R	p.p	L	R	p.p	L	pp(L)	
10,0	99,71	1,56	15,11	91,27	1,44	13,95	10,0	98,89	1,77	16,98	111,89	2,00	19,15	10	
1	101,23	16	15,21	92,67	14	14,05	1	100,59	18	17,12	113,82	20	19,31	1	01
2	102,76	31	15,32	94,08	29	14,13	2	102,31	35	17,26	115,76	40	19,47	2	02
3	104,29	47	15,42	95,50	43	14,23	3	104,05	53	17,41	117,71	60	19,63	3	03
4	105,85	62	15,52	96,93	58	14,33	4	105,79	71	17,55	119,68	80	19,79	4	04
10,5	107,40	78	15,63	98,36	72	14,42	10,5	107,55	89	17,69	121,67	1,00	19,95	5	05
6	108,97	95	15,73	99,81	86	14,52	6	109,33	1,06	17,83	123,67	1,20	20,11	6	06
7	110,55	1,09	15,85	101,27	1,01	14,62	7	111,12	1,24	17,97	125,69	1,40	20,27	7	07
8	112,13	1,25	15,95	102,73	1,15	14,71	8	112,92	1,42	18,11	127,73	1,60	20,43	8	08
9	113,73	1,40	16,05	104,21	1,30	14,81	9	114,75	1,59	18,25	129,78	1,80	20,59	9	09
11,0	115,35	1,67	16,15	105,70	1,55	14,90	11,0	116,58	1,91	18,40	131,85	2,16	20,74	14	
1	116,96	17	16,25	107,19	15	15,00	1	118,42	19	18,55	133,93	22	20,90	1	01
2	118,59	33	16,36	108,70	31	15,10	2	120,28	38	18,68	136,22	43	21,06	2	03
3	120,23	50	16,46	110,21	46	15,19	3	122,16	57	18,82	138,15	65	21,22	3	04
4	121,88	67	16,57	111,73	62	15,29	4	124,05	76	18,96	140,27	86	21,38	4	06
11,5	123,55	84	16,67	113,27	77	15,39	11,5	125,95	96	19,10	142,41	1,08	21,54	5	07
6	125,22	1,00	16,77	114,81	92	15,48	6	127,87	1,15	19,25	144,58	1,30	21,70	6	08
7	126,90	1,17	16,88	116,36	1,08	15,58	7	129,80	1,35	19,39	146,75	1,51	21,86	7	10
8	128,59	1,34	16,98	117,93	1,23	15,67	8	131,75	1,53	19,53	148,95	1,73	22,02	8	11
9	130,30	1,50	17,09	119,50	1,39	15,77	9	133,70	1,72	19,67	151,16	1,94	22,18	9	13
12,0	132,01	1,77	17,19	121,08	1,63	15,87	12,0	135,68	2,05	19,81	153,38	2,32	22,34	16	
1	133,74	18	17,29	122,67	16	15,96	1	137,67	21	19,95	155,63	23	22,50	1	02
2	135,47	35	17,40	124,27	33	16,06	2	139,67	41	20,09	157,88	46	22,66	2	03
3	137,22	53	17,50	125,88	49	16,16	3	141,69	62	20,25	160,16	70	22,82	3	05
4	138,97	71	17,61	127,50	65	16,25	4	143,72	82	20,38	162,45	93	22,98	4	06
12,5	140,74	89	17,71	129,13	82	16,35	12,5	145,76	1,03	20,52	164,75	1,16	23,14	5	08
6	142,51	1,06	17,82	130,77	98	16,44	6	147,82	1,23	20,66	167,08	1,39	23,30	6	10
7	144,30	1,24	17,92	132,42	1,14	16,54	7	149,89	1,44	20,80	169,41	1,62	23,46	7	11
8	146,10	1,42	18,02	134,08	1,30	16,64	8	151,98	1,65	20,94	171,77	1,86	23,62	8	13
9	147,91	1,59	18,13	135,75	1,47	16,73	9	154,08	1,85	21,08	174,15	2,09	23,78	9	15
13,0	149,72	1,88	18,23	137,43	1,73	16,83	13,0	156,20	2,20	21,23	176,52	2,48	23,94		
1	151,55	19	18,34	139,11	17	16,92	1	158,33	22	21,37	178,93	25	24,10		
2	153,39	38	18,44	140,81	35	17,02	2	160,47	44	21,51	181,34	50	24,25		
3	155,24	56	18,55	142,52	52	17,12	3	162,63	66	21,65	183,78	74	24,42		
4	157,10	75	18,65	144,24	69	17,21	4	164,80	88	21,79	186,23	99	24,58		
13,5	158,97	94	18,75	145,96	87	17,31	13,5	166,99	1,10	21,93	188,69	1,24	24,73		
6	160,85	1,13	18,86	147,70	1,04	17,41	6	169,19	1,32	22,08	191,17	1,49	24,89		
7	162,74	1,32	18,96	149,44	1,21	17,50	7	171,40	1,54	22,22	193,67	1,74	25,03		
8	164,64	1,50	19,07	151,20	1,38	17,60	8	173,63	1,76	22,36	196,18	1,98	25,21		
9	166,55	1,69	19,17	152,96	1,56	17,69	9	175,87	1,98	22,50	198,71	2,23	25,37		
14,0	168,48	1,98	19,27	154,74	1,83	17,79	14,0	178,13	2,34	22,64	201,26	2,65	25,53		
1	170,41	20	19,38	156,52	18	17,89	1	180,40	23	22,78	203,82	26	25,69		
2	172,35	40	19,48	158,31	37	17,98	2	182,69	47	22,92	206,40	53	25,85		
3	174,31	59	19,59	160,12	55	18,08	3	184,98	70	23,07	208,99	79	26,01		
4	176,27	79	19,69	161,93	73	18,18	4	187,30	94	23,21	211,60	1,06	26,17		
14,5	178,25	99	19,80	163,75	92	18,27	14,5	189,63	1,17	23,35	214,22	1,32	26,33		
6	180,23	1,19	19,90	165,58	1,10	18,37	6	191,97	1,40	23,49	216,86	1,58	26,49		
7	182,22	1,39	20,00	167,43	1,28	18,46	7	194,32	1,64	23,63	219,52	1,85	26,65		
8	184,23	1,58	20,11	169,28	1,46	18,56	8	196,69	1,87	23,77	222,19	2,11	26,81		
9	186,25	1,78	20,21	171,14	1,65	18,66	9	199,08	2,11	23,91	224,88	2,38	26,97		
		ΔL	10			10			ΔL	14			16		

(16)

0,05

Left group — **c ∨ D** (columns D, p.p, L) and **p ∧** (columns D, p.p, R, L); Right group — **c ∨ R** (columns D, R, p.p, L) and **p ∧** (columns D, R, p.p, L), followed by **p.p(L)**.

d	D	p.p	L	D	p.p	R	L	r	D	R	p.p	L	D	R	p.p	L
0,0	0,85	53	4,74	0,14		0,24	3,97	0,0	0,85	0,00		4,74	0,14	0,24		3,97
1	1,33	05	4,84	0,33		0,03	4,07	1	0,47	0,30		4,63	0,07	0,56		3,88
2	1,82	11	4,95	0,71			4,16	2	0,29	0,38		4,18	0,02	0,89		3,78
3	2,32	16	5,05	1,16			4,57	3	0,19	0,69		4,07		1,29		3,73
4	2,83	21	5,16	1,62			4,67	4	0,11	1,01		3,97		1,67		3,89
0,5	3,35	27	5,26	2,09			4,76	0,5	0,04	1,33		3,86		2,07		4,05
6	3,88	32	5,37	2,57			4,86	6		1,72		3,63		2,48		4,22
7	4,42	37	5,47	3,06			4,95	7		2,09		3,77		2,91		4,38
8	4,97	42	5,58	3,56			5,05	8		2,47		3,91		3,36		4,54
9	5,54	48	5,68	4,07			5,14	9		2,87		4,05		3,82		4,70
1,0	6,11	63	5,79	4,59	57		5,24	1,0		3,28	49	4,19		4,30	57	4,87
1	6,70	06	5,90	5,12	06		5,33	1		3,71	05	4,33		4,79	06	5,03
2	7,29	13	6,00	5,66	11		5,43	2		4,15	10	4,46		5,30	11	5,19
3	7,90	19	6,11	6,21	17		5,52	3		4,60	15	4,60		5,83	17	5,35
4	8,51	25	6,21	6,76	23		5,62	4		5,07	20	4,74		6,37	23	5,51
1,5	9,14	32	6,32	7,33	29		5,71	1,5		5,55	25	4,88		6,93	29	5,68
6	9,77	38	6,42	7,91	34		5,81	6		6,04	29	5,02		7,51	34	5,84
7	10,42	44	6,53	8,49	40		5,90	7		6,55	34	5,16		8,10	40	6,00
8	11,08	50	6,63	9,09	46		6,00	8		7,07	39	5,30		8,71	46	6,16
9	11,75	57	6,74	9,69	51		6,09	9		7,61	44	5,44		9,33	51	6,32
2,0	12,43	74	6,84	10,31	67		6,19	2,0		8,16	63	5,58		9,97	73	6,49
1	13,12	07	6,95	10,93	07		6,29	1		8,73	06	5,72		10,63	07	6,65
2	13,82	15	7,05	11,56	13		6,38	2		9,31	13	5,86		11,30	15	6,84
3	14,53	22	7,16	12,21	20		6,48	3		9,90	19	6,00		11,99	22	6,97
4	15,25	30	7,26	12,86	27		6,57	4		10,54	25	6,14		12,70	29	7,14
2,5	15,98	37	7,37	13,52	34		6,67	2,5		11,13	32	6,28		13,42	37	7,30
6	16,72	44	7,47	14,19	40		6,76	6		11,76	38	6,42		14,16	44	7,46
7	17,47	52	7,58	14,87	47		6,86	7		12,41	44	6,56		14,91	51	7,62
8	18,24	59	7,69	15,56	54		6,95	8		13,07	50	6,70		15,68	58	7,78
9	19,01	67	7,79	16,26	60		7,05	9		13,75	57	6,84		16,47	66	7,95
3,0	19,80	85	7,90	16,97	76		7,14	3,0		14,44	77	6,98		17,27	90	8,11
1	20,59	08	8,00	17,69	08		7,24	1		15,15	08	7,12		18,09	09	8,27
2	21,40	17	8,11	18,42	15		7,33	2		15,87	15	7,25		18,93	18	8,43
3	22,21	25	8,21	19,16	23		7,43	3		16,60	23	7,39		19,78	27	8,60
4	23,04	34	8,32	19,90	30		7,52	4		17,34	31	7,53		20,65	36	8,76
3,5	23,87	42	8,42	20,66	38		7,62	3,5		18,10	39	7,67		21,53	45	8,92
6	24,72	50	8,53	21,43	46		7,71	6		18,88	46	7,81		22,44	54	9,08
7	25,58	59	8,63	22,20	53		7,81	7		19,67	53	7,95		23,35	63	9,24
8	26,44	67	8,74	22,99	61		7,90	8		20,47	62	8,09		24,28	72	9,41
9	27,33	76	8,84	23,79	68		8,00	9		21,28	69	8,23		25,23	81	9,57
4,0	28,22	95	8,95	24,59	86		8,09	4,0		22,11	91	8,37		26,19	1,06	9,73
1	29,12	10	9,05	25,40	09		8,19	1		22,96	09	8,51		27,17	11	9,89
2	30,03	19	9,16	26,23	17		8,28	2		23,82	18	8,65		28,17	21	10,06
3	30,95	29	9,26	27,06	26		8,38	3		24,69	27	8,79		29,18	32	10,22
4	31,88	38	9,37	27,90	34		8,47	4		25,57	36	8,93		30,21	42	10,38
4,5	32,82	48	9,48	28,76	43		8,57	4,5		26,47	46	9,07		31,26	53	10,54
6	33,78	57	9,58	29,62	52		8,67	6		27,39	55	9,21		32,32	64	10,70
7	34,74	67	9,69	30,49	60		8,76	7		28,32	64	9,35		33,40	75	10,87
8	35,71	76	9,79	31,37	69		8,86	8		29,26	73	9,49		34,50	85	11,03
9	36,70	86	9,90	32,26	77		8,95	9		30,21	82	9,63		35,61	95	11,19
		ΔL	11				10				ΔL	14				16

p.p(L):

10			11			14			16	
1	01		1	01		1	01		1	02
2	02		2	02		2	03		2	03
3	03		3	03		3	04		3	05
4	04		4	04		4	06		4	06
5	05		5	06		5	07		5	08
6	06		6	07		6	08		6	10
7	07		7	08		7	10		7	11
8	08		8	09		8	11		8	13
9	09		9	10		9	13		9	14

Table heads (diagram labels): **c D p** | 0,05 | **c R p**

d	D	p.p	L	D	p.p	L	r	R	p.p	L	R	p.p	L
5,0	37,69	1,05	10,00	33,17	95	9,05	5,0	31,19	1,05	9,77	36,73	1,22	11,35
1	38,70	11	10,11	34,08	10	9,14	1	32,17	11	9,91	37,87	12	11,51
2	39,71	21	10,21	34,99	19	9,25	2	33,17	21	10,05	39,03	24	11,68
3	40,74	32	10,32	35,92	29	9,33	3	34,18	32	10,19	40,21	37	11,84
4	41,78	42	10,42	36,86	38	9,43	4	35,21	42	10,33	41,40	49	12,00
5,5	42,82	53	10,53	37,81	48	9,52	5,5	36,25	53	10,46	42,61	61	12,16
6	43,88	63	10,63	38,77	57	9,62	6	37,30	63	10,60	43,83	73	12,32
7	44,95	74	10,74	39,73	67	9,71	7	38,37	74	10,74	45,07	85	12,49
8	46,03	84	10,84	40,71	76	9,81	8	39,45	84	10,88	46,33	98	12,65
9	47,12	95	10,95	41,70	86	9,90	9	40,54	95	11,02	47,60	1,10	12,81
6,0	48,22	1,16	11,03	42,69	1,05	10,00	6,0	41,65	1,19	11,16	48,89	1,38	12,97
1	49,33	12	11,16	43,70	11	10,09	1	42,77	12	11,30	50,20	14	13,14
2	50,45	23	11,26	44,71	21	10,19	2	43,91	25	11,44	51,52	28	13,30
3	51,58	35	11,37	45,73	32	10,29	3	45,06	36	11,58	52,86	41	13,46
4	52,73	46	11,47	46,77	42	10,38	4	46,23	48	11,72	54,21	55	13,62
6,5	53,88	58	11,58	47,81	53	10,48	6,5	47,41	60	11,86	55,58	69	13,78
6	55,04	70	11,69	48,86	63	10,57	6	48,60	71	12,00	56,97	83	13,95
7	56,22	81	11,79	49,92	74	10,67	7	49,81	83	12,14	58,37	97	14,11
8	57,40	93	11,90	50,99	84	10,76	8	51,03	95	12,28	59,79	1,10	14,27
9	58,59	1,04	12,00	52,08	95	10,86	9	52,26	1,07	12,42	61,23	1,24	14,43
7,0	59,80	1,26	12,11	53,17	1,14	10,95	7,0	53,51	1,33	12,56	62,68	1,55	14,60
1	61,02	13	12,21	54,27	11	11,05	1	54,77	13	12,70	64,14	15	14,76
2	62,24	25	12,32	55,37	23	11,14	2	56,05	27	12,84	65,63	31	14,92
3	63,48	38	12,42	56,49	34	11,24	3	57,35	40	12,98	67,13	46	15,08
4	64,73	50	12,53	57,62	46	11,33	4	58,65	53	13,12	68,64	62	15,24
7,5	65,99	63	12,63	58,76	57	11,43	7,5	59,97	67	13,25	70,18	77	15,41
6	67,25	76	12,74	59,91	68	11,52	6	61,30	80	13,39	71,73	92	15,57
7	68,53	88	12,85	61,06	80	11,62	7	62,64	93	13,53	73,29	1,08	15,73
8	69,82	1,01	12,95	62,23	91	11,71	8	64,00	1,06	13,67	74,87	1,23	15,89
9	71,12	1,13	13,05	63,41	1,03	11,81	9	65,38	1,20	13,81	76,47	1,39	16,06
8,0	72,43	1,37	13,16	64,59	1,25	11,90	8,0	66,77	1,47	13,95	78,08	1,71	16,22
1	73,76	14	13,27	65,79	12	12,00	1	68,17	15	14,09	79,71	17	16,38
2	75,09	27	13,37	66,99	25	12,09	2	69,58	29	14,23	81,36	34	16,54
3	76,43	41	13,48	68,21	37	12,19	3	71,01	44	14,37	83,02	51	16,70
4	77,78	55	13,58	69,43	50	12,28	4	72,46	59	14,51	84,70	68	16,87
8,5	79,15	69	13,69	70,66	62	12,38	8,5	73,92	74	14,65	86,40	86	17,03
6	80,52	82	13,79	71,91	74	12,47	6	75,39	88	14,79	88,11	1,03	17,19
7	81,90	95	13,90	73,16	87	12,57	7	76,87	1,03	14,93	89,83	1,20	17,35
8	83,30	1,10	14,00	74,42	99	12,67	8	78,37	1,18	15,07	91,58	1,37	17,51
9	84,70	1,23	14,11	75,69	1,12	12,76	9	79,89	1,32	15,21	93,34	1,54	17,68
9,0	86,12	1,47	14,21	76,97	1,29	12,86	9,0	81,42	1,61	15,35	95,11	1,87	17,85
1	87,55	15	14,32	78,26	13	12,95	1	82,96	16	15,49	96,90	19	18,00
2	88,98	29	14,42	79,56	26	13,05	2	84,51	32	15,63	98,71	37	18,16
3	90,43	44	14,53	80,87	39	13,14	3	86,08	48	15,77	100,54	56	18,33
4	91,89	59	14,63	82,19	52	13,24	4	87,67	64	15,91	102,38	75	18,49
9,5	93,36	74	14,74	83,52	65	13,33	9,5	89,27	81	16,05	104,23	94	18,65
6	94,84	88	14,85	84,86	77	13,43	6	90,88	97	16,18	106,11	1,12	18,81
7	96,33	1,03	14,95	86,20	90	13,52	7	92,50	1,13	16,32	108,00	1,31	18,97
8	97,83	1,18	15,06	87,56	1,03	13,62	8	94,14	1,29	16,46	109,92	1,50	19,14
9	99,34	1,32	15,16	88,93	1,16	13,71	9	95,79	1,45	16,60	111,82	1,68	19,30
		ΔL	11			10			ΔL	14			16

p.p(L)

	10		11		14		16
1	01	1	01	1	01	1	02
2	02	2	02	2	03	2	03
3	03	3	03	3	04	3	05
4	04	4	04	4	06	4	06
5	05	5	06	5	07	5	08
6	06	6	07	6	08	6	10
7	07	7	08	7	10	7	11
8	08	8	09	8	11	8	13
9	09	9	10	9	13'	9	14

	c			*D*			0,05	*c*			*R*				
d.	D	*p.p*	L	D	*p.p*	L	*r*	R	*p.p*	L	R	*p.p*	L	*p.p*(L.)	
10,0	100,87	1,58	15,27	90,31	1,43	13,81	10,0	97,47	1,75	16,74	113,76	2,03	19,46		10
1	102,40	16	15,37	91,69	14	13,90	1	99,13	18	16,88	115,71	20	19,62	1	01
2	103,94	32	15,48	93,09	29	14,00	2	100,84	35	17,02	117,68	41	19,78	2	02
3	105,49	47	15,58	94,49	43	14,10	3	102,55	53	17,16	119,67	61	19,95	3	03
4	107,06	63	15,69	95,91	57	14,19	4	104,27	70	17,30	121,67	81	20,11	4	04
10,5	108,63	79	15,79	97,33	72	14,29	10,5	106,01	88	17,44	123,69	1,02	20,27	5	05
6	110,21	94	15,90	98,77	8[illegible]	14,38	6	107,76	1,05	17,58	125,72	1,22	20,43	6	06
7	111,81	1,10	16,00	100,21	1,00	14,48	7	109,53	1,23	17,72	127,77	1,42	20,59	7	07
8	113,41	1,26	16,11	101,66	1,14	14,57	8	111,31	1,40	17,86	129,84	1,62	20,76	8	08
9	115,03	1,41	16,21	103,12	1,29	14,67	9	113,10	1,58	18,00	131,93	1,83	20,92	9	09
11,0	116,66	1,68	16,32	104,59	1,52	14,76	11,0	114,91	1,89	18,14	134,03	2,19	21,08		11
1	118,29	17	16,42	106,07	15	14,86	1	116,73	19	18,28	136,14	22	21,24	1	01
2	119,94	34	16,53	107,56	30	14,95	2	118,56	39	18,42	138,27	44	21,41	2	02
3	121,60	50	16,63	109,06	46	15,05	3	120,41	57	18,56	140,42	66	21,57	3	03
4	123,27	67	16,74	110,57	61	15,14	4	122,27	76	18,70	142,59	88	21,73	4	04
11,5	124,95	84	16,85	112,09	76	15,24	11,5	124,15	95	18,84	144,77	1,10	21,89	5	06
6	126,64	1,01	16,95	113,62	91	15,33	6	126,04	1,13	18,9[illegible]	146,97	1,31	22,05	6	07
7	128,34	1,18	17,06	115,16	1,06	15,43	7	127,95	1,32	19,1[illegible]	149,18	1,53	22,22	7	08
8	130,05	1,34	17,16	116,71	1,22	15,52	8	129,87	1,51	19,26	151,41	1,75	22,38	8	09
9	131,77	1,51	17,27	118,26	1,37	15,62	9	131,80	1,70	19,39	153,66	1,97	22,54	9	10
12,0	133,50	1,79	17,37	119,83	1,62	15,71	12,0	133,74	2,03	19,53	155,92	2,35	22,70		14
1	135,24	18	17,48	121,41	16	15,81	1	135,70	20	19,67	158,20	24	22,87	1	01
2	137,00	36	17,58	122,99	32	15,90	2	137,68	41	19,81	160,49	47	23,03	2	03
3	138,76	54	17,69	124,59	49	16,00	3	139,67	61	19,95	162,80	71	23,19	3	04
4	140,54	72	17,79	126,19	65	16,09	4	141,67	81	20,09	165,13	94	23,35	4	06
12,5	142,32	90	17,90	127,81	81	16,19	12,5	143,68	1,02	20,23	167,47	1,18	23,51	5	07
6	144,12	1,07	18,00	129,43	97	16,28	6	145,71	1,22	20,37	169,83	1,41	23,68	6	08
7	145,92	1,25	18,11	131,06	1,13	16,38	7	147,76	1,42	20,51	172,2[illegible]	1,65	23,84	7	10
8	147,74	1,43	18,21	132,71	1,30	16,48	8	149,82	1,62	20,65	174,60	1,88	24,00	8	11
9	149,56	1,61	18,32	134,36	1,46	16,57	9	151,89	1,83	20,79	177,01	2,12	24,16	9	13
13,0	151,40	1,90	18,42	136,02	1,71	16,67	13,0	153,97	2,16	20,93	179,43	2,52	24,33		16
1	153,25	19	18,53	137,69	17	16,76	1	156,07	22	21,07	181,87	25	24,49	1	02
2	155,11	38	18,64	139,37	34	16,86	2	158,19	43	21,21	184,33	50	24,65	2	03
3	156,98	57	18,74	141,06	51	16,95	3	160,32	65	21,35	186,80	76	24,81	3	05
4	158,86	76	18,85	142,76	68	17,05	4	162,46	86	21,49	189,29	1,01	24,97	4	06
13,5	160,75	95	18,95	144,47	86	17,14	13,5	164,61	1,08	21,63	191,80	1,26	25,14	5	08
6	162,65	1,14	19,06	146,19	1,03	17,24	6	166,78	1,30	21,77	194,32	1,51	25,30	6	10
7	164,56	1,33	19,16	147,92	1,20	17,33	7	168,97	1,51	21,91	196,86	1,76	25,46	7	11
8	166,48	1,52	19,27	149,66	1,37	17,43	8	171,17	1,73	22,05	199,41	2,02	25,62	8	13
9	168,41	1,71	19,37	151,40	1,54	17,52	9	173,38	1,94	22,18	201,98	2,27	25,79	9	14
14,0	170,35	2,00	19,48	153,16	1,81	17,6[illegible]	14,0	175,60	2,30	22,32	204,57	2,68	25,95		
1	172,31	20	19,58	154,93	18	17,71	1	177,84	23	22,46	207,17	27	26,11		
2	174,27	40	19,69	156,70	36	17,81	2	180,10	46	22,60	209,79	54	26,27		
3	176,24	60	19,79	158,49	54	17,90	3	182,36	69	22,74	212,43	80	26,43		
4	178,23	80	19,90	160,29	72	18,00	4	184,64	92	22,88	215,08	1,07	26,60		
14,5	180,22	1,00	20,00	162,09	91	18,09	14,5	186,94	1,15	23,02	217,75	1,34	26,76		
6	182,23	1,20	20,11	163,90	1,09	18,19	6	189,25	1,38	23,16	220,43	1,61	26,92		
7	184,25	1,40	20,21	165,73	1,27	18,28	7	191,57	1,61	23,30	223,13	1,88	27,08		
8	186,27	1,60	20,32	167,56	1,45	18,38	8	193,91	1,84	23,44	225,85	2,14	27,25		
9	188,31	1,80	20,43	169,40	1,63	18,47	9	196,26	2,07	23,58	228,58	2,41	27,41		
		ΔL	11			10			ΔL	14			16		

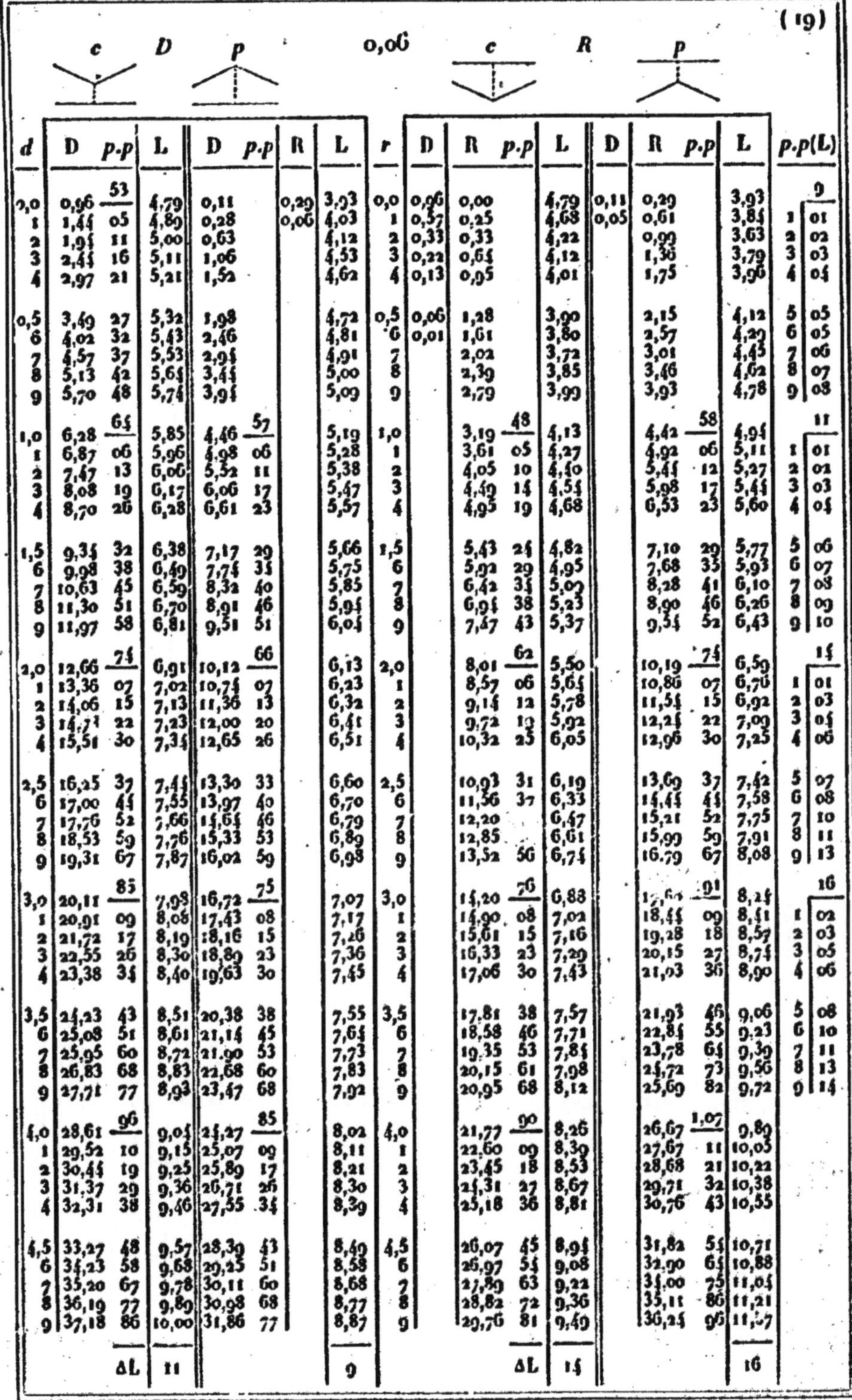

Left half (c — D — p):

d	D	p.p	L	D	p.p	R	L
0,0	0,96	53	4,79	0,11		0,29	3,03
1	1,45	05	4,89	0,28		0,06	4,03
2	1,95	11	5,00	0,63			4,12
3	2,45	16	5,11	1,06			4,53
4	2,97	21	5,21	1,52			4,62
0,5	3,49	27	5,32	1,98			4,72
6	4,02	32	5,43	2,46			4,81
7	4,57	37	5,53	2,95			4,91
8	5,13	42	5,65	3,45			5,00
9	5,70	48	5,74	3,95			5,09
1,0	6,28	65	5,85	4,46	57		5,19
1	6,87	06	5,96	4,98	06		5,28
2	7,47	13	6,06	5,52	11		5,38
3	8,08	19	6,17	6,06	17		5,47
4	8,70	26	6,28	6,61	23		5,57
1,5	9,35	32	6,38	7,17	29		5,66
6	9,98	38	6,49	7,75	35		5,75
7	10,63	45	6,59	8,32	40		5,85
8	11,30	51	6,70	8,91	46		5,95
9	11,97	58	6,81	9,51	51		6,05
2,0	12,66	75	6,91	10,12	66		6,13
1	13,36	07	7,02	10,74	07		6,23
2	14,06	15	7,13	11,36	13		6,32
3	14,77	22	7,23	12,00	20		6,41
4	15,51	30	7,34	12,65	26		6,51
2,5	16,25	37	7,45	13,30	33		6,60
6	17,00	45	7,55	13,97	40		6,70
7	17,76	52	7,66	14,65	46		6,79
8	18,53	59	7,76	15,33	53		6,89
9	19,31	67	7,87	16,02	59		6,98
3,0	20,11	85	7,98	16,72	75		7,07
1	20,91	09	8,08	17,43	08		7,17
2	21,72	17	8,19	18,16	15		7,26
3	22,55	26	8,30	18,89	23		7,36
4	23,38	34	8,40	19,63	30		7,45
3,5	24,23	43	8,51	20,38	38		7,55
6	25,08	51	8,61	21,14	45		7,64
7	25,95	60	8,72	21,90	53		7,73
8	26,83	68	8,83	22,68	60		7,83
9	27,71	77	8,93	23,47	68		7,92
4,0	28,61	96	9,05	24,27	85		8,02
1	29,52	10	9,15	25,07	09		8,11
2	30,45	19	9,25	25,89	17		8,21
3	31,37	29	9,36	26,71	26		8,30
4	32,31	38	9,46	27,55	34		8,39
4,5	33,27	48	9,57	28,39	43		8,49
6	34,23	58	9,68	29,25	51		8,58
7	35,20	67	9,78	30,11	60		8,68
8	36,19	77	9,89	30,98	68		8,77
9	37,18	86	10,00	31,86	77		8,87
		ΔL	11				9

Right half (c — R — p):

r	D	R	p.p	L	D	R	p.p	L	p.p(L)
0,0	0,06	0,00		4,79	0,11	0,29		3,93	9
1	0,57	0,25		4,68	0,05	0,61		3,84	1 01
2	0,33	0,33		4,22		0,99		3,63	2 02
3	0,22	0,64		4,12		1,36		3,79	3 03
4	0,13	0,95		4,01		1,75		3,96	4 04
0,5	0,06	1,28		3,90		2,15		4,12	5 05
6	0,01	1,61		3,80		2,57		4,29	6 05
7		2,02		3,72		3,01		4,45	7 06
8		2,39		3,85		3,46		4,62	8 07
9		2,79		3,99		3,93		4,78	9 08
1,0		3,19	48	4,13		4,42	58	4,94	11
1		3,61	05	4,27		4,92	06	5,11	1 01
2		4,05	10	4,40		5,45	12	5,27	2 02
3		4,49	14	4,54		5,98	17	5,45	3 03
4		4,95	19	4,68		6,53	23	5,60	4 04
1,5		5,43	24	4,82		7,10	29	5,77	5 06
6		5,92	29	4,95		7,68	35	5,93	6 07
7		6,42	34	5,07		8,28	41	6,10	7 08
8		6,95	38	5,23		8,90	46	6,26	8 09
9		7,47	43	5,37		9,54	52	6,43	9 10
2,0		8,01	62	5,50		10,19	74	6,59	14
1		8,57	06	5,64		10,86	07	6,76	1 01
2		9,14	12	5,78		11,54	15	6,92	2 03
3		9,72	19	5,92		12,25	22	7,09	3 04
4		10,32	25	6,05		12,96	30	7,25	4 06
2,5		10,93	31	6,19		13,69	37	7,42	5 07
6		11,56	37	6,33		14,45	45	7,58	6 08
7		12,20		6,47		15,21	52	7,75	7 10
8		12,85		6,61		15,99	59	7,91	8 11
9		13,52	56	6,74		16,79	67	8,08	9 13
3,0		14,20	76	6,88		17,69	91	8,24	16
1		14,90	08	7,02		18,44	09	8,41	1 02
2		15,61	15	7,16		19,28	18	8,57	2 03
3		16,33	23	7,29		20,15	27	8,74	3 05
4		17,06	30	7,43		21,03	36	8,90	4 06
3,5		17,81	38	7,57		21,93	46	9,06	5 08
6		18,58	46	7,71		22,85	55	9,23	6 10
7		19,35	53	7,84		23,78	64	9,39	7 11
8		20,15	61	7,98		24,72	73	9,56	8 13
9		20,95	68	8,12		25,69	82	9,72	9 14
4,0		21,77	90	8,26		26,67	1,07	9,80	
1		22,60	09	8,39		27,67	11	10,05	
2		23,45	18	8,53		28,68	21	10,22	
3		24,31	27	8,67		29,71	32	10,38	
4		25,18	36	8,81		30,76	43	10,55	
4,5		26,07	45	8,94		31,82	54	10,71	
6		26,97	55	9,08		32,90	65	10,88	
7		27,89	63	9,22		34,00	75	11,05	
8		28,82	72	9,36		35,11	86	11,21	
9		29,76	81	9,49		36,25	95	11,37	
		ΔL	14					16	

(20)

Column groups (with diagrams): *c* | *D* — *p* — 0,06 — *r* | *R* — *p*

d	D	p.p	L	D	p.p	L	r	R	p.p	L	R	p.p	L
5,0	38,20	1,06	10,11	32,76	95	8,06	5,0	30,72	1,03	9,03	37,39	1,25	11,55
1	39,22	11	10,21	33,66	09	9,06	1	31,69	10	9,77	38,55	12	11,70
2	40,25	21	10,31	34,57	19	9,15	2	32,67	21	9,91	39,73	25	11,87
3	41,28	32	10,43	35,49	28	9,25	3	33,67	31	10,05	40,92	37	12,03
4	42,33	42	10,53	36,42	38	9,34	4	34,68	41	10,18	42,13	50	12,20
5,5	43,39	53	10,65	37,36	47	9,43	5,5	35,70	52	10,32	43,36	62	12,36
6	44,46	65	10,75	38,31	56	9,53	6	36,75	62	10,46	44,61	74	12,53
7	45,55	74	10,85	39,27	66	9,62	7	37,80	72	10,60	45,87	87	12,69
8	46,63	85	10,96	40,23	75	9,72	8	38,86	82	10,73	47,14	99	12,86
9	47,73	95	11,06	41,21	85	9,81	9	39,95	93	10,87	48,44	1,12	13,02
6,0	48,84	1,17	11,17	42,19	1,04	9,91	6,0	41,05	1,17	11,01	49,75	1,40	13,19
1	49,96	12	11,28	43,19	10	10,00	1	42,15	12	11,15	51,07	15	13,35
2	51,09	23	11,38	44,19	21	10,09	2	43,27	23	11,28	52,42	28	13,52
3	52,25	35	11,49	45,21	31	10,19	3	44,40	35	11,42	53,78	42	13,68
4	53,39	47	11,60	46,23	42	10,28	4	45,55	47	11,56	55,15	56	13,85
6,5	54,56	59	11,70	47,27	52	10,38	6,5	46,71	59	11,70	56,55	70	14,01
6	55,73	70	11,81	48,31	62	10,47	6	47,89	70	11,83	57,96	85	14,18
7	56,92	82	11,91	49,36	73	10,57	7	49,08	82	11,97	59,38	98	14,35
8	58,11	95	12,02	50,42	83	10,66	8	50,29	95	12,11	60,82	1,12	14,50
9	59,32	1,05	12,13	51,49	95	10,75	9	51,50	1,05	12,25	62,28	1,26	14,67
7,0	60,54	1,28	12,23	52,57	1,13	10,85	7,0	52,74	1,31	12,39	63,76	1,57	14,83
1	61,77	13	12,34	53,66	11	10,95	1	53,98	13	12,52	65,25	16	15,00
2	63,01	26	12,45	54,76	23	11,05	2	55,24	26	12,66	66,76	31	15,16
3	64,26	38	12,55	55,87	35	11,13	3	56,51	39	12,80	68,28	47	15,33
4	65,52	51	12,66	56,99	45	11,23	4	57,80	52	12,94	69,82	63	15,49
7,5	66,79	65	12,76	58,11	57	11,32	7,5	59,10	66	13,07	71,38	79	15,66
6	68,07	77	12,87	59,25	68	11,41	6	60,41	79	13,21	72,96	95	15,82
7	69,36	90	12,98	60,40	79	11,51	7	61,74	92	13,35	74,55	1,10	15,99
8	70,67	1,02	13,08	61,55	90	11,60	8	63,08	1,05	13,49	76,15	1,26	16,15
9	71,98	1,15	13,19	62,72	1,02	11,70	9	64,44	1,18	13,62	77,78	1,41	16,32
8,0	73,30	1,38	13,30	63,89	1,23	11,79	8,0	65,81	1,45	13,76	79,42	1,73	16,48
1	74,64	14	13,40	65,08	12	11,89	1	67,19	15	13,90	81,07	17	16,65
2	75,98	28	13,51	66,27	25	11,98	2	68,59	29	14,04	82,75	35	16,81
3	77,34	41	13,62	67,47	37	12,07	3	70,00	44	14,17	84,44	52	16,98
4	78,71	55	13,72	68,68	49	12,17	4	71,42	58	14,31	86,15	69	17,14
8,5	80,08	69	13,83	69,91	62	12,26	8,5	72,86	73	14,45	87,86	87	17,31
6	81,47	83	13,93	71,14	74	12,36	6	74,31	87	14,59	89,60	1,04	17,47
7	82,87	97	14,04	72,38	86	12,45	7	75,78	1,02	14,72	91,36	1,21	17,64
8	84,28	1,10	14,15	73,63	98	12,55	8	77,26	1,16	14,86	93,13	1,38	17,80
9	85,70	1,24	14,25	74,89	1,11	12,64	9	78,75	1,31	15,00	94,92	1,56	17,97
9,0	87,13	1,49	14,36	76,15	1,32	12,73	9,0	80,26	1,58	15,14	96,72	1,90	18,13
1	88,57	15	14,47	77,43	13	12,83	1	81,78	16	15,27	98,55	19	18,30
2	90,02	30	14,57	78,72	26	12,92	2	83,31	32	15,41	100,38	38	18,46
3	91,49	45	14,68	80,02	40	13,02	3	84,86	47	15,55	102,25	57	18,62
4	92,96	60	14,78	81,32	53	13,11	4	86,42	63	15,69	104,11	76	18,79
9,5	94,44	75	14,89	82,64	66	13,21	9,5	88,00	79	15,83	105,99	95	18,95
6	95,94	89	15,00	83,96	79	13,30	6	89,59	95	15,96	107,90	1,14	19,12
7	97,44	1,03	15,10	85,30	92	13,39	7	91,19	1,11	16,10	109,82	1,33	19,28
8	98,96	1,19	15,21	86,64	1,06	13,49	8	92,81	1,26	16,25	111,75	1,52	19,45
9	100,48	1,34	15,32	88,00	1,19	13,58	9	94,44	1,42	16,38	113,71	1,71	19,61
-		ΔL	11			9			ΔL	15			16

p.p (L):

9		11		14		16	
1	01	1	01	1	01	1	02
2	02	2	02	2	03	2	03
3	03	3	03	3	04	3	05
4	04	4	04	4	06	4	06
5	05	5	06	5	07	5	08
6	05	6	07	6	08	6	10
7	06	7	08	7	10	7	11
8	07	8	09	8	11	8	13
9	08	9	10	9	13	9	14

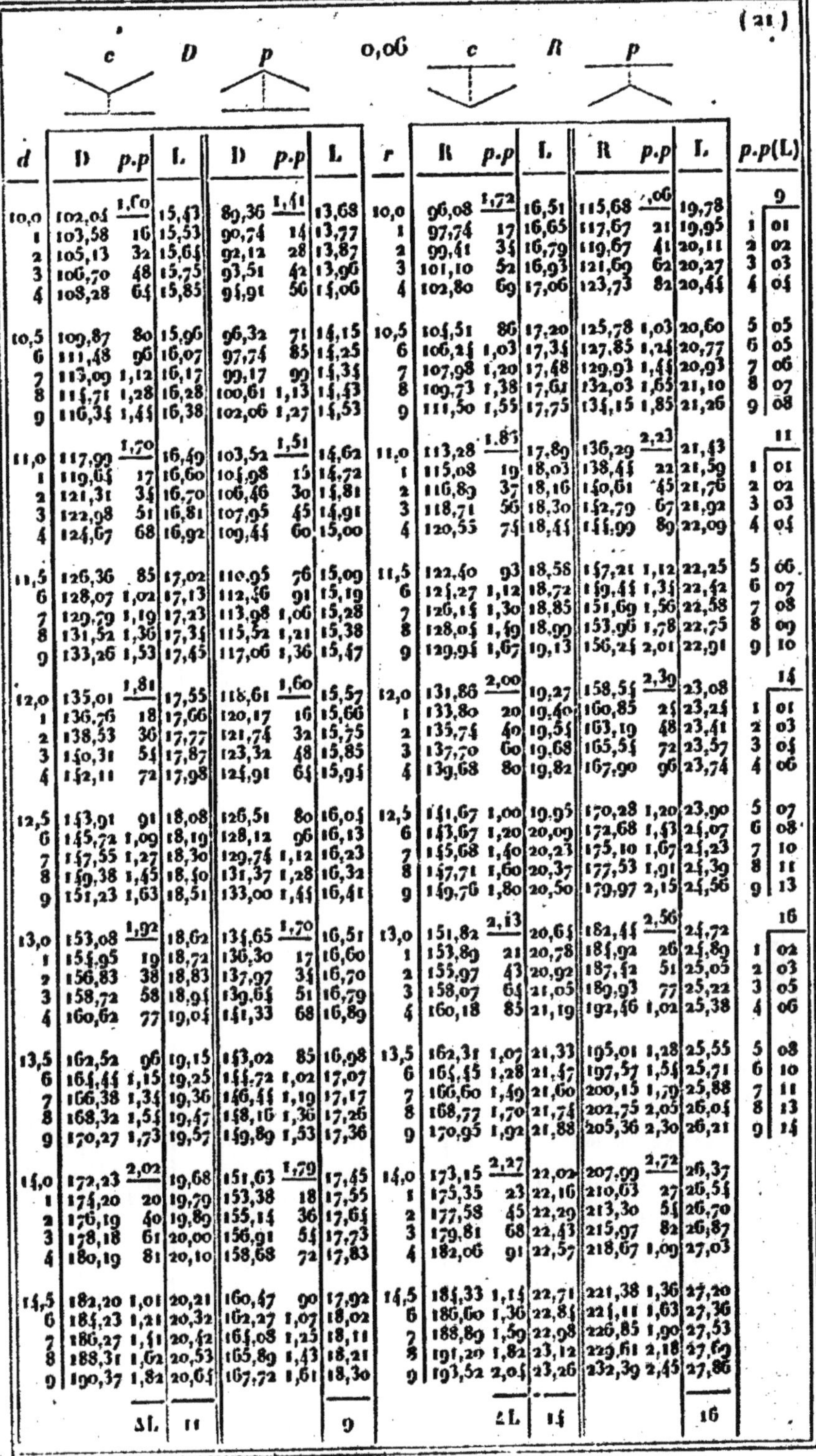

		c D			p		0,06		c R			P		
d	D	p.p	L	D	p.p	L	r	R	p.p	L	R	p.p	L	p.p(L)
10,0	102,04	1,60	15,44	89,36	1,41	13,68	10,0	96,08	1,72	16,51	115,68	2,06	19,78	**9**
1	103,58	16	15,53	90,74	14	13,77	1	97,74	17	16,65	117,67	21	19,95	1 01
2	105,13	32	15,64	92,12	28	13,87	2	99,41	34	16,79	119,67	41	20,11	2 02
3	106,70	48	15,75	93,51	42	13,96	3	101,10	52	16,93	121,69	62	20,27	3 03
4	108,28	64	15,85	94,91	56	14,06	4	102,80	69	17,06	123,73	82	20,44	4 04
10,5	109,87	80	15,96	96,32	71	14,15	10,5	104,51	86	17,20	125,78	1,03	20,60	5 05
6	111,48	96	16,07	97,74	85	14,25	6	106,24	1,03	17,34	127,85	1,24	20,77	6 05
7	113,09	1,12	16,17	99,17	99	14,34	7	107,98	1,20	17,48	129,93	1,44	20,93	7 06
8	114,74	1,28	16,28	100,61	1,13	14,44	8	109,73	1,38	17,64	132,03	1,65	21,10	8 07
9	116,34	1,44	16,38	102,06	1,27	14,53	9	111,50	1,55	17,75	134,15	1,85	21,26	9 08
11,0	117,99	1,70	16,49	103,52	1,51	14,62	11,0	113,28	1,84	17,89	136,29	2,23	21,43	**11**
1	119,64	17	16,60	104,98	15	14,72	1	115,08	19	18,03	138,44	22	21,59	1 01
2	121,31	34	16,70	106,46	30	14,81	2	116,89	37	18,16	140,61	45	21,76	2 02
3	122,98	51	16,81	107,95	45	14,91	3	118,71	56	18,30	142,79	67	21,92	3 03
4	124,67	68	16,92	109,44	60	15,00	4	120,55	74	18,44	144,99	89	22,09	4 04
11,5	126,36	85	17,02	110,95	76	15,09	11,5	122,40	93	18,58	147,21	1,12	22,25	5 06
6	128,07	1,02	17,13	112,46	91	15,19	6	124,27	1,12	18,72	149,44	1,34	22,42	6 07
7	129,79	1,19	17,23	113,98	1,06	15,28	7	126,14	1,30	18,85	151,69	1,56	22,58	7 08
8	131,52	1,36	17,34	115,52	1,21	15,38	8	128,04	1,49	18,99	153,96	1,78	22,75	8 09
9	133,26	1,53	17,45	117,06	1,36	15,47	9	129,94	1,67	19,13	156,24	2,01	22,91	9 10
12,0	135,01	1,81	17,55	118,61	1,60	15,57	12,0	131,86	2,00	19,27	158,54	2,39	23,08	**14**
1	136,76	18	17,66	120,17	16	15,66	1	133,80	20	19,40	160,85	24	23,24	1 01
2	138,53	36	17,77	121,74	34	15,75	2	135,74	40	19,54	163,19	48	23,41	2 03
3	140,31	54	17,87	123,32	48	15,85	3	137,70	60	19,68	165,54	72	23,57	3 04
4	142,11	72	17,98	124,91	64	15,94	4	139,68	80	19,82	167,90	96	23,74	4 06
12,5	143,91	91	18,08	126,51	80	16,04	12,5	141,67	1,00	19,95	170,28	1,20	23,90	5 07
6	145,72	1,09	18,19	128,12	96	16,13	6	143,67	1,20	20,09	172,68	1,44	24,07	6 08
7	147,55	1,27	18,30	129,74	1,12	16,23	7	145,68	1,40	20,23	175,10	1,67	24,23	7 10
8	149,38	1,45	18,40	131,37	1,28	16,32	8	147,71	1,60	20,37	177,53	1,91	24,39	8 11
9	151,23	1,63	18,51	133,00	1,44	16,41	9	149,76	1,80	20,50	179,97	2,15	24,56	9 13
13,0	153,08	1,92	18,62	134,65	1,70	16,51	13,0	151,82	2,13	20,64	182,44	2,56	24,72	**16**
1	154,95	19	18,72	136,30	17	16,60	1	153,89	21	20,78	184,92	26	24,89	1 02
2	156,83	38	18,83	137,97	34	16,70	2	155,97	43	20,92	187,42	51	25,05	2 03
3	158,72	58	18,94	139,64	51	16,79	3	158,07	64	21,05	189,93	77	25,22	3 05
4	160,62	77	19,04	141,33	68	16,89	4	160,18	85	21,19	192,46	1,02	25,38	4 06
13,5	162,52	96	19,15	143,02	85	16,98	13,5	162,31	1,07	21,33	195,01	1,28	25,55	5 08
6	164,44	1,15	19,25	144,72	1,02	17,07	6	164,45	1,28	21,47	197,57	1,54	25,71	6 10
7	166,38	1,34	19,36	146,44	1,19	17,17	7	166,60	1,49	21,60	200,15	1,79	25,88	7 11
8	168,32	1,54	19,47	148,16	1,36	17,26	8	168,77	1,70	21,74	202,75	2,05	26,04	8 13
9	170,27	1,73	19,57	149,89	1,53	17,36	9	170,95	1,92	21,88	205,36	2,30	26,21	9 14
14,0	172,23	2,02	19,68	151,63	1,79	17,45	14,0	173,15	2,27	22,02	207,99	2,72	26,37	
1	174,20	20	19,79	153,38	18	17,55	1	175,35	23	22,16	210,63	27	26,54	
2	176,19	40	19,89	155,14	36	17,64	2	177,58	45	22,29	213,30	54	26,70	
3	178,18	61	20,00	156,91	54	17,73	3	179,81	68	22,43	215,97	82	26,87	
4	180,19	81	20,10	158,68	72	17,83	4	182,06	91	22,57	218,67	1,09	27,03	
14,5	182,20	1,01	20,21	160,47	90	17,92	14,5	184,33	1,14	22,71	221,38	1,36	27,20	
6	184,23	1,21	20,32	162,27	1,07	18,02	6	186,60	1,36	22,84	224,11	1,63	27,36	
7	186,27	1,41	20,42	164,08	1,25	18,11	7	188,89	1,59	22,98	226,85	1,90	27,53	
8	188,31	1,62	20,53	165,89	1,43	18,21	8	191,29	1,82	23,12	229,61	2,18	27,69	
9	190,37	1,82	20,64	167,72	1,61	18,30	9	193,52	2,04	23,26	232,39	2,45	27,86	
		ΔL	11			9			ΔL	14			16		

c D p 0,07 c R p

d	D	p.p	L	D	p.p	R	L	r	D	R	p.p	L	D	R	p.p	L	p.p(L)	
0,0	1,07	54	4,84	0,09		0,34	3,90	0,0	1,08	0,00		4,84	0,09	0,34		3,90		9
1	1,56	05	4,95	0,24		0,09	3,99	1	0,66	0,07		4,73	0,03	0,67		3,80	1	01
2	2,06	11	5,05	0,55			4,09	2	0,40	0,29		4,62		1,06		3,69	2	02
3	2,57	16	5,16	0,96			4,18	3	0,26	0,59		4,16		1,43		3,85	3	03
4	3,09	22	5,27	1,41			4,58	4	0,16	0,90		4,05		1,83		4,02	4	04
0,5	3,62	27	5,38	1,87			4,67	0,5	0,09	1,22		3,95		2,24		4,19	5	05
6	4,17	32	5,48	2,34			4,77	6	0,03	1,56		3,84		2,67		4,36	6	05
7	4,72	38	5,59	2,83			4,86	7		1,95		3,67		3,11		4,53	7	06
8	5,28	43	5,70	3,32			4,95	8		2,32		3,80		3,57		4,69	8	07
9	5,86	49	5,81	3,82			5,05	9		2,71		3,94		4,05		4,86	9	08
1,0	6,45	65	5,91	4,33	56		5,14	1,0		3,11	48	4,07		4,54	59	5,03		11
1	7,04	07	6,02	4,84	06		5,23	1		3,52	05	4,21		5,05	06	5,20	1	01
2	7,65	13	6,13	5,37	11		5,33	2		3,95	10	4,34		5,58	12	5,36	2	02
3	8,27	20	6,24	5,91	17		5,42	3		4,39	14	4,48		6,13	18	5,53	3	03
4	8,90	26	6,34	6,46	22		5,51	4		4,83	19	4,62		6,69	24	5,70	4	04
1,5	9,54	33	6,45	7,01	28		5,61	1,5		5,31	24	4,75		7,27	30	5,87	5	06
6	10,19	39	6,56	7,58	34		5,70	6		5,80	29	4,89		7,86	35	6,03	6	07
7	10,85	46	6,67	8,15	39		5,79	7		6,29	34	5,02		8,47	41	6,20	7	08
8	11,52	52	6,77	8,74	45		5,89	8		6,80	38	5,16		9,10	47	6,37	8	09
9	12,20	59	6,88	9,33	50		5,98	9		7,32	43	5,29		9,75	53	6,54	9	10
2,0	12,90	75	6,99	9,93	65		6,08	2,0		7,86	61	5,43		10,41	76	6,70		14
1	13,60	08	7,10	10,55	07		6,17	1		8,41	06	5,56		11,09	08	6,87	1	01
2	14,32	15	7,20	11,17	13		6,26	2		8,97	12	5,70		11,78	15	7,04	2	03
3	15,04	23	7,31	11,80	20		6,36	3		9,55	18	5,84		12,50	23	7,21	3	04
4	15,78	30	7,42	12,44	26		6,45	4		10,14	24	5,97		13,22	30	7,37	4	06
2,5	16,53	38	7,53	13,09	33		6,54	2,5		10,74	31	6,11		13,97	[illegible]8	7,54	5	07
6	17,29	45	7,63	13,75	39		6,64	6		11,36	37	6,24		14,7[illegible]	[illegible]5	7,71	6	08
7	18,05	53	7,74	14,42	46		6,73	7		11,99	43	6,38		15,51	53	7,88	7	10
8	18,83	60	7,85	15,09	52		6,82	8		12,64	49	6,51		16,31	61	8,04	8	11
9	19,62	68	7,96	15,78	59		6,92	9		13,30	55	6,65		17,12	68	8,21	9	13
3,0	20,43	86	8,06	16,48	75		7,01	3,0		13,97	75	6,79		17,95	93	8,38		17
1	21,24	09	8,17	17,18	08		7,10	1		14,65	08	6,92		18,80	09	8,55	1	02
2	22,06	17	8,28	17,90	15		7,20	2		15,35	15	7,06		19,66	19	8,72	2	03
3	22,89	26	8,39	18,62	23		7,29	3		16,06	23	7,19		20,54	28	8,88	3	05
4	23,74	34	8,49	19,36	30		7,38	4		16,79	30	7,33		21,44	37	9,05	4	07
3,5	24,59	43	8,60	20,10	38		7,48	3,5		17,53	38	7,46		22,35	47	9,22	5	09
6	25,46	52	8,71	20,85	45		7,57	6		18,28	45	7,60		23,28	56	9,39	6	10
7	26,33	60	8,82	21,61	53		7,66	7		19,05	53	7,74		24,23	65	9,55	7	12
8	27,22	69	8,92	22,38	60		7,76	8		19,83	60	7,87		25,19	74	9,72	8	14
9	28,12	77	9,03	23,16	68		7,85	9		20,62	68	8,01		26,17	84	9,89	9	15
4,0	29,03	97	9,14	23,95	84		7,95	4,0		21,43	88	8,14		27,17	1,09	10,06		
1	29,95	10	9,25	24,75	08		8,04	1		22,25	09	8,28		28,18	11	10,22		
2	30,88	19	9,35	25,56	17		8,13	2		23,09	18	8,41		29,21	22	10,39		
3	31,82	29	9,46	26,38	25		8,23	3		23,94	25	8,55		30,26	33	10,56		
4	32,77	39	9,57	27,21	34		8,32	4		24,80	35	8,69		31,33	44	10,73		
4,5	33,73	49	9,68	28,04	42		8,41	4,5		25,67	44	8,82		32,41	55	10,89		
6	34,71	58	9,78	28,89	50		8,51	6		26,56	53	8,96		33,50	65	11,06		
7	35,69	68	9,89	29,75	59		8,60	7		27,47	62	9,09		34,62	76	11,23		
8	36,68	78	10,00	30,61	67		8,69	8		28,38	70	9,23		35,75	87	11,40		
9	37,69	87	10,11	31,48	76		8,79	9		29,31	79	9,36		36,90	98	11,56		
		ΔL	11				9				ΔL	14				17		

	c		D	p			0,07	c		R	p				
	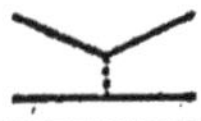							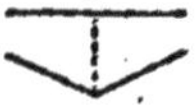							
d	D	p.p	L	D	p.p	L	r	R	p.p	L	R	p.p	L	p.p(L)	
5,0	38,71	1,08	10,21	32,36	93	8,88	5,0	30,26	1,02	9,50	38,06	1,26	11,73		9
1	39,74	11	10,32	33,26	09	8,97	1	31,22	10	9,64	39,24	13	11,90	1	01
2	40,77	22	10,43	34,16	19	9,07	2	32,19	20	9,77	40,44	25	12,07	2	02
3	41,82	32	10,54	35,07	28	9,16	3	33,17	31	9,91	41,66	38	12,23	3	03
4	42,88	43	10,64	35,99	37	9,25	4	34,17	41	10,05	42,89	50	12,40	4	04
5,5	43,95	54	10,75	36,92	47	9,35	5,5	35,18	51	10,18	44,14	63	12,57	5	05
6	45,03	65	10,86	37,86	56	9,44	6	36,20	61	10,32	45,40	76	12,74	6	05
7	46,12	76	10,97	38,81	65	9,53	7	37,24	71	10,45	46,69	88	12,91	7	06
8	47,22	86	11,07	39,77	74	9,63	8	38,29	82	10,59	47,98	1,01	13,07	8	07
9	48,34	97	11,18	40,73	84	9,72	9	39,36	92	10,72	49,30	1,13	13,24	9	08
6,0	49,46	1,18	11,29	41,71	1,03	9,81	6,0	40,44	1,16	10,86	50,63	1,43	13,41		11
1	50,60	12	11,40	42,70	10	9,91	1	41,53	12	11,00	51,98	14	13,58	1	01
2	51,74	24	11,50	43,69	21	10,00	2	42,64	23	11,13	53,35	29	13,74	2	02
3	52,90	35	11,61	44,70	31	10,09	3	43,76	35	11,27	54,73	43	13,91	3	03
4	54,06	47	11,72	45,71	41	10,19	4	44,89	46	11,40	56,13	57	14,08	4	04
6,5	55,24	59	11,83	46,73	52	10,28	6,5	46,04	58	11,54	57,55	72	14,25	5	06
6	56,43	71	11,93	47,77	62	10,37	6	47,20	70	11,67	58,98	86	14,41	6	07
7	57,63	83	12,04	48,81	72	10,47	7	48,37	81	11,81	60,43	1,00	14,58	7	08
8	58,84	94	12,15	49,86	82	10,56	8	49,56	93	11,94	61,89	1,14	14,75	8	09
9	60,06	1,06	12,26	50,92	93	10,66	9	50,76	1,04	12,08	63,38	1,29	14,92	9	10
7,0	61,29	1,29	12,36	51,99	1,12	10,75	7,0	51,98	1,29	12,22	64,88	1,60	15,08		14
1	62,53	13	12,47	53,07	11	10,84	1	53,21	13	12,35	66,39	16	15,25	1	01
2	63,78	26	12,58	54,16	22	10,94	2	54,45	26	12,49	67,93	32	15,42	2	03
3	65,05	39	12,69	55,26	34	11,03	3	55,70	39	12,62	69,48	48	15,59	3	04
4	66,32	52	12,79	56,36	45	11,12	4	56,97	52	12,76	71,05	64	15,75	4	06
7,5	67,61	65	12,90	57,48	56	11,22	7,5	58,26	65	12,89	72,63	80	15,92	5	07
6	68,90	77	13,01	58,61	67	11,31	6	59,55	77	13,03	74,23	96	16,09	6	08
7	70,21	90	13,12	59,74	78	11,40	7	60,86	90	13,17	75,85	1,12	16,26	7	10
8	71,52	1,03	13,22	60,89	90	11,50	8	62,18	1,03	13,30	77,48	1,28	16,42	8	11
9	72,85	1,16	13,33	62,04	1,01	11,59	9	63,52	1,16	13,44	79,13	1,44	16,59	9	13
8,0	74,19	1,40	13,44	63,21	1,21	11,68	8,0	64,87	1,43	13,57	80,80	1,76	16,76		17
1	75,54	14	13,55	64,38	12	11,78	1	66,24	14	13,71	82,48	18	16,93	1	02
2	76,90	28	13,65	65,56	24	11,87	2	67,61	29	13,84	84,19	35	17,10	2	03
3	78,27	42	13,76	66,75	36	11,96	3	69,01	43	13,98	85,90	53	17,26	3	05
4	79,65	56	13,87	67,95	48	12,06	4	70,41	57	14,12	87,64	70	17,43	4	07
8,5	81,05	70	13,98	69,16	61	12,15	8,5	71,83	72	14,25	89,39	88	17,60	5	09
6	82,45	84	14,08	70,38	73	12,24	6	73,26	86	14,39	91,16	1,06	17,77	6	10
7	83,86	98	14,19	71,61	85	12,34	7	74,71	1,00	14,52	92,94	1,23	17,93	7	12
8	85,29	1,12	14,30	72,85	97	12,43	8	76,17	1,14	14,66	94,74	1,41	18,10	8	14
9	86,72	1,26	14,41	74,10	1,09	12,53	9	77,64	1,29	14,79	96,56	1,58	18,27	9	15
9,0	88,17	1,51	14,51	75,36	1,31	12,62	9,0	79,12	1,56	14,93	98,40	1,93	18,44		
1	89,63	15	14,62	76,62	13	12,71	1	80,62	16	15,07	100,25	19	18,60		
2	91,09	30	14,73	77,90	26	12,81	2	82,14	31	15,20	102,12	39	18,77		
3	92,57	45	14,84	79,18	39	12,90	3	83,66	47	15,34	104,00	58	18,94		
4	94,06	60	14,94	80,48	52	12,99	4	85,21	62	15,47	105,91	77	19,11		
9,5	95,56	76	15,05	81,78	66	13,09	9,5	86,76	78	15,61	107,82	97	19,27		
6	97,07	91	15,16	82,10	79	13,18	6	88,33	94	15,74	109,76	1,16	19,44		
7	98,59	1,06	15,27	84,42	92	13,27	7	89,91	1,09	15,88	111,71	1,35	19,61		
8	100,12	1,21	15,37	85,75	1,05	13,37	8	91,50	1,25	16,02	113,68	1,54	19,78		
9	101,67	1,36	15,48	86,09	1,18	13,46	9	93,11	1,40	16,15	115,67	1,74	19,94		
		ΔL	11			9			ΔL	14			17		

	c D	p	0,07	c R	p								
d	**D**	**p.p**	**L**	**D**	**p.p**	**L**	**r**	**R**	**p.p**	**L**	**R**	**p.p**	**L**
10,0	103,21	1,61	15,59	88,44	1,40	13,55	10,0	94,74	1,70	16,29	117,67	2,10	20,11
1	105,78	16	15,70	89,80	15	13,65	1	96,37	17	16,43	119,69	21	20,28
2	106,35	32	15,80	91,17	28	13,74	2	98,02	34	16,56	121,73	42	20,45
3	107,95	48	15,91	92,55	42	13,83	3	99,69	51	16,70	123,78	63	20,61
4	109,54	64	16,02	93,93	56	13,93	4	101,36	68	16,83	125,85	84	20,78
10,5	111,14	81	16,13	95,33	70	14,02	10,5	103,05	85	16,97	127,94	1,05	20,95
6	112,76	97	16,23	96,74	84	14,11	6	104,76	1,02	17,10	130,04	1,26	21,12
7	114,39	1,13	16,34	98,15	98	14,21	7	106,47	1,19	17,24	132,16	1,47	21,29
8	116,03	1,29	16,45	99,58	1,12	14,31	8	108,20	1,36	17,38	134,30	1,68	21,45
9	117,68	1,45	16,56	101,01	1,26	14,39	9	109,95	1,53	17,51	136,45	1,89	21,62
11,0	119,35	1,72	16,66	102,46	1,50	14,49	11,0	111,71	1,83	17,65	138,62	2,27	21,79
1	121,01	17	16,77	103,91	15	14,58	1	113,48	18	17,78	140,81	23	21,96
2	122,70	34	16,88	105,37	30	14,67	2	115,26	37	17,92	143,01	45	22,12
3	124,39	52	16,99	106,85	45	14,77	3	117,06	55	18,05	145,23	68	22,29
4	126,09	69	17,09	108,33	60	14,86	4	118,87	73	18,19	147,47	91	22,46
11,5	127,81	86	17,20	109,82	75	14,95	11,5	120,70	92	18,33	149,72	1,14	22,63
6	129,53	1,03	17,31	111,32	90	15,05	6	122,54	1,10	18,46	152,00	1,36	22,79
7	131,27	1,20	17,42	112,83	1,05	15,14	7	124,39	1,28	18,60	154,28	1,59	22,96
8	133,02	1,38	17,52	114,35	1,20	15,23	8	126,26	1,46	18,73	156,59	1,82	23,13
9	134,77	1,55	17,63	115,87	1,35	15,33	9	128,14	1,65	18,87	158,91	2,04	23,30
12,0	136,54	1,83	17,74	117,41	1,59	15,42	12,0	130,03	1,97	19,00	161,25	2,43	23,46
1	138,32	18	17,85	118,96	16	15,51	1	131,94	20	19,14	163,60	24	23,63
2	140,11	37	17,95	120,51	32	15,61	2	133,86	39	19,28	165,97	49	23,80
3	141,91	55	18,06	122,08	48	15,70	3	135,79	59	19,41	168,36	73	23,97
4	143,73	73	18,17	123,65	64	15,80	4	137,74	79	19,55	170,77	97	24,13
12,5	145,55	92	18,28	125,24	80	15,89	12,5	139,70	99	19,68	173,19	1,22	24,30
6	147,38	1,10	18,38	126,83	95	15,98	6	141,68	1,18	19,82	175,63	1,46	24,47
7	149,22	1,28	18,49	128,43	1,11	16,08	7	143,67	1,38	19,95	178,08	1,70	24,64
8	151,08	1,46	18,60	130,05	1,27	16,17	8	145,67	1,58	20,09	180,55	1,94	24,80
9	152,94	1,65	18,71	131,67	1,43	16,26	9	147,68	1,77	20,22	183,04	2,19	24,97
13,0	154,82	1,94	18,81	133,30	1,68	16,36	13,0	149,71	2,11	20,36	185,55	2,60	25,14
1	156,71	19	18,92	134,94	17	16,45	1	151,76	21	20,50	188,07	26	25,31
2	158,61	39	19,03	136,59	34	16,54	2	153,81	42	20,63	190,61	52	25,48
3	160,51	58	19,14	138,25	50	16,64	3	155,88	63	20,77	193,17	78	25,64
4	162,43	78	19,24	139,92	67	16,73	4	157,97	84	20,90	195,74	1,04	25,81
13,5	164,36	97	19,35	141,59	84	16,82	13,5	160,06	1,06	21,04	198,33	1,30	25,98
6	166,30	1,16	19,46	143,28	1,01	16,92	6	162,17	1,27	21,17	200,93	1,56	26,15
7	168,25	1,36	19,57	144,98	1,18	17,01	7	164,30	1,48	21,31	203,56	1,82	26,31
8	170,22	1,55	19,67	146,68	1,34	17,10	8	166,44	1,69	21,45	206,20	2,08	26,48
9	172,19	1,75	19,78	148,40	1,51	17,20	9	168,59	1,90	21,58	208,85	2,34	26,65
14,0	174,17	2,04	19,89	150,12	1,78	17,29	14,0	170,75	2,24	21,72	211,53	2,77	26,82
1	176,17	20	20,00	151,86	18	17,38	1	172,93	22	21,85	214,22	28	26,98
2	178,17	41	20,10	153,60	36	17,48	2	175,12	45	21,99	216,92	55	27,15
3	180,19	61	20,21	155,35	53	17,57	3	177,33	67	22,12	219,65	83	27,32
4	182,22	82	20,32	157,11	71	17,67	4	179,55	90	22,26	222,39	1,11	27,49
14,5	184,25	1,02	20,43	158,88	89	17,76	14,5	181,78	1,12	22,40	225,14	1,39	27,65
6	186,30	1,22	20,53	160,67	1,06	17,85	6	184,03	1,34	22,53	227,92	1,66	27,82
7	188,36	1,43	20,64	162,46	1,25	17,95	7	186,29	1,57	22,67	230,71	1,94	27,99
8	190,43	1,63	20,75	164,25	1,42	18,04	8	188,56	1,79	22,80	233,52	2,22	28,16
9	192,51	1,84	20,86	166,06	1,60	18,13	9	190,85	2,02	22,94	236,34	2,49	28,32
		ΔL	11			9			ΔL	14			17

p.p(L):

	9		11		14		17
1	01	1	01	1	01	1	02
2	02	2	02	2	03	2	03
3	03	3	03	3	04	3	05
4	04	4	04	4	06	4	07
5	05	5	06	5	07	5	09
6	05	6	07	6	08	6	10
7	06	7	08	7	10	7	12
8	07	8	09	8	11	8	14
9	08	9	10	9	13	9	15

Column-group diagrams: **c D p** — 0,08 — **c R p**

d	D	p.p	L	D	p.p	R	L	r	D	R	p.p	L	D	R	p.p	L	p.p(L)
0,0	1,19	54	4,89	0,06		0,39	3,86	0,0	1,19	0,00		4,89	0,06	0,39		3,86	9
1	1,69	05	5,00	0,20		0,13	3,95	1	0,77	0,06		4,78		0,76		3,58	01
2	2,19	11	5,11	0,47		0,01	4,05	2	0,47	0,25		4,67		1,13		3,75	02
3	2,71	16	5,22	0,87			4,14	3	0,30	0,54		4,21		1,51		3,92	03
4	3,24	22	5,33	1,31			4,54	4	0,20	0,85		4,10		1,91		4,09	04
0,5	3,78	27	5,43	1,76			4,63	0,5	0,11	1,17		3,99		2,33		4,26	05
6	4,32	32	5,54	2,23			4,72	6	0,05	1,50		3,88		2,76		4,43	05
7	4,88	38	5,65	2,71			4,81	7		1,88		3,62		3,22		4,60	06
8	5,46	43	5,76	3,19			4,91	8		2,25		3,75		3,68		4,77	07
9	6,04	49	5,87	3,69			5,00	9		2,63		3,88		4,17		4,94	08
1,0	6,63	65	5,98	4,19	56		5,09	1,0		3,03	47	4,02		4,67	60	5,11	11
1	7,23	07	6,09	4,71	06		5,19	1		3,45	05	4,15		5,19	06	5,28	01
2	7,85	13	6,20	5,23	11		5,28	2		3,86	09	4,29		5,73	12	5,46	02
3	8,47	20	6,30	5,76	17		5,37	3		4,29	14	4,42		6,29	18	5,63	03
4	9,11	26	6,41	6,31	22		5,46	4		4,74	19	4,55		6,86	24	5,80	04
1,5	9,75	33	6,52	6,86	28		5,56	1,5		5,20	24	4,69		7,44	30	5,97	06
6	10,41	39	6,63	7,42	34		5,65	6		5,68	28	4,82		8,05	36	6,14	07
7	11,08	46	6,74	7,99	39		5,74	7		6,17	33	4,96		8,67	42	6,31	08
8	11,76	52	6,85	8,56	45		5,83	8		6,67	38	5,09		9,31	48	6,48	09
9	12,45	59	6,96	9,15	50		5,93	9		7,18	42	5,22		9,97	54	6,65	10
2,0	13,15	76	7,07	9,75	65		6,02	2,0		7,70	60	5,36		10,65	77	6,82	13
1	13,86	08	7,17	10,36	07		6,11	1		8,25	06	5,49		11,33	08	6,99	01
2	14,59	15	7,28	10,97	13		6,20	2		8,80	12	5,62		12,04	15	7,16	03
3	15,32	23	7,39	11,60	20		6,30	3		9,37	18	5,76		12,76	23	7,33	04
4	16,06	30	7,50	12,23	26		6,39	4		9,95	24	5,89		13,50	31	7,50	05
2,5	16,82	38	7,61	12,87	33		6,48	2,5		10,55	30	6,03		14,26	39	7,67	07
6	17,59	46	7,72	13,53	39		6,57	6		11,16	36	6,16		15,04	46	7,84	08
7	18,36	53	7,83	14,19	46		6,67	7		11,78	42	6,29		15,83	54	8,01	09
8	19,15	61	7,93	14,86	52		6,76	8		12,42	48	6,43		16,64	62	8,18	10
9	19,95	68	8,04	15,54	59		6,85	9		13,07	54	6,56		17,47	69	8,35	12
3,0	20,76	87	8,15	16,23	74		6,95	3,0		13,73	74	6,70		18,31	95	8,52	17
1	21,58	09	8,26	16,93	07		7,05	1		14,41	07	6,83		19,17	09	8,69	02
2	22,41	17	8,37	17,64	15		7,13	2		15,10	15	6,96		20,05	19	8,87	03
3	23,25	26	8,48	18,36	22		7,22	3		15,80	22	7,10		20,95	28	9,04	05
4	24,11	35	8,59	19,08	30		7,32	4		16,52	30	7,23		21,86	38	9,21	07
3,5	24,97	44	8,70	19,82	37		7,41	3,5		17,25	37	7,37		22,79	47	9,38	09
6	25,85	52	8,80	20,56	44		7,50	6		17,99	44	7,53		23,73	56	9,55	10
7	26,73	61	8,91	21,32	52		7,59	7		18,73	52	7,63		24,70	66	9,72	12
8	27,63	70	9,02	22,08	59		7,69	8		19,52	59	7,77		25,68	75	9,89	14
9	28,54	78	9,13	22,86	67		7,78	9		20,30	67	7,90		26,67	85	10,06	15
4,0	29,46	98	9,24	23,64	83		7,87	4,0		21,10	87	8,03		27,69	1,11	10,23	
1	30,39	10	9,35	24,43	08		7,96	1		21,91	09	8,17		28,72	11	10,40	
2	31,33	20	9,46	25,23	17		8,06	2		22,73	17	8,30		29,77	22	10,57	
3	32,28	29	9,57	26,04	25		8,15	3		23,57	26	8,44		30,83	33	10,74	
4	33,24	39	9,67	26,86	33		8,24	4		24,42	35	8,57		31,92	44	10,91	
4,5	34,21	49	9,78	27,69	42		8,33	4,5		25,28	44	8,70		33,02	56	11,08	
6	35,20	59	9,89	28,53	50		8,43	6		26,16	52	8,85		34,13	67	11,25	
7	36,19	69	10,00	29,37	58		8,52	7		27,05	61	8,97		35,27	78	11,42	
8	37,20	78	10,11	30,23	66		8,61	8		27,95	70	9,11		36,42	89	11,59	
9	38,21	88	10,22	31,10	75		8,70	9		28,87	78	9,24		37,59	1,00	11,76	
		ΔL	11				9				ΔL	13				17	

(26)   c   D   p   0,08   c   R   p

d	D	p.p	L	D	p.p	L	r	R	p.p	L	R	p.p	L
5,0	39,25	1,09	10,33	31,97	93	8,80	5,0	29,80	1,01	9,38	38,76	1,28	11,93
1	40,28	11	10,43	32,86	09	8,89	1	30,75	10	9,51	39,96	13	12,10
2	41,33	22	10,54	33,75	19	8,98	2	31,70	20	9,65	41,18	26	12,27
3	42,39	33	10,65	34,65	28	9,07	3	32,67	30	9,78	42,42	38	12,44
4	43,46	44	10,76	35,56	37	9,17	4	33,65	40	9,91	43,67	51	12,61
5,5	44,55	55	10,87	36,49	47	9,26	5,5	34,65	51	10,05	44,95	64	12,78
6	45,63	65	10,98	37,42	56	9,35	6	35,66	61	10,18	46,23	77	12,95
7	46,73	76	11,09	38,36	65	9,44	7	36,69	71	10,31	47,53	90	13,13
8	47,85	87	11,20	39,31	74	9,54	8	37,73	81	10,45	48,85	1,02	13,30
9	48,97	98	11,30	40,26	84	9,63	9	38,78	91	10,58	50,19	1,15	13,47
6,0	50,11	1,20	11,41	41,23	1,02	9,72	6,0	39,84	1,14	10,71	51,55	1,45	13,64
1	51,26	12	11,52	42,21	10	9,81	1	40,92	11	10,85	52,92	15	13,81
2	52,41	24	11,63	43,19	20	9,91	2	42,01	23	10,98	54,31	29	13,98
3	53,58	36	11,74	44,19	31	10,00	3	43,12	34	11,12	55,71	44	14,15
4	54,76	48	11,85	45,19	41	10,09	4	44,23	46	11,25	57,14	58	14,32
6,5	55,95	60	11,96	46,21	51	10,19	6,5	45,37	57	11,38	58,58	73	14,49
6	57,15	72	12,07	47,23	61	10,28	6	46,51	68	11,52	60,03	87	14,66
7	58,37	84	12,17	48,26	71	10,37	7	47,67	80	11,65	61,51	1,02	14,83
8	59,59	96	12,28	49,31	82	10,46	8	48,85	91	11,79	63,00	1,16	15,00
9	60,82	1,08	12,39	50,36	92	10,56	9	50,03	1,03	11,92	64,51	1,31	15,17
7,0	62,07	1,30	12,50	51,42	1,11	10,65	7,0	51,23	1,27	12,05	66,05	1,62	15,35
1	63,32	13	12,61	52,49	11	10,74	1	52,44	13	12,19	67,58	16	15,51
2	64,59	26	12,72	53,56	22	10,83	2	53,66	25	12,32	69,14	32	15,68
3	65,87	39	12,83	54,65	33	10,93	3	54,90	38	12,45	70,72	49	15,85
4	67,15	52	12,93	55,75	44	11,02	4	56,15	51	12,59	72,31	65	16,02
7,5	68,45	65	13,04	56,86	56	11,11	7,5	57,42	64	12,72	73,92	81	16,19
6	69,76	78	13,15	57,97	67	11,20	6	58,70	76	12,86	75,55	97	16,36
7	71,08	91	13,26	59,10	78	11,30	7	59,99	89	12,99	77,19	1,13	16,55
8	72,42	1,04	13,37	60,23	89	11,39	8	61,30	1,02	13,12	78,86	1,30	16,71
9	73,76	1,17	13,48	61,38	1,00	11,48	9	62,62	1,14	13,26	80,53	1,46	16,88
8,0	75,11	1,41	13,59	62,53	1,20	11,57	8,0	63,95	1,41	13,39	82,23	1,79	17,05
1	76,47	14	13,70	63,69	12	11,67	1	65,29	14	13,53	83,94	18	17,22
2	77,85	28	13,80	64,86	24	11,76	2	66,65	28	13,66	85,67	36	17,39
3	79,24	42	13,91	66,04	35	11,85	3	68,03	42	13,79	87,42	54	17,56
4	80,63	56	14,02	67,23	48	11,94	4	69,41	56	13,93	89,18	72	17,73
8,5	82,04	71	14,13	68,43	60	12,04	8,5	70,81	71	14,06	90,97	90	17,90
6	83,46	85	14,24	69,64	72	12,13	6	72,22	85	14,20	92,76	1,07	18,07
7	84,89	99	14,35	70,86	84	12,22	7	73,65	99	14,33	94,58	1,25	18,24
8	86,33	1,13	14,46	72,08	96	12,32	8	75,09	1,13	14,46	96,41	1,43	18,41
9	87,78	1,27	14,57	73,32	1,08	12,41	9	76,54	1,27	14,60	98,26	1,61	18,58
9,0	89,24	1,52	14,67	74,57	1,30	12,50	9,0	78,01	1,55	14,73	100,13	1,96	18,75
1	90,71	15	14,78	75,82	13	12,59	1	79,49	15	14,86	102,01	20	18,92
2	92,20	30	14,89	77,08	26	12,69	2	80,98	31	15,00	103,91	39	19,09
3	93,69	46	15,00	78,36	39	12,78	3	82,49	46	15,13	105,83	59	19,26
4	95,20	61	15,11	79,65	52	12,87	4	84,01	62	15,27	107,77	78	19,43
9,5	96,71	76	15,22	80,93	65	12,96	9,5	85,55	77	15,40	109,72	98	19,60
6	98,24	91	15,33	82,23	78	13,06	6	87,09	92	15,53	111,69	1,18	19,77
7	99,78	1,06	15,44	83,54	91	13,15	7	88,65	1,08	15,67	113,67	1,37	19,95
8	101,33	1,22	15,55	84,86	1,04	13,25	8	90,22	1,23	15,80	115,68	1,57	20,12
9	102,89	1,37	15,65	86,19	1,17	13,33	9	91,81	1,38	15,95	117,70	1,76	20,29
		ΔL	11			9			ΔL	13			17

p.p(L)

n	9	11	13	17
1	01	01	01	02
2	02	02	03	03
3	03	03	04	05
4	04	04	05	07
5	05	06	07	09
6	05	07	08	10
7	06	08	09	12
8	07	09	10	14
9	08	10	12	15

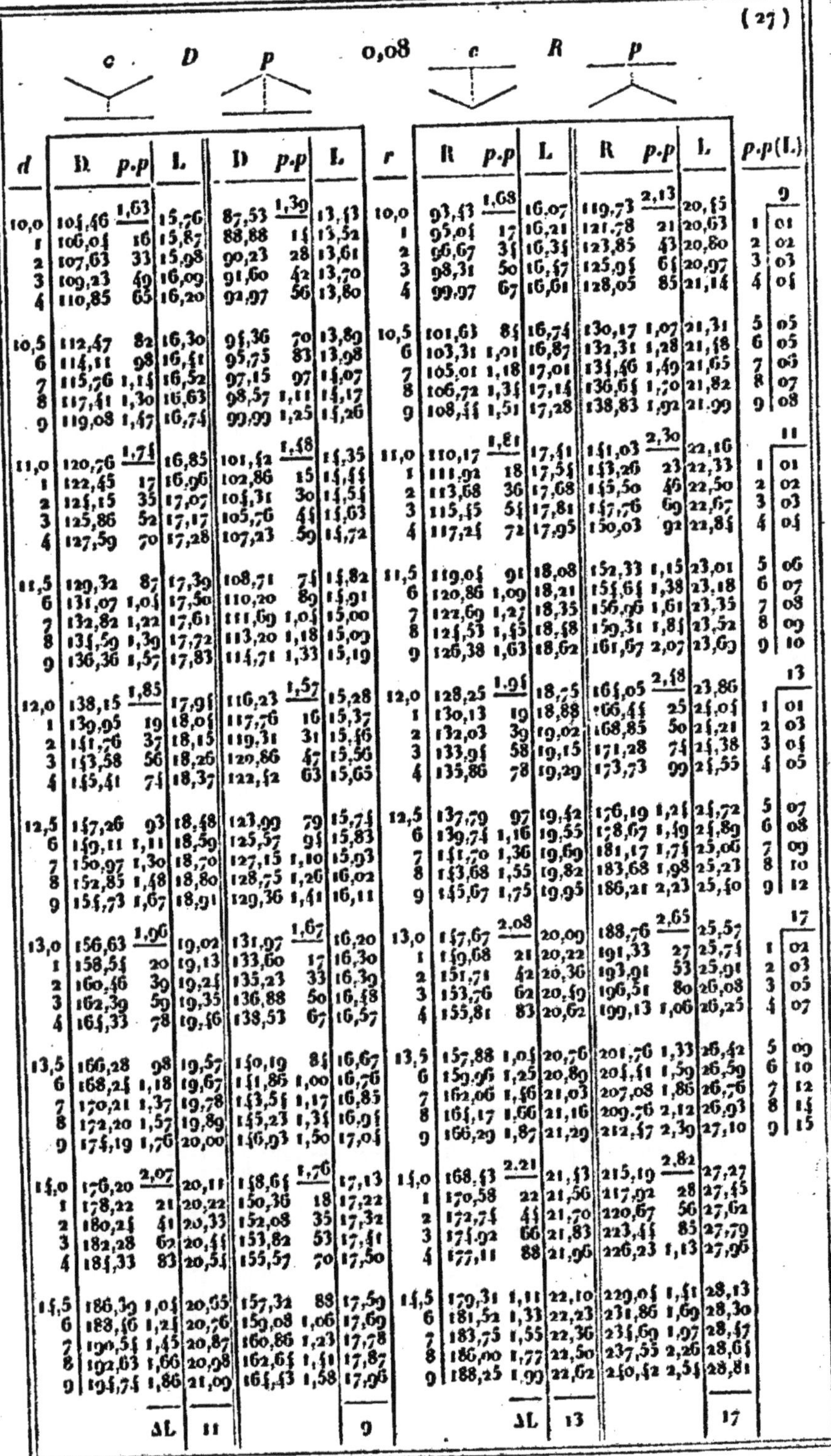

c ⌄D⌄   ⌃p⌃   0,08   ⌄c⌄R⌄   ⌃p⌃

d	D	p.p	L	D	p.p	L	r	R	p.p	L	R	p.p	L
10,0	104,46	1,63	15,76	87,53	1,39	13,43	10,0	93,43	1,68	16,07	119,73	2,13	20,45
1	106,04	16	15,87	88,88	14	13,52	1	95,04	17	16,21	121,78	21	20,63
2	107,63	33	15,98	90,23	28	13,61	2	96,67	34	16,34	123,85	43	20,80
3	109,23	49	16,09	91,60	42	13,70	3	98,31	50	16,47	125,94	64	20,97
4	110,85	65	16,20	92,97	56	13,80	4	99,97	67	16,61	128,05	85	21,14
10,5	112,47	82	16,30	94,36	70	13,89	10,5	101,63	84	16,74	130,17	1,07	21,31
6	114,11	98	16,41	95,75	83	13,98	6	103,31	1,01	16,87	132,31	1,28	21,48
7	115,76	1,14	16,52	97,15	97	14,07	7	105,01	1,18	17,01	134,46	1,49	21,65
8	117,41	1,30	16,63	98,57	1,11	14,17	8	106,72	1,34	17,14	136,64	1,70	21,82
9	119,08	1,47	16,74	99,99	1,25	14,26	9	108,44	1,51	17,28	138,83	1,92	21,99
11,0	120,76	1,74	16,85	101,42	1,48	14,35	11,0	110,17	1,81	17,41	141,03	2,30	22,16
1	122,45	17	16,96	102,86	15	14,44	1	111,92	18	17,54	143,26	23	22,33
2	124,15	35	17,07	104,31	30	14,54	2	113,68	36	17,68	145,50	46	22,50
3	125,86	52	17,17	105,76	44	14,63	3	115,45	54	17,81	147,76	69	22,67
4	127,59	70	17,28	107,23	59	14,72	4	117,24	72	17,95	150,03	92	22,84
11,5	129,32	87	17,39	108,71	74	14,82	11,5	119,05	91	18,08	152,33	1,15	23,01
6	131,07	1,04	17,50	110,20	89	14,91	6	120,86	1,09	18,21	154,64	1,38	23,18
7	132,82	1,22	17,61	111,69	1,04	15,00	7	122,69	1,27	18,35	156,96	1,61	23,35
8	134,59	1,39	17,72	113,20	1,18	15,09	8	124,53	1,45	18,48	159,31	1,84	23,52
9	136,36	1,57	17,83	114,71	1,33	15,19	9	126,38	1,63	18,62	161,67	2,07	23,69
12,0	138,15	1,85	17,94	116,23	1,57	15,28	12,0	128,25	1,95	18,75	164,05	2,48	23,86
1	139,95	19	18,04	117,76	16	15,37	1	130,13	19	18,88	166,44	25	24,04
2	141,76	37	18,15	119,31	31	15,46	2	132,03	39	19,02	168,85	50	24,21
3	143,58	56	18,26	120,86	47	15,56	3	133,94	58	19,15	171,28	74	24,38
4	145,41	74	18,37	122,42	63	15,65	4	135,86	78	19,29	173,73	99	24,55
12,5	147,26	93	18,48	123,99	79	15,74	12,5	137,79	97	19,42	176,19	1,24	24,72
6	149,11	1,11	18,59	125,57	94	15,83	6	139,74	1,16	19,55	178,67	1,49	24,89
7	150,97	1,30	18,70	127,15	1,10	15,93	7	141,70	1,36	19,69	181,17	1,74	25,06
8	152,85	1,48	18,80	128,75	1,26	16,02	8	143,68	1,55	19,82	183,68	1,98	25,23
9	154,73	1,67	18,91	129,36	1,41	16,11	9	145,67	1,75	19,95	186,21	2,23	25,40
13,0	156,63	1,96	19,02	131,97	1,67	16,20	13,0	147,67	2,08	20,09	188,76	2,65	25,57
1	158,54	20	19,13	133,60	17	16,30	1	149,68	21	20,22	191,33	27	25,74
2	160,46	39	19,24	135,23	33	16,39	2	151,71	42	20,36	193,91	53	25,91
3	162,39	59	19,35	136,88	50	16,48	3	153,76	62	20,49	196,51	80	26,08
4	164,33	78	19,46	138,53	67	16,57	4	155,81	83	20,62	199,13	1,06	26,25
13,5	166,28	98	19,57	140,19	84	16,67	13,5	157,88	1,04	20,76	201,76	1,33	26,42
6	168,24	1,18	19,67	141,85	1,00	16,76	6	159,96	1,25	20,89	204,41	1,59	26,59
7	170,21	1,37	19,78	143,54	1,17	16,85	7	162,06	1,46	21,03	207,08	1,86	26,76
8	172,20	1,57	19,89	145,23	1,34	16,94	8	164,17	1,66	21,16	209,76	2,12	26,93
9	174,19	1,76	20,00	146,93	1,50	17,04	9	166,29	1,87	21,29	212,47	2,39	27,10
14,0	176,20	2,07	20,11	148,64	1,76	17,13	14,0	168,43	2,21	21,43	215,19	2,82	27,27
1	178,22	21	20,22	150,36	18	17,22	1	170,58	22	21,56	217,92	28	27,45
2	180,24	41	20,33	152,08	35	17,32	2	172,74	44	21,70	220,67	56	27,62
3	182,28	62	20,44	153,82	53	17,41	3	174,92	66	21,83	223,44	85	27,79
4	184,33	83	20,54	155,57	70	17,50	4	177,11	88	21,96	226,23	1,13	27,95
14,5	186,39	1,04	20,65	157,32	88	17,59	14,5	179,31	1,11	22,10	229,04	1,41	28,13
6	188,46	1,24	20,76	159,08	1,06	17,69	6	181,52	1,33	22,23	231,86	1,69	28,30
7	190,54	1,45	20,87	160,86	1,23	17,78	7	183,75	1,55	22,36	234,69	1,97	28,47
8	192,63	1,66	20,98	162,64	1,41	17,87	8	186,00	1,77	22,50	237,55	2,26	28,64
9	194,74	1,86	21,00	164,43	1,58	17,96	9	188,25	1,99	22,62	240,42	2,54	28,81
	ΔL	11			9			ΔL	13			17	

p.p(L)

	9		11		13		17
1	01	1	01	1	01	1	02
2	02	2	02	2	03	2	03
3	03	3	03	3	04	3	05
4	04	4	04	4	05	4	07
5	05	5	06	5	07	5	09
6	05	6	07	6	08	6	10
7	06	7	08	7	09	7	12
8	07	8	09	8	10	8	14
9	08	9	10	9	12	9	15

(28)

c   D   P   0,09   c   R   P

d	D	p.p	L	D	p.p	R	L	r	D	R	p.p	L	D	R	p.p	L	p.p(L)
0,0	1,32	55	4,95	0,05		0,45	3,83	0,0	1,32	0,00		4,95	0,05	0,45		3,83	9
1	1,82	06	5,06	0,16		0,18	3,92	1	0,88	0,06		4,85		0,82		3,64	1 01
2	2,33	11	5,16	0,41		0,03	4,01	2	0,55	0,22		4,73		1,20		3,82	2 02
3	2,85	17	5,27	0,79			4,10	3	0,35	0,50		4,25		1,59		3,99	3 03
4	3,38	22	5,38	1,20			4,19	4	0,23	0,80		4,14		2,00		4,16	4 04
0,5	3,93	28	5,49	1,66			4,59	0,5	0,14	1,12		4,03		2,42		4,34	5 05
6	4,48	33	5,60	2,12			4,68	6	0,07	1,45		3,92		2,86		4,51	6 05
7	5,05	39	5,71	2,59			4,77	7	0,02	1,78		3,81		3,32		4,68	7 06
8	5,62	45	5,82	3,07			4,86	8		2,18		3,70		3,80		4,86	8 07
9	6,21	50	5,93	3,57			4,95	9		2,56		3,83		4,29		5,03	9 08
1,0	6,81	66	6,04	4,07	55		5,05	1,0		2,95	46	3,96		4,81	61	5,20	11
1	7,42	07	6,15	4,57	06		5,14	1		3,35	05	4,10		5,33	06	5,38	1 01
2	8,05	13	6,26	5,09	11		5,23	2		3,77	09	4,23		5,88	12	5,55	2 02
3	8,67	20	6,37	5,62	17		5,32	3		4,20	14	4,36		6,44	18	5,72	3 03
4	9,32	26	6,48	6,16	22		5,41	4		4,65	18	4,49		7,03	24	5,90	4 04
1,5	9,97	33	6,59	6,70	28		5,50	1,5		5,10	23	4,63		7,62	31	6,07	5 06
6	10,65	40	6,70	7,26	33		5,60	6		5,57	28	4,76		8,25	37	6,24	6 07
7	11,31	46	6,81	7,82	39		5,69	7		6,05	32	4,89		8,87	43	6,42	7 08
8	12,00	53	6,92	8,39	45		5,78	8		6,55	37	5,02		9,52	49	6,59	8 09
9	12,70	59	7,03	8,98	50		5,87	9		7,05	41	5,15		10,19	55	6,76	9 10
2,0	13,40	77	7,14	9,57	65		5,96	2,0		7,57	60	5,29		10,88	78	6,94	13
1	14,12	08	7,25	10,17	06		6,05	1		8,11	06	5,42		11,58	08	7,11	1 01
2	14,86	15	7,36	10,78	13		6,15	2		8,66	12	5,55		12,30	16	7,28	2 03
3	15,60	23	7,47	11,40	19		6,25	3		9,22	18	5,68		13,03	23	7,46	3 04
4	16,35	31	7,58	12,03	26		6,33	4		9,80	24	5,82		13,79	31	7,63	4 05
2,5	17,11	39	7,69	12,66	32		6,42	2,5		10,38	30	5,95		14,56	39	7,80	5 07
6	17,89	46	7,80	13,31	38		6,51	6		10,98	36	6,08		15,35	47	7,98	6 08
7	18,68	54	7,91	13,97	45		6,60	7		11,60	42	6,21		16,16	55	8,15	7 09
8	19,47	62	8,02	14,63	51		6,70	8		12,23	48	6,35		16,98	62	8,32	8 10
9	20,28	69	8,13	15,31	58		6,79	9		12,87	54	6,48		17,82	70	8,50	9 12
3,0	21,10	88	8,24	15,99	73		6,88	3,0		13,52	73	6,61		18,68	96	8,67	17
1	21,93	09	8,35	16,68	07		6,97	1		14,19	07	6,75		19,55	10	8,84	1 02
2	22,77	18	8,46	17,38	15		7,06	2		14,87	15	6,87		20,45	19	9,02	2 03
3	23,62	26	8,57	18,09	22		7,15	3		15,56	22	7,01		21,36	29	9,19	3 05
4	24,48	35	8,68	18,81	29		7,25	4		16,27	29	7,14		22,29	38	9,36	4 07
3,5	25,36	45	8,79	19,55	37		7,34	3,5		16,99	37	7,27		23,23	48	9,54	5 09
6	26,25	53	8,90	20,28	44		7,43	6		17,73	44	7,40		24,19	58	9,71	6 10
7	27,15	62	9,01	21,03	51		7,52	7		18,47	51	7,53		25,17	67	9,88	7 12
8	28,05	70	9,12	21,79	58		7,61	8		19,23	58	7,67		26,17	77	10,06	8 14
9	28,96	79	9,23	22,55	66		7,71	9		20,01	66	7,80		27,18	86	10,23	9 15
4,0	29,89	99	9,34	23,33	83		7,80	4,0		20,79	86	7,93		28,22	1,13	10,40	
1	30,83	10	9,45	24,11	08		7,89	1		21,59	09	8,06		29,26	11	10,58	
2	31,78	20	9,56	24,90	17		7,98	2		22,40	17	8,20		30,33	23	10,75	
3	32,74	30	9,67	25,71	25		8,07	3		23,23	26	8,33		31,41	34	10,92	
4	33,71	40	9,78	26,52	33		8,16	4		24,07	34	8,46		32,52	45	11,10	
4,5	34,70	50	9,89	27,35	42		8,26	4,5		24,92	43	8,59		33,63	57	11,27	
6	35,69	59	10,00	28,17	50		8,35	6		25,79	52	8,72		34,77	68	11,44	
7	36,70	69	10,11	29,01	58		8,44	7		26,67	60	8,86		35,92	79	11,62	
8	37,71	79	10,22	29,86	66		8,53	8		27,56	69	8,99		37,09	90	11,79	
9	38,74	89	10,33	30,72	75		8,62	9		28,46	77	9,12		38,28	1,02	11,96	
	ΔL	11				9			ΔL	13				17			

d	c D — D	p.p	L	p — D	p.p	L	r	c R — R	p.p	L	p — R	p.p	L	p.p(L)
5,0	39,78	1,10	10,44	31,59	92	8,72	5,0	29,38	99	9,25	39,49	1,30	12,14	9
1	40,83	11	10,55	32,46	09	8,81	1	30,31	10	9,38	40,71	13	12,31	01
2	41,89	22	10,66	33,35	18	8,90	2	31,26	20	9,52	41,95	26	12,49	02
3	42,96	33	10,77	34,25	28	8,99	3	32,21	30	9,65	43,21	39	12,66	03
4	44,04	44	10,88	35,15	37	9,08	4	33,19	40	9,78	44,48	52	12,83	04
5,5	45,14	55	10,99	36,06	46	9,17	5,5	34,17	50	9,91	45,77	65	13,01	05
6	46,24	66	11,10	36,98	55	9,27	6	35,17	59	10,04	47,08	78	13,18	05
7	47,36	77	11,21	37,91	65	9,36	7	36,18	69	10,18	48,41	91	13,35	06
8	48,48	88	11,32	38,85	74	9,45	8	37,20	79	10,31	49,75	1,04	13,53	07
9	49,62	99	11,43	39,80	83	9,54	9	38,24	89	10,44	51,11	1,17	13,70	08
6,0	50,77	1,21	11,54	40,76	1,01	9,63	6,0	39,29	1,13	10,57	52,49	1,48	13,87	11
1	51,93	12	11,65	41,73	10	9,72	1	40,36	11	10,71	53,89	15	14,05	01
2	53,10	24	11,76	42,71	20	9,82	2	41,43	23	10,84	55,30	30	14,22	02
3	54,28	36	11,87	43,69	30	9,91	3	42,52	34	10,97	56,73	44	14,39	03
4	55,47	48	11,98	44,69	40	10,00	4	43,63	45	11,10	58,18	59	14,57	04
6,5	56,67	61	12,09	45,69	51	10,09	6,5	44,74	57	11,23	59,65	74	14,74	06
6	57,89	73	12,20	46,71	61	10,18	6	45,87	68	11,37	61,13	89	14,91	07
7	59,11	85	12,31	47,73	71	10,27	7	47,02	79	11,50	62,63	1,04	15,09	08
8	60,35	97	12,42	48,76	81	10,37	8	48,17	90	11,63	64,15	1,18	15,26	09
9	61,60	1,09	12,53	49,80	91	10,46	9	49,34	1,02	11,76	65,68	1,33	15,43	10
7,0	62,85	1,32	12,64	50,85	1,05	10,55	7,0	50,53	1,26	11,90	67,23	1,65	15,61	13
1	64,12	13	12,75	51,91	11	10,64	1	51,72	13	12,03	68,80	17	15,78	01
2	65,40	26	12,86	52,98	21	10,73	2	52,93	25	12,16	70,39	33	15,95	03
3	66,70	40	12,97	54,06	32	10,82	3	54,15	38	12,29	71,99	50	16,13	04
4	68,00	53	13,08	55,15	42	10,92	4	55,39	50	12,42	73,61	66	16,30	05
7,5	69,31	66	13,19	56,24	53	11,01	7,5	56,64	63	12,56	75,25	83	16,47	07
6	70,64	79	13,30	57,35	63	11,10	6	57,90	76	12,69	76,91	99	16,65	08
7	71,97	92	13,41	58,46	74	11,19	7	59,18	88	12,82	78,58	1,16	16,82	09
8	73,32	1,06	13,52	59,59	84	11,28	8	60,46	1,01	12,95	80,27	1,32	16,99	10
9	74,67	1,19	13,63	60,72	95	11,37	9	61,77	1,13	13,08	81,98	1,49	17,17	12
8,0	76,04	1,43	13,74	61,86	1,20	11,47	8,0	63,08	1,39	13,22	83,71	1,82	17,34	17
1	77,42	14	13,85	63,01	12	11,56	1	64,41	14	13,35	85,45	18	17,51	02
2	78,81	29	13,96	64,17	24	11,65	2	65,75	28	13,48	87,21	36	17,69	03
3	80,21	43	14,07	65,34	36	11,74	3	67,11	42	13,61	88,99	55	17,86	05
4	81,63	57	14,18	66,52	48	11,83	4	68,47	56	13,75	90,78	73	18,03	07
8,5	83,05	72	14,29	67,71	60	11,93	8,5	69,86	70	13,88	92,59	91	18,21	09
6	84,48	86	14,40	68,91	72	12,02	6	71,25	83	14,01	94,42	1,09	18,38	10
7	85,93	1,00	14,51	70,11	84	12,11	7	72,66	97	14,14	96,27	1,27	18,55	12
8	87,38	1,14	14,62	71,33	96	12,19	8	74,08	1,11	14,27	98,13	1,46	18,73	14
9	88,85	1,29	14,73	72,55	1,08	12,29	9	75,51	1,25	14,41	100,01	1,64	18,90	15
9,0	90,33	1,54	14,84	73,79	1,29	12,38	9,0	76,96	1,52	14,54	101,91	2,00	19,07	
1	91,82	15	14,95	75,03	13	12,48	1	78,42	15	14,67	103,83	20	19,25	
2	93,32	31	15,06	76,28	26	12,57	2	79,89	30	14,80	105,76	40	19,42	
3	94,83	46	15,17	77,54	39	12,66	3	81,38	46	14,94	107,71	60	19,59	
4	96,35	62	15,28	78,81	52	12,75	4	82,88	61	15,07	109,68	80	19,77	
9,5	97,89	77	15,39	80,09	65	12,84	9,5	84,39	76	15,20	111,67	1,00	19,94	
6	99,45	92	15,50	81,38	77	12,93	6	85,92	91	15,33	113,67	1,20	20,12	
7	100,98	1,08	15,61	82,68	90	13,03	7	87,46	1,06	15,46	115,69	1,40	20,29	
8	102,55	1,23	15,72	83,99	1,03	13,12	8	89,01	1,22	15,60	117,73	1,60	20,46	
9	104,13	1,39	15,83	85,30	1,16	13,21	9	90,58	1,37	15,73	119,78	1,80	20,65	
		ΔL	11			9			ΔL	13			17	

(30)

c *D* *p* 0,09 *c* *R* *p*

d	D	p.p	L	D	p.p	L	r	R	p.p	L	R	p.p	L	p.p(L.)	
10,0	105,72	1,65	15,94	86,63	1,38	13,30	10,0	92,16	1,65	15,86	121,86	2,17	20,81		9
1	107,32	17	16,05	87,97	14	13,39	1	93,75	17	15,99	123,95	22	20,98	1	01
2	108,93	33	16,16	89,31	28	13,49	2	95,35	33	16,12	126,05	43	21,16	2	02
3	110,55	50	16,26	90,67	41	13,58	3	96,97	50	16,26	128,18	65	21,33	3	03
4	112,18	66	16,37	92,03	55	13,67	4	98,61	66	16,39	130,32	87	21,50	4	04
10,5	113,82	83	16,48	93,40	69	13,76	10,5	100,25	83	16,52	132,48	1,09	21,68	5	05
6	115,48	99	16,59	94,78	83	13,85	6	101.91	99	16,65	134,65	1,30	21,85	6	05
7	117,14	1,16	16,70	96,17	97	13,94	7	103,58	1,16	16,78	136,85	1,52	22,02	7	06
8	118,82	1,32	16,81	97,57	1,10	14,04	8	105,27	1,32	16,92	139,06	1,74	22,20	8	07
9	120,51	1,49	16,92	98,98	1,24	14,13	9	106,96	1,49	17,05	141,29	1,95	22,37	9	08
11,0	122,20	1,76	17,03	100,40	1,47	14,22	11,0	108,68	1,79	17,18	143,53	2,34	22,54		11
1	123,91	18	17,14	101,82	15	14,31	1	110,40	18	17,31	145,80	23	22,72	1	01
2	125,63	35	17,25	103,26	29	14,40	2	112,14	36	17,45	148,08	47	22,89	2	02
3	127,36	53	17,36	104,70	44	14,49	3	113,89	54	17,58	150,37	70	23,06	3	03
4	129,11	70	17,47	106,16	59	14,59	4	115,65	72	17,71	152,69	94	23,24	4	04
11,5	130,86	88	17,58	107,62	74	14,68	11,5	117,43	90	17,84	155,02	1,17	23,41	5	06
6	132,62	1,06	17,69	109,09	88	14,77	6	119,22	1,07	17,97	157,37	1,40	23,58	6	07
7	134,40	1,23	17,80	110,57	1,03	14,86	7	121,03	1,25	18,11	159,74	1,64	23,76	7	08
8	136,18	1,41	17,91	112,07	1,18	14,95	8	122,84	1,43	18,24	162,12	1,87	23,93	8	09
9	137,98	1,58	18,02	113,57	1,32	15,05	9	124,67	1,61	18,37	164,52	2,11	24,10	9	10
12,0	139,79	1,87	18,13	115,07	1,56	15,14	12,0	126,52	1,92	18,50	166,94	2,52	24,28		13
1	141,61	19	18,24	116,59	16	15,23	1	128,38	19	18,64	169,38	25	24,45	1	01
2	143,44	37	18,35	118,12	31	15,32	2	130,25	38	18,77	171,83	50	24,62	2	03
3	145,28	56	18,46	119,66	47	15,41	3	132,13	58	18,90	174,30	76	24,80	3	04
4	147,13	75	18,57	121,20	62	15,50	4	134,03	77	19,03	176,79	1,01	24,97	4	05
12,5	148,99	94	18,68	122,76	78	15,60	12,5	135,94	96	19,16	179,30	1,26	25,14	5	07
6	150,87	1,12	18,79	124,32	94	15,69	6	137,86	1,15	19,30	181,82	1,51	25,32	6	08
7	152,75	1,31	18,90	125,89	1,09	15,78	7	139,79	1,34	19,43	184,36	1,76	25,[illegible]9	7	09
8	154,65	1,50	19,01	127,48	1,25	15,87	8	141,74	1,54	19,56	186,92	2,02	25,66	8	10
9	156,56	1,68	19,12	129,07	1,40	15,96	9	143,71	1,73	19,69	189,49	2,27	25,84	9	12
13,0	158,47	1,98	19,23	130,67	1,65	16,05	13,0	145,68	2,05	19,83	192,09	2,69	26,01		17
1	160,40	20	19,34	132,28	17	16,15	1	147,67	21	19,96	194,70	27	26,18	1	02
2	162,34	40	19,45	133,90	33	16,24	2	149,67	41	20,09	197,32	54	26,36	2	03
3	164,29	59	19,56	135,53	50	16,33	3	151,69	62	20,22	199,97	81	26,53	3	05
4	166,25	79	19,67	137,16	66	16,42	4	153,72	82	20,35	202,63	1,08	26,70	4	07
13,5	168,23	99	19,78	138,81	83	16,51	13,5	155,76	1,03	20,49	205,31	1,35	26,88	5	09
6	170,21	1,19	19,89	140,47	99	16,60	6	157,82	1,23	20,62	208,00	1,61	27,05	6	10
7	172,20	1,39	20,00	142,13	1,16	16,70	7	159,88	1,44	20,75	210,72	1,88	27,23	7	12
8	174,21	1,58	20,11	143,81	1,32	16,79	8	161,97	1,64	20,88	213,45	2,15	27,40	8	14
9	176,22	1,78	20,22	145,49	1,49	16,88	9	164,06	1,85	21,01	216,20	2,42	27,57	9	15
14,0	178,25	2,09	20,33	147,18	1,74	16,97	14,0	166,17	2,18	21,15	218,96	2,85	27,75		
1	180,29	21	20,44	148,88	17	17,06	1	168,29	22	21,28	221,75	29	27,92		
2	182,34	42	20,55	150,59	35	17,15	2	170,42	44	21,41	224,55	57	28,09		
3	184,40	63	20,66	152,31	52	17,25	3	172,57	65	21,54	227,37	86	28,27		
4	186,47	84	20,77	154,04	70	17,34	4	174,73	87	21,68	230,20	1,14	28,44		
14,5	188,55	1,05	20,88	155,78	87	17,43	14,5	176,91	1,09	21,81	233,05	1,43	28,61		
6	190,65	1,25	20,99	157,53	1,04	17,52	6	179,09	1,31	21,94	235,92	1,72	28,79		
7	192,74	1,46	21,10	159,28	1,22	17,61	7	181,30	1,53	22,07	238,81	2,00	28,96		
8	194,87	1,67	21,21	161,05	1,39	17,70	8	183,51	1,74	22,20	241,72	2,29	29,13		
9	196,99	1,88	21,32	162,83	1,57	17,80	9	185,74	1,96	22,34	244,64	2,57	29,31		
		ΔL	11			9			ΔL	13			17		

Centre heading: **0,10**

Group symbols across the top (each over its column group, with a small sign diagram): **c** — **D** — **P** — **e** — **R** — **P**

d	D	p.p	L	D	p.p	R	L	r	D	R	p.p	L	D	R	p.p	L
0,0	1,44	56	5,00	0,02		0,50	3,79	0,0	1,44	0,00		5,00	0,02	0,50		3,79
1	1,95	06	5,11	0,13		0,22	3,88	1	1,00	0,05		4,89		0,85		3,71
2	2,46	11	5,22	0,36		0,06	3,97	2	0,66	0,20		4,78		1,27		3,88
3	2,99	17	5,33	0,70			4,06	3	0,39	0,45		4,30		1,67		4,06
4	3,53	22	5,44	1,11			4,15	4	0,27	0,76		4,19		2,03		4,24
0,5	4,08	28	5,56	1,55			4,55	0,5	0,17	1,07		4,08		2,51		4,41
6	4,64	34	5,67	2,01			4,64	6	0,09	1,39		3,97		2,96		4,59
7	5,21	39	5,78	2,48			4,73	7	0,03	1,73		3,86		3,43		4,76
8	5,80	45	5,89	2,96			4,82	8		2,11		3,65		3,92		4,94
9	6,39	50	6,00	3,44			4,91	9		2,49		3,78		4,42		5,12
1,0	7,00	67	6,11	3,94	55		5,00	1,0		2,87	46	3,91		4,94	62	5,29
1	7,61	07	6,22	4,44	06		5,09	1		3,27	05	4,01		5,48	06	5,47
2	8,24	13	6,33	4,96	11		5,18	2		3,68	09	4,17		6,04	12	5,65
3	8,88	20	6,44	5,48	17		5,27	3		4,10	14	4,30		6,61	19	5,82
4	9,53	27	6,56	6,01	22		5,36	4		4,54	18	4,43		7,20	25	6,00
1,5	10,19	34	6,67	6,55	28		5,45	1,5		4,99	23	4,57		7,81	31	6,18
6	10,86	40	6,78	7,10	33		5,55	6		5,45	28	4,70		8,44	37	6,35
7	11,55	47	6,89	7,66	39		5,64	7		5,93	32	4,83		9,08	43	6,53
8	12,24	54	7,00	8,23	44		5,73	8		6,42	37	4,96		9,74	50	6,71
9	12,95	60	7,11	8,81	50		5,82	9		6,92	41	5,09		10,42	56	6,88
2,0	13,66	78	7,22	9,39	64		5,91	2,0		7,44	59	5,22		11,12	80	7,06
1	14,39	08	7,33	9,99	06		6,00	1		7,96	06	5,35		11,83	03	7,24
2	15,13	16	7,44	10,59	13		6,09	2		8,50	12	5,48		12,57	16	7,41
3	15,88	23	7,56	11,21	19		6,18	3		9,06	18	5,61		13,32	24	7,59
4	16,64	31	7,67	11,83	26		6,27	4		9,63	24	5,74		14,08	32	7,77
2,5	17,41	39	7,78	12,46	32		6,36	2,5		10,21	30	5,87		14,87	40	7,94
6	18,20	47	7,89	13,10	38		6,45	6		10,80	35	6,00		15,67	48	8,12
7	18,99	55	8,00	13,75	45		6,55	7		11,40	41	6,13		16,49	56	8,29
8	19,79	62	8,11	14,41	51		6,64	8		12,02	47	6,26		17,33	64	8,47
9	20,61	70	8,22	15,08	58		6,73	9		12,66	53	6,39		18,19	72	8,65
3,0	21,44	89	8,33	15,76	73		6,82	3,0		13,30	72	6,52		19,06	97	8,81
1	22,28	09	8,44	16,44	07		6,91	1		13,96	07	6,65		19,95	10	9,00
2	23,13	18	8,56	17,15	15		7,00	2		14,63	14	6,78		20,86	19	9,18
3	23,99	27	8,67	17,85	22		7,09	3		15,32	22	6,91		21,79	29	9,35
4	24,86	36	8,78	18,56	29		7,18	4		16,02	29	7,05		22,73	39	9,53
3,5	25,74	45	8,89	19,28	37		7,27	3,5		16,73	36	7,17		23,69	49	9,71
6	26,64	53	9,00	20,01	44		7,36	6		17,45	43	7,30		24,67	58	9,88
7	27,54	62	9,11	20,75	51		7,45	7		18,19	50	7,43		25,67	68	10,06
8	28,46	71	9,22	21,50	58		7,55	8		18,94	58	7,56		26,69	78	10,24
9	29,39	80	9,33	22,26	66		7,64	9		19,70	65	7,69		27,72	87	10,41
4,0	30,33	1,00	9,44	23,03	82		7,73	4,0		20,48	85	7,83		28,77	1,15	10,59
1	31,28	10	9,56	23,81	08		7,82	1		21,27	09	7,96		29,84	12	10,77
2	32,24	20	9,67	24,59	16		7,91	2		22,07	17	8,09		30,92	23	10,96
3	33,21	30	9,78	25,39	25		8,00	3		22,88	26	8,22		32,02	35	11,12
4	34,19	40	9,89	26,19	33		8,09	4		23,71	34	8,35		33,14	46	11,30
4,5	35,19	50	10,00	27,01	41		8,18	4,5		24,55	43	8,48		34,28	58	11,47
6	36,19	60	10,11	27,83	49		8,27	6		25,41	51	8,61		35,44	69	11,65
7	37,21	70	10,22	28,66	57		8,36	7		26,27	60	8,75		36,61	81	11,82
8	38,24	80	10,33	29,50	66		8,45	8		27,15	68	8,87		37,80	92	12,00
9	39,28	90	10,44	30,35	74		8,55	9		28,05	77	9,00		39,01	1,04	12,18
		ΔL	11				9				ΔL	13				18

p.p (L):

	9	11	13	18
1	01	01	01	02
2	02	02	03	04
3	03	03	04	05
4	04	04	05	07
5	05	06	07	09
6	05	07	08	11
7	06	08	09	13
8	07	09	10	14
9	08	10	12	16

Column-head diagrams: group 1 — **c** (∨) and **D** (∧); centre value **0,10**; group 2 — **c** (∨) and **R** (∧).

d	D	p.p	L	D	p.p	L	r	R	p.p	L	R	p.p	L	p.p(L) idx	p.p(L)
5,0	40,35	1,11	10,55	31,25	91	8,65	5,0	28,96	98	9,13	40,25	1,33	12,35		9
1	41,39	11	10,67	32,08	09	8,73	1	29,88	10	9,26	41,58	13	12,53	1	01
2	42,46	22	10,78	32,96	18	8,82	2	30,81	20	9,39	42,74	27	12,71	2	02
3	43,55	33	10,89	33,85	27	8,91	3	31,76	29	9,52	44,02	40	12,88	3	03
4	44,63	44	11,00	34,75	36	9,00	4	32,71	39	9,65	45,32	53	13,06	4	04
5,5	45,74	56	11,11	35,65	46	9,09	5,5	33,69	49	9,78	46,63	67	13,24	5	05
6	46,86	67	11,22	36,56	55	9,18	6	34,67	59	9,91	47,96	80	13,41	6	05
7	47,99	78	11,33	37,48	64	9,27	7	35,67	69	10,04	49,31	93	13,59	7	06
8	49,12	89	11,44	38,41	73	9,36	8	36,68	78	10,17	50,68	1,06	13,76	8	07
9	50,27	1,00	11,55	39,35	82	9,45	9	37,70	88	10,30	52,07	1,20	13,94	9	08
6,0	51,44	1,22	11,67	40,30	1,00	9,55	6,0	38,74	1,11	10,43	53,47	1,50	14,12		11
1	52,61	12	11,78	41,26	10	9,64	1	39,79	11	10,56	54,89	15	14,29	1	01
2	53,79	24	11,89	42,23	20	9,73	2	40,85	22	10,70	56,33	30	14,47	2	02
3	54,98	37	12,00	43,21	30	9,82	3	41,93	33	10,83	57,79	45	14,65	3	03
4	56,19	49	12,11	44,19	40	9,91	4	43,02	44	10,96	59,26	60	14,82	4	04
6,5	57,41	61	12,22	45,19	50	10,00	6,5	44,12	56	11,09	60,75	75	15,00	5	06
6	58,65	73	12,33	46,19	60	10,09	6	45,24	67	11,22	62,26	90	15,18	6	07
7	59,87	85	12,44	47,21	70	10,18	7	46,36	78	11,35	63,79	1,05	15,35	7	08
8	61,12	98	12,55	48,23	80	10,27	8	47,50	89	11,48	65,33	1,20	15,53	8	09
9	62,39	1,10	12,67	49,26	90	10,36	9	48,66	1,00	11,61	66,89	1,35	15,71	9	10
7,0	63,66	1,33	12,78	50,30	1,09	10,45	7,0	49,83	1,24	11,74	68,47	1,68	15,88		13
1	64,95	13	12,89	51,35	11	10,55	1	51,01	12	11,87	70,07	17	16,06	1	01
2	66,23	27	13,00	52,41	22	10,65	2	52,20	25	12,00	71,68	35	16,24	2	03
3	67,55	40	13,11	53,48	33	10,73	3	53,40	37	12,13	73,32	50	16,41	3	04
4	68,86	53	13,22	54,56	44	10,82	4	54,62	50	12,26	74,97	67	16,59	4	05
7,5	70,18	67	13,33	55,65	55	10,91	7,5	55,86	62	12,39	76,63	85	16,77	5	07
6	71,52	80	13,44	56,75	65	11,00	6	57,10	75	12,52	78,32	1,01	16,94	6	08
7	72,87	93	13,55	57,85	76	11,09	7	58,36	87	12,65	80,02	1,18	17,12	7	09
8	74,23	1,06	13,67	58,96	87	11,18	8	59,63	99	12,78	81,74	1,35	17,29	8	10
9	75,61	1,20	13,78	60,08	98	11,27	9	60,92	1,12	12,91	83,48	1,51	17,47	9	12
8,0	76,99	1,44	13,89	61,21	1,18	11,36	8,0	62,22	1,37	13,04	85,24	1,86	17,65		18
1	78,38	14	14,00	62,35	12	11,45	1	63,53	14	13,17	87,01	19	17,82	1	02
2	79,79	29	14,11	63,50	24	11,55	2	64,85	27	13,30	88,80	37	18,00	2	04
3	81,21	43	14,22	64,66	35	11,64	3	66,19	41	13,43	90,61	56	18,18	3	05
4	82,63	58	14,33	65,83	47	11,73	4	67,54	55	13,56	92,44	75	18,35	4	07
8,5	84,07	72	14,44	67,01	59	11,82	8,5	68,90	69	13,69	94,28	93	18,53	5	09
6	85,52	86	14,55	68,19	71	11,91	6	70,28	82	13,82	96,14	1,12	18,71	6	11
7	86,98	1,01	14,67	69,39	83	12,00	7	71,67	96	13,96	98,02	1,30	18,88	7	13
8	88,46	1,15	14,78	70,59	94	12,09	8	73,07	1,10	14,09	99,92	1,49	19,06	8	14
9	89,95	1,30	14,89	71,81	1,06	12,18	9	74,48	1,23	14,22	101,85	1,67	19,24	9	16
9,0	91,43	1,56	15,00	73,03	1,27	12,27	9,0	75,91	1,50	14,35	103,77	2,03	19,41		
1	92,95	16	15,11	74,26	13	12,36	1	77,35	15	14,48	105,72	20	19,59		
2	94,45	31	15,22	75,50	25	12,45	2	78,81	30	14,61	107,69	41	19,77		
3	95,98	47	15,33	76,75	38	12,55	3	80,27	45	14,74	109,67	61	19,94		
4	97,52	62	15,44	78,01	51	12,65	4	81,75	60	14,87	111,67	81	20,12		
9,5	99,07	78	15,55	79,28	65	12,73	9,5	83,25	75	15,00	113,69	1,02	20,30		
6	100,63	94	15,67	80,56	76	12,82	6	84,75	90	15,13	115,73	1,22	20,47		
7	102,20	1,09	15,78	81,85	89	12,91	7	86,27	1,05	15,26	117,79	1,42	20,65		
8	103,79	1,25	15,89	83,15	1,02	13,00	8	87,80	1,20	15,39	119,86	1,62	20,82		
9	105,38	1,40	16,00	84,45	1,15	13,09	9	89,35	1,35	15,52	121,95	1,83	21,00		
	ΔL	11				9		ΔL	13				18		

	c ∨ D	D ∧ p	0,10	c ∨ R	R ∧ p	

d	D	p.p	L	D	p.p	L
10,0	106,99	1,67	16,11	85,76	1,36	13,18
1	108,60	17	16,22	87,08	18	13,27
2	110,23	33	16,33	88,41	27	13,36
3	111,87	50	16,44	89,75	41	13,45
4	113,52	67	16,55	91,10	54	13,55
10,5	115,18	84	16,67	92,46	68	13,64
6	116,85	1,00	16,78	93,83	82	13,73
7	118,54	1,17	16,89	95,21	95	13,82
8	120,23	1,34	17,00	96,59	1,09	13,91
9	121,93	1,50	17,11	97,99	1,22	14,00
11,0	123,65	1,78	17,22	99,39	1,45	14,09
1	125,38	18	17,33	100,81	15	14,18
2	127,12	36	17,44	102,23	29	14,27
3	128,87	53	17,55	103,65	44	14,36
4	130,63	71	17,67	105,10	58	14,45
11,5	132,40	89	17,78	106,55	73	14,55
6	134,18	1,07	17,89	108,01	87	14,64
7	135,98	1,25	18,00	109,48	1,02	14,73
8	137,78	1,42	18,11	110,96	1,16	14,82
9	139,60	1,60	18,22	112,44	1,31	14,91
12,0	141,43	1,89	18,33	113,94	1,54	15,00
1	143,27	19	18,44	115,44	15	15,09
2	145,12	38	18,55	116,95	31	15,18
3	146,98	57	18,67	118,48	46	15,27
4	148,85	76	18,78	120,01	62	15,36
12,5	150,73	95	18,89	121,55	77	15,45
6	152,63	1,13	19,00	123,10	92	15,55
7	154,53	1,32	19,11	124,66	1,08	15,65
8	156,45	1,51	19,22	126,23	1,23	15,73
9	158,38	1,70	19,33	127,81	1,39	15,82
13,0	160,32	2,00	19,44	129,39	1,64	15,91
1	162,27	20	19,55	130,99	16	16,00
2	164,23	40	19,67	132,59	33	16,09
3	166,20	60	19,78	134,21	49	16,18
4	168,18	80	19,89	135,83	66	16,27
13,5	170,18	1,00	20,00	137,46	82	16,36
6	172,18	1,20	20,11	139,10	98	16,45
7	174,20	1,40	20,22	140,75	1,15	16,55
8	176,23	1,60	20,33	142,41	1,31	16,65
9	178,27	1,80	20,44	144,08	1,48	16,73
14,0	180,32	2,11	20,55	145,76	1,73	16,82
1	182,38	21	20,66	147,44	17	16,91
2	184,45	42	20,78	149,14	35	17,00
3	186,53	63	20,89	150,84	52	17,09
4	188,63	84	21,00	152,56	69	17,18
14,5	190,73	1,06	21,11	154,28	87	17,27
6	192,85	1,27	21,22	156,01	1,04	17,36
7	194,98	1,48	21,33	157,75	1,21	17,45
8	197,11	1,69	21,44	159,50	1,38	17,55
9	199,26	1,90	21,55	161,26	1,56	17,65
ΔL	11			9		

r	R	p.p	L	R	p.p	L
10,0	90,91	1,63	15,65	124,06	2,21	21,18
1	92,49	16	15,78	126,19	22	21,35
2	94,07	33	15,91	128,33	44	21,53
3	95,67	49	16,04	130,49	66	21,71
4	97,28	65	16,17	132,67	88	21,83
10,5	98,90	82	16,30	134,87	1,11	22,06
6	100,54	98	16,43	137,08	1,33	22,24
7	102,19	1,14	16,57	139,31	1,55	22,41
8	103,85	1,30	16,70	141,56	1,77	22,59
9	105,53	1,47	16,83	143,83	1,99	22,77
11,0	107,22	1,76	16,96	146,12	2,39	22,94
1	108,92	18	17,09	148,42	24	23,12
2	110,64	35	17,22	150,74	48	23,29
3	112,35	53	17,35	153,08	72	23,47
4	114,10	71	17,48	155,44	96	23,65
11,5	115,86	89	17,61	157,81	1,20	23,81
6	117,63	1,06	17,74	160,20	1,43	24,00
7	119,41	1,24	17,87	162,61	1,67	24,18
8	121,20	1,42	18,00	165,04	1,91	24,35
9	123,00	1,59	18,13	167,48	2,15	24,53
12,0	124,82	1,89	18,26	169,94	2,57	24,71
1	126,66	19	18,39	172,42	26	24,88
2	128,50	38	18,52	174,92	51	25,06
3	130,36	57	18,65	177,43	77	25,24
4	132,23	76	18,78	179,97	1,03	25,44
12,5	134,12	95	18,91	182,52	1,29	25,59
6	136,01	1,13	19,04	185,08	1,55	25,77
7	137,93	1,32	19,17	187,67	1,80	25,95
8	139,85	1,51	19,30	190,27	2,06	26,12
9	141,79	1,70	19,43	192,89	2,31	26,30
13,0	143,74	2,02	19,56	195,53	2,74	26,47
1	145,70	20	19,69	198,19	27	26,65
2	147,68	40	19,83	200,88	55	26,82
3	149,67	61	19,95	203,55	82	27,00
4	151,67	81	20,09	206,26	1,10	27,18
13,5	153,68	1,01	20,22	208,99	1,37	27,35
6	155,71	1,21	20,35	211,73	1,64	27,53
7	157,75	1,41	20,48	214,49	1,92	27,71
8	159,81	1,62	20,61	217,27	2,19	27,83
9	161,87	1,82	20,74	220,07	2,47	28,06
14,0	163,95	2,15	20,87	222,89	2,92	28,24
1	166,05	22	21,00	225,72	29	28,41
2	168,15	43	21,13	228,57	58	28,59
3	170,27	65	21,26	231,44	88	28,77
4	172,40	86	21,39	234,32	1,17	28,94
14,5	174,55	1,08	21,52	237,22	1,46	29,12
6	176,71	1,29	21,65	240,14	1,75	29,30
7	178,83	1,51	21,78	243,08	2,04	29,47
8	181,06	1,72	21,91	246,04	2,34	29,65
9	183,26	1,94	22,04	249,01	2,63	29,83
ΔL	13			18		

p.p(L):

9		11		13		18	
1	01	1	01	1	01	1	02
2	02	2	02	2	03	2	04
3	03	3	03	3	04	3	05
4	04	4	04	4	05	4	07
5	05	5	06	5	07	5	09
6	05	6	07	6	08	6	11
7	06	7	08	7	09	7	13
8	07	8	09	8	10	8	14
9	08	9	10	9	12	9	16

(34)

c — D — p   0,11   c — R — P

Group c (columns d | D | p.p | L)

d	D	p.p	L
0,0	1,57	56	5,06
1	2,08	06	5,17
2	2,60	11	5,28
3	3,13	17	5,39
4	3,68	22	5,51
0,5	4,23	28	5,62
6	4,80	34	5,73
7	5,38	39	5,84
8	5,97	45	5,96
9	6,57	50	6,07
1,0	7,18	67	6,18
1	7,81	07	6,29
2	8,44	13	6,41
3	9,09	20	6,52
4	9,74	27	6,63
1,5	10,41	34	6,74
6	11,09	40	6,83
7	11,78	47	6,97
8	12,49	54	7,08
9	13,20	60	7,19
2,0	13,92	79	7,30
1	14,66	08	7,42
2	15,41	16	7,53
3	16,17	24	7,64
4	16,94	32	7,75
2,5	17,72	40	7,87
6	18,51	47	7,98
7	19,31	55	8,09
8	20,13	63	8,20
9	20,95	71	8,31
3,0	21,79	90	8,43
1	22,64	09	8,54
2	23,50	18	8,65
3	24,37	27	8,77
4	25,25	36	8,88
3,5	26,14	45	8,99
6	27,05	54	9,10
7	27,97	63	9,22
8	28,89	72	9,33
9	29,83	81	9,44
4,0	30,78	1,01	9,55
1	31,74	10	9,66
2	32,71	20	9,78
3	33,70	30	9,89
4	34,69	40	10,00
4,5	35,70	51	10,11
6	36,71	61	10,23
7	37,74	71	10,34
8	38,78	81	10,45
9	39,83	91	10,56
		ΔL	11

Group p (columns d | D | p.p | R | L)

d	D	p.p	R	L
0,0	0,00		0,59	3,59
1	0,10		0,27	3,85
2	0,31		0,09	3,94
3	0,63		0,01	4,03
4	1,03			4,12
0,5	1,45			4,50
6	1,91			4,59
7	2,37			4,68
8	2,84			4,77
9	3,32			4,80
1,0	3,82	54		4,96
1	4,32	05		5,05
2	4,81	11		5,14
3	5,34	16		5,23
4	5,87	22		5,32
1,5	6,41	27		5,41
6	6,95	32		5,50
7	7,50	38		5,59
8	8,07	43		5,68
9	8,64	49		5,77
2,0	9,22	63		5,86
1	9,81	06		5,95
2	10,41	13		6,04
3	11,02	19		6,13
4	11,63	25		6,22
2,5	12,26	32		6,31
6	12,90	38		6,40
7	13,54	44		6,49
8	14,19	50		6,58
9	14,85	57		6,67
3,0	15,53	72		6,76
1	16,21	07		6,85
2	16,89	14		6,94
3	17,59	22		7,03
4	18,30	29		7,12
3,5	19,02	36		7,21
6	19,74	43		7,30
7	20,47	50		7,39
8	21,22	58		7,48
9	21,97	65		7,57
4,0	22,73	81		7,66
1	23,50	08		7,75
2	24,28	16		7,84
3	25,07	24		7,93
4	25,86	32		8,02
4,5	26,67	41		8,11
6	27,49	49		8,20
7	28,31	57		8,29
8	29,14	65		8,35
9	29,98	73		8,47
				9

Group c R (columns r | D | R | p.p | L)

r	D	R	p.p	L
0,0	1,57	0,00		5,06
1	1,11	0,05		4,94
2	0,76	0,18		4,83
3	0,51	0,41		4,72
4	0,36	0,76		5,24
0,5	0,25	1,07		4,12
6	0,16	1,39		4,01
7	0,09	1,72		3,90
8		2,05		3,61
9		2,41		3,73
1,0		2,79	45	3,86
1		3,19	05	3,99
2		3,59	09	4,12
3		4,01	14	4,25
4		4,41	18	4,38
1,5		4,89	23	4,51
6		5,34	27	4,64
7		5,81	32	4,76
8		6,30	36	4,89
9		6,79	41	5,02
2,0		7,30	58	5,15
1		7,82	06	5,28
2		8,36	12	5,41
3		8,90	17	5,54
4		9,46	23	5,67
2,5		10,04	29	5,79
6		10,62	35	5,92
7		11,22	41	6,05
8		11,83	46	6,18
9		12,46	52	6,31
3,0		13,10	71	6,44
1		13,75	07	6,57
2		14,41	14	6,70
3		15,09	21	6,83
4		15,77	28	6,95
3,5		16,48	36	7,08
6		17,19	43	7,21
7		17,92	50	7,34
8		18,66	57	7,47
9		19,44	64	7,60
4,0		20,18	84	7,73
1		20,96	08	7,86
2		21,75	17	7,98
3		22,55	25	8,11
4		23,37	34	8,24
4,5		24,20	42	8,37
6		25,05	50	8,50
7		25,90	59	8,63
8		26,77	67	8,76
9		27,65	76	8,89
			ΔL	13

Group P (columns r | D | R | p.p | L)

r	D	R	p.p	L
0,0	0,59		45	3,59
1	0,95		05	3,77
2	1,35		09	3,95
3	1,75		14	4,13
4	2,17		18	4,31
0,5	2,61		23	4,49
6	3,07		27	4,67
7	3,55		32	4,85
8	4,04		36	5,03
9	4,55		41	5,21
1,0	5,08		63	5,39
1	5,63		06	5,57
2	6,20		13	5,73
3	6,78		19	5,93
4	7,38		25	6,11
1,5	8,00		32	6,29
6	8,64		38	6,47
7	9,30		44	6,65
8	9,97		50	6,83
9	10,66		57	7,01
2,0	11,37		81	7,18
1	12,10		08	7,36
2	12,85		16	7,54
3	13,61		24	7,72
4	14,39		32	7,90
2,5	15,19		41	8,08
6	16,01		49	8,26
7	16,84		57	8,44
8	17,69		65	8,62
9	18,56		73	8,80
3,0	19,45		99	8,98
1	20,36		10	9,16
2	21,29		20	9,34
3	22,23		30	9,52
4	23,19		40	9,70
3,5	24,17		50	9,83
6	25,17		59	10,06
7	26,18		69	10,24
8	27,21		79	10,42
9	28,26		89	10,60
4,0	29,33		1,17	10,78
1	30,42		12	10,96
2	31,53		23	11,14
3	32,65		35	11,32
4	33,79		47	11,50
4,5	34,95		59	11,67
6	36,12		70	11,85
7	37,32		82	12,03
8	38,53		94	12,21
9	39,76		1,05	12,39
				18

p.p (L)

9		11		13		18	
1	01	1	01	1	01	1	02
2	02	2	02	2	03	2	04
3	03	3	03	3	04	3	05
4	04	4	04	4	05	4	07
5	05	5	06	5	07	5	09
6	05	6	07	6	08	6	11
7	06	7	08	7	09	7	13
8	07	8	09	8	10	8	15
9	08	9	10	9	12	9	16

Top column symbols: **c** → D **p** → D   (0,11)   **c** → R **p** → R

d	D	p.p	L	D	p.p	L	r	R	p.p	L	R	p.p	L
5,0	40,90	1,12	10,68	30,85	90	8,56	5,0	28,55	97	9,01	41,01	1,35	12,57
1	41,97	11	10,79	31,70	09	8,65	1	29,45	10	9,14	42,28	14	12,75
2	43,06	22	10,90	32,57	18	8,74	2	30,37	19	9,27	43,56	27	12,93
3	44,15	34	11,01	33,45	27	8,83	3	31,31	29	9,40	44,86	41	13,11
4	45,26	45	11,13	34,35	36	8,92	4	32,25	39	9,53	46,18	54	13,29
5,5	46,38	56	11,24	35,23	45	9,01	5,5	33,21	49	9,66	47,52	68	13,47
6	47,51	67	11,35	36,15	54	9,10	6	34,18	58	9,79	48,88	81	13,65
7	48,65	78	11,46	37,05	63	9,19	7	35,17	68	9,91	50,25	95	13,83
8	49,80	90	11,58	37,97	72	9,28	8	36,17	78	10,04	51,64	1,08	14,01
9	50,97	1,01	11,69	38,91	81	9,37	9	37,18	87	10,17	53,05	1,22	14,19
6,0	52,15	1,24	11,80	39,85	99	9,46	6,0	38,20	1,10	10,30	54,48	1,53	14,37
1	53,33	12	11,91	40,80	10	9,55	1	39,24	11	10,43	55,93	15	14,55
2	54,52	25	12,02	41,76	20	9,64	2	40,29	23	10,56	57,39	31	14,73
3	55,73	37	12,14	42,72	30	9,73	3	41,35	33	10,69	58,87	46	14,91
4	56,95	50	12,25	43,70	40	9,82	4	42,43	44	10,82	60,37	61	15,09
6,5	58,18	62	12,36	44,69	50	9,91	6,5	43,51	55	10,95	61,89	77	15,27
6	59,42	74	12,47	45,68	59	10,00	6	44,61	66	11,07	63,43	92	15,45
7	60,68	87	12,59	46,69	69	10,09	7	45,73	77	11,20	64,98	1,07	15,63
8	61,95	99	12,70	47,70	79	10,18	8	46,86	88	11,33	66,55	1,22	15,81
9	63,22	1,12	12,81	48,73	89	10,27	9	48,00	99	11,46	68,14	1,38	15,99
7,0	64,50	1,35	12,92	49,76	1,08	10,36	7,0	49,15	1,22	11,59	69,75	1,71	16,17
1	65,80	14	13,04	50,80	11	10,45	1	50,31	12	11,72	71,38	17	16,35
2	67,11	27	13,15	51,85	22	10,54	2	51,49	24	11,85	73,02	34	16,53
3	68,43	41	13,26	52,91	32	10,63	3	52,68	37	11,98	74,68	51	16,71
4	69,76	54	13,37	53,98	43	10,72	4	53,89	49	12,10	76,36	68	16,89
7,5	71,10	68	13,49	55,05	54	10,81	7,5	55,10	61	12,23	78,06	86	17,06
6	72,46	81	13,60	56,14	65	10,90	6	56,33	73	12,36	79,78	1,03	17,24
7	73,82	95	13,71	57,23	76	10,99	7	57,58	85	12,49	81,51	1,20	17,42
8	75,20	1,08	13,82	58,35	86	11,08	8	58,83	98	12,62	83,26	1,37	17,60
9	76,59	1,22	13,94	59,45	97	11,17	9	60,10	1,10	12,75	85,03	1,55	17,78
8,0	77,99	1,46	14,05	60,57	1,17	11,26	8,0	61,38	1,35	12,88	85,81	1,89	17,96
1	79,40	15	14,16	61,70	12	11,35	1	62,67	14	13,01	88,62	19	18,14
2	80,82	29	14,27	62,84	23	11,45	2	63,98	27	13,13	90,45	38	18,32
3	82,25	44	14,39	63,99	35	11,53	3	65,30	41	13,26	92,29	57	18,50
4	83,70	58	14,50	65,15	47	11,62	4	66,63	54	13,39	94,15	76	18,68
8,5	85,15	73	14,61	66,32	59	11,71	8,5	67,98	68	13,52	96,02	95	18,86
6	86,62	83	14,72	67,49	70	11,80	6	69,34	81	13,65	97,92	1,13	19,04
7	88,10	1,02	14,83	68,63	81	11,89	7	70,71	95	13,78	99,83	1,32	19,22
8	89,59	1,17	14,95	69,87	96	11,98	8	72,09	1,08	13,91	101,76	1,51	19,40
9	91,09	1,31	15,06	71,08	1,05	12,07	9	73,49	1,22	14,05	103,71	1,70	19,58
9,0	92,60	1,57	15,17	72,29	1,25	12,16	9,0	74,90	1,48	14,16	105,68	2,07	19,76
1	94,12	16	15,28	73,51	13	12,25	1	76,32	15	14,29	107,66	21	19,95
2	95,65	31	15,40	74,74	25	12,34	2	77,76	30	14,42	109,67	41	20,12
3	97,20	47	15,51	75,98	38	12,43	3	79,21	44	14,55	111,69	62	20,30
4	98,76	63	15,62	77,23	50	12,52	4	80,67	59	14,68	113,73	83	20,48
9,5	100,32	79	15,73	78,48	63	12,61	9,5	82,15	75	14,81	115,78	1,05	20,66
6	101,90	91	15,85	79,75	76	12,70	6	83,63	89	14,94	117,86	1,25	20,84
7	103,49	1,10	15,96	81,02	88	12,79	7	85,13	1,03	15,07	119,95	1,45	21,02
8	105,09	1,26	16,07	82,31	1,01	12,88	8	86,64	1,18	15,20	122,06	1,66	21,20
9	106,71	1,41	16,18	83,60	1,13	12,97	9	88,17	1,33	15,32	124,19	1,86	21,38
	ΔL	11				9		ΔL	13				18

p.p(L):

i	ΔL=9	ΔL=11	ΔL=13	ΔL=18
1	01	01	01	02
2	02	02	03	04
3	03	03	04	05
4	04	04	05	07
5	05	06	07	09
6	05	07	08	11
7	06	08	09	13
8	07	09	10	15
9	08	10	12	16

Column groups (with their small head-diagrams): **c D p** | **0,11** | **c R p**

d	D	p.p	L	D	p.p	L	r	R	p.p	L	R	p.p	L	p.p(L)
10,0	108,33	1,69	16,30	84,90	1,35	13,06	10,0	89,70	1,61	15,45	126,31	2,25	21,56	9
1	109,97	17	16,41	86,21	14	13,15	1	91,26	16	15,58	128,51	23	21,74	1 01
2	111,63	34	16,52	87,53	27	13,24	2	92,82	32	15,71	130,69	45	21,92	2 02
3	113,27	51	16,63	88,86	41	13,33	3	94,40	48	15,84	132,89	68	22,10	3 03
4	114,94	68	16,75	90,20	54	13,42	4	95,99	64	15,97	135,11	90	22,28	4 04
10,5	116,62	85	16,86	91,54	68	13,51	10,5	97,59	81	16,09	137,35	1,13	22,45	5 05
6	118,31	1,01	16,97	92,90	81	13,60	6	99,21	97	16,22	139,60	1,35	22,63	6 05
7	120,02	1,18	17,08	94,26	95	13,69	7	100,84	1,13	16,35	141,87	1,58	22,81	7 06
8	121,73	1,35	17,20	95,64	1,08	13,78	8	102,48	1,29	16,48	144,16	1,80	22,99	8 07
9	123,46	1,52	17,31	97,02	1,22	13,87	9	104,13	1,45	16,61	146,47	2,03	23,17	9 08
11,0	125,19	1,80	17,42	98,41	1,44	13,96	11,0	105,80	1,75	16,74	148,80	2,43	23,35	11
1	126,94	18	17,53	99,81	15	14,05	1	107,48	17	16,87	151,14	25	23,53	1 01
2	128,70	36	17,64	101,22	29	14,14	2	109,17	35	17,00	153,50	49	23,71	2 02
3	130,47	54	17,76	102,64	43	14,23	3	110,83	52	17,13	155,88	73	23,89	3 03
4	132,25	72	17,87	104,07	58	14,32	4	112,60	70	17,25	158,28	97	24,07	4 04
11,5	134,05	90	17,98	105,51	72	14,41	11,5	114,33	87	17,38	160,70	1,22	24,25	5 06
6	135,86	1,08	18,09	106,95	86	14,50	6	116,07	1,05	17,51	163,13	1,46	24,43	6 07
7	137,66	1,26	18,21	108,41	1,01	14,59	7	117,83	1,22	17,64	165,58	1,70	24,61	7 08
8	139,49	1,44	18,32	109,87	1,15	14,68	8	119,60	1,39	17,77	168,05	1,94	24,79	8 09
9	141,32	1,62	18,43	111,35	1,30	14,78	9	121,39	1,57	17,90	170,54	2,19	24,97	9 10
12,0	143,17	1,91	18,54	112,83	1,53	14,87	12,0	123,18	1,87	18,03	173,05	2,61	25,15	13
1	145,03	19	18,66	114,32	15	14,96	1	124,99	19	18,16	175,57	26	25,33	1 01
2	146,90	38	18,77	115,82	31	15,05	2	126,81	37	18,28	178,11	52	25,51	2 03
3	148,79	57	18,88	117,32	45	15,14	3	128,65	56	18,41	180,67	78	25,69	3 04
4	150,63	76	18,99	118,84	61	15,23	4	130,50	75	18,54	183,25	1,04	25,87	4 05
12,5	152,58	96	19,11	120,37	77	15,32	12,5	132,36	96	18,67	185,85	1,31	26,05	5 07
6	154,50	1,15	19,22	121,90	92	15,41	6	134,23	1,12	18,80	188,46	1,57	26,23	6 08
7	156,43	1,34	19,33	123,45	1,07	15,50	7	136,12	1,31	18,93	191,09	1,83	26,41	7 09
8	158,37	1,53	19,44	125,00	1,22	15,59	8	138,02	1,50	19,06	193,74	2,09	26,59	8 10
9	160,32	1,72	19,56	126,56	1,38	15,68	9	139,93	1,68	19,19	196,41	2,35	26,77	9 12
13,0	162,28	2,02	19,67	128,13	1,62	15,77	13,0	141,85	2,00	19,31	199,10	2,79	26,95	18
1	164,25	20	19,78	129,71	16	15,86	1	143,79	20	19,44	201,80	28	27,12	1 02
2	166,23	40	19,89	131,30	32	15,95	2	145,74	40	19,57	204,52	56	27,30	2 04
3	168,23	61	20,01	132,90	49	16,04	3	147,71	60	19,70	207,26	84	27,48	3 05
4	170,23	81	20,12	134,51	65	16,13	4	149,68	80	19,83	210,02	1,12	27,66	4 07
13,5	172,25	1,01	20,23	136,13	81	16,22	13,5	151,67	1,00	19,96	212,79	1,40	27,84	5 09
6	174,28	1,21	20,34	137,75	97	16,31	6	153,67	1,20	20,09	215,58	1,67	28,02	6 11
7	176,32	1,41	20,45	139,39	1,13	16,40	7	155,69	1,40	20,22	218,40	1,95	28,20	7 13
8	178,37	1,62	20,57	141,03	1,30	16,49	8	157,72	1,60	20,35	221,22	2,23	28,38	8 14
9	180,43	1,82	20,68	142,68	1,46	16,58	9	159,76	1,80	20,47	224,07	2,51	28,56	9 16
14,0	182,51	2,14	20,79	144,35	1,71	16,67	14,0	161,81	2,13	20,60	226,94	2,97	28,74	
1	184,59	21	20,90	146,02	17	16,76	1	163,88	21	20,73	229,82	30	28,92	
2	186,69	43	21,02	147,70	35	16,85	2	165,96	43	20,86	232,72	59	29,10	
3	188,80	64	21,13	149,39	51	16,94	3	168,05	64	20,99	235,64	89	29,28	
4	190,91	86	21,24	151,08	68	17,03	4	170,16	85	21,12	238,58	1,19	29,46	
14,5	193,05	1,07	21,35	152,79	86	17,12	14,5	172,27	1,07	21,25	241,53	1,49	29,64	
6	195,18	1,28	21,47	154,51	1,03	17,21	6	174,40	1,28	21,38	244,50	1,78	29,82	
7	197,34	1,50	21,58	156,23	1,22	17,30	7	176,55	1,49	21,50	247,50	2,08	30,00	
8	199,50	1,71	21,69	157,97	1,37	17,39	8	178,71	1,70	21,63	250,50	2,38	30,18	
9	201,67	1,93	21,80	159,71	1,55	17,48	9	180,88	1,92	21,76	253,53	2,67	30,36	
		ΔL.	11			9			ΔL.	13			18	p.p(L)

Table headers (diagrams): left group **c D p** — centre **0,12** — right group **c R P**

Left block (under *c D p*):

d	D	p·p	L	D	p·p	R	L
0,0	1,69	57	5,11	0,00		0,66	3,66
1	2,21	06	5,23	0,08		0,32	3,81
2	2,74	11	5,34	0,27		0,12	3,90
3	3,28	17	5,45	0,55		0,02	3,99
4	3,83	23	5,57	0,94			4,08
0,5	4,39	29	5,68	1,36			4,17
6	4,96	34	5,79	1,80			4,55
7	5,55	40	5,91	2,26			4,65
8	6,15	46	6,02	2,73			4,73
9	6,75	51	6,13	3,21			4,82
1,0	7,37	68	6,25	3,70	51		4,91
1	8,00	07	6,36	4,19	05		5,00
2	8,65	14	6,48	4,70	11		5,09
3	9,30	20	6,59	5,21	16		5,18
4	9,96	27	6,70	5,73	22		5,27
1,5	10,64	34	6,82	6,26	27		5,36
6	11,33	41	6,93	6,80	32		5,45
7	12,03	48	7,04	7,35	38		5,55
8	12,74	54	7,16	7,91	43		5,63
9	13,46	61	7,27	8,48	49		5,71
2,0	14,19	80	7,38	9,05	62		5,80
1	14,93	08	7,50	9,64	06		5,89
2	15,69	16	7,61	10,23	12		5,98
3	16,46	24	7,73	10,83	19		6,07
4	17,23	32	7,84	11,45	25		6,16
2,5	18,02	40	7,95	12,07	31		6,25
6	18,82	48	8,07	12,70	37		6,34
7	19,64	56	8,18	13,33	43		6,43
8	20,46	64	8,29	13,98	50		6,52
9	21,30	72	8,41	14,64	56		6,61
3,0	22,14	91	8,52	15,30	71		6,70
1	23,00	09	8,63	15,98	07		6,79
2	23,87	18	8,75	16,66	14		6,88
3	24,75	27	8,86	17,35	21		6,96
4	25,64	36	8,97	18,05	28		7,05
3,5	26,54	46	9,09	18,76	36		7,14
6	27,46	55	9,20	19,48	43		7,23
7	28,38	64	9,32	20,21	50		7,32
8	29,32	73	9,43	20,94	57		7,41
9	30,27	82	9,54	21,69	64		7,50
4,0	31,23	1,02	9,66	22,45	80		7,59
1	32,20	10	9,77	23,21	08		7,68
2	33,18	20	9,88	23,98	16		7,77
3	34,18	31	10,00	24,76	24		7,85
4	35,18	41	10,11	25,55	32		7,95
4,5	36,20	51	10,22	26,35	40		8,05
6	37,23	61	10,34	27,16	48		8,13
7	38,27	71	10,45	27,98	56		8,21
8	39,32	82	10,57	28,80	64		8,30
9	40,38	92	10,68	29,64	72		8,39
		ΔL	11				9

Right block (under *c R P*):

r	D	R	p·p	L	D	R	p·p	L	p·p(L)
0,0	1,70	0,00		5,11		0,66	46	3,66	9
1	1,23	0,04		5,00		1,03	05	3,84	1 – 01
2	0,86	0,17		4,89		1,43	09	4,02	2 – 02
3	0,59	0,38		4,77		1,85	14	4,21	3 – 03
4	0,36	0,66		4,28		2,37	18	4,39	4 – 04
0,5	0,24	0,97		4,17		2,72	23	4,57	5 – 05
6	0,15	1,29		4,06		3,18	28	4,76	6 – 05
7	0,08	1,61		3,94		3,67	32	4,91	7 – 06
8	0,02	1,95		3,83		4,17	37	5,12	8 – 07
9		2,35		3,69		4,69	41	5,30	9 – 08
1,0		2,72	45	3,81		5,23	65	5,49	11
1		3,11	05	3,94		5,79	06	5,67	1 – 01
2		3,51	09	4,07		6,37	13	5,85	2 – 02
3		3,92	14	4,19		6,96	19	6,04	3 – 03
4		4,35	18	4,32		7,57	26	6,22	4 – 04
1,5		4,79	23	4,45		8,20	32	6,40	5 – 06
6		5,24	27	4,58		8,85	38	6,58	6 – 07
7		5,70	32	4,70		9,52	45	6,77	7 – 08
8		6,18	36	4,83		10,21	51	6,95	8 – 09
9		6,67	41	4,96		10,91	58	7,13	9 – 10
2,0		7,17	57	5,08		11,63	83	7,32	13
1		7,68	06	5,21		12,38	08	7,50	1 – 01
2		8,11	11	5,34		13,13	17	7,68	2 – 03
3		8,65	17	5,47		13,91	25	7,87	3 – 04
4		9,21	23	5,59		14,71	33	8,05	4 – 05
2,5		9,87	29	5,72		15,52	42	8,23	5 – 07
6		10,35	34	5,85		16,35	50	8,41	6 – 08
7		10,94	40	5,97		17,20	58	8,60	7 – 09
8		11,54	46	6,10		18,07	66	8,78	8 – 10
9		12,26	51	6,23		18,96	75	8,96	9 – 12
3,0		12,89	70	6,36		19,87	1,01	9,15	18
1		13,53	07	6,48		20,79	10	9,33	1 – 02
2		14,19	14	6,61		21,73	20	9,51	2 – 04
3		14,85	21	6,74		22,69	30	9,69	3 – 05
4		15,53	28	6,85		23,67	40	9,88	4 – 07
3,5		16,23	35	6,99		24,67	51	10,06	5 – 09
6		16,93	42	7,12		25,68	61	10,24	6 – 11
7		17,65	49	7,25		26,72	71	10,43	7 – 13
8		18,38	56	7,37		27,77	81	10,61	8 – 14
9		19,12	63	7,50		28,84	91	10,79	9 – 16
4,0		19,88	83	7,63		29,93	1,19	10,97	
1		20,65	08	7,75		31,03	12	11,16	
2		21,43	17	7,88		32,16	24	11,34	
3		22,23	25	8,01		33,30	36	11,52	
4		23,03	33	8,13		34,46	48	11,71	
4,5		23,85	42	8,26		35,64	60	11,89	
6		24,69	50	8,39		36,84	71	12,07	
7		25,53	58	8,52		38,06	83	12,25	
8		26,39	66	8,64		39,29	95	12,44	
9		27,26	75	8,77		40,54	1,07	12,62	
			ΔL	13				18	

Header symbols across the top of the table: **e / D / P** (first group), **0,12**, **e / R / P** (second group).

d	D	p.p	L	D	p.p	L	r	R	p.p	L	R	p.p	L	p.p(L)
5,0	41,46	1,15	10,79	30,48	89	8,48	5,0	28,15	95	8,90	41,82	1,33	12,80	9
1	42,55	11	10,91	31,35	09	8,57	1	29,05	10	9,03	43,11	14	12,99	01
2	43,64	23	11,02	32,20	18	8,66	2	29,95	19	9,15	44,42	28	13,17	02
3	44,75	35	11,14	33,07	27	8,75	3	30,87	29	9,28	45,74	41	13,35	03
4	45,87	46	11,25	33,95	36	8,84	4	31,81	38	9,41	47,09	55	13,54	04
5,5	47,00	57	11,36	34,84	45	8,93	5,5	32,75	48	9,53	48,45	69	13,72	05
6	48,14	68	11,48	35,74	53	9,02	6	33,71	57	9,66	49,83	83	13,90	05
7	49,30	80	11,59	36,64	62	9,11	7	34,68	67	9,79	51,23	97	14,09	06
8	50,46	91	11,70	37,56	71	9,20	8	35,67	76	9,92	52,65	1,10	14,27	07
9	51,64	1,03	11,82	38,48	80	9,29	9	36,67	86	10,04	54,08	1,24	14,45	08
6,0	52,82	1,25	11,93	39,41	98	9,38	6,0	37,68	1,08	10,17	55,54	1,56	14,63	11
1	54,02	13	12,04	40,36	10	9,47	1	38,70	11	10,30	57,01	16	14,82	01
2	55,23	25	12,16	41,31	20	9,55	2	39,74	22	10,42	58,50	31	15,00	02
3	56,45	38	12,27	42,27	29	9,64	3	40,79	32	10,55	60,01	47	15,18	03
4	57,69	50	12,38	43,24	39	9,73	4	41,85	43	10,68	61,54	62	15,37	04
6,5	58,93	63	12,50	44,21	49	9,82	6,5	42,92	54	10,80	63,08	78	15,55	06
6	60,19	75	12,61	45,20	59	9,91	6	44,01	65	10,93	64,65	94	15,73	07
7	61,45	88	12,73	46,20	69	10,00	7	45,11	76	11,06	66,23	1,09	15,91	08
8	62,73	1,00	12,84	47,20	78	10,09	8	46,22	85	11,19	67,83	1,25	16,10	09
9	64,02	1,13	12,95	48,22	88	10,18	9	47,34	97	11,31	69,45	1,40	16,28	10
7,0	65,32	1,36	13,07	49,24	1,07	10,27	7,0	48,48	1,21	11,44	71,09	1,75	16,46	13
1	66,64	14	13,18	50,27	11	10,36	1	49,63	12	11,57	72,75	17	16,65	01
2	67,96	27	13,29	51,31	21	10,45	2	50,80	24	11,69	74,42	35	16,83	03
3	69,29	41	13,41	52,36	32	10,54	3	51,97	36	11,81	76,11	52	17,01	04
4	70,64	54	13,52	53,42	43	10,63	4	53,16	48	11,95	77,82	70	17,19	05
7,5	72,00	68	13,63	54,48	54	10,72	7,5	54,35	61	12,08	79,55	87	17,38	07
6	73,37	82	13,75	55,56	65	10,81	6	55,58	73	12,20	81,29	1,05	17,56	08
7	74,75	95	13,86	56,64	75	10,89	7	56,80	85	12,33	83,06	1,22	17,74	09
8	76,14	1,09	13,98	57,74	86	10,98	8	58,04	97	12,46	84,85	1,39	17,93	10
9	77,54	1,22	14,09	58,84	96	11,07	9	59,29	1,09	12,58	86,65	1,57	18,11	12
8,0	78,96	1,48	14,20	59,95	1,16	11,16	8,0	60,56	1,35	12,71	88,46	1,92	18,29	18
1	80,38	15	14,32	61,07	12	11,25	1	61,85	13	12,85	90,30	19	18,47	02
2	81,82	30	14,43	62,20	23	11,34	2	63,13	27	12,97	92,16	38	18,66	04
3	83,27	44	14,55	63,34	35	11,43	3	64,43	40	13,09	94,03	58	18,84	05
4	84,73	59	14,66	64,49	46	11,52	4	65,75	54	13,22	95,93	77	19,02	07
8,5	86,20	74	14,77	65,65	58	11,61	8,5	67,07	67	13,35	97,85	95	19,21	09
6	87,68	89	14,88	66,81	70	11,70	6	68,41	80	13,47	99,77	1,15	19,39	11
7	89,18	1,04	15,00	67,99	81	11,79	7	69,77	95	13,60	101,72	1,34	19,57	13
8	90,68	1,18	15,11	69,17	93	11,88	8	71,13	1,07	13,73	103,68	1,54	19,76	14
9	92,20	1,33	15,22	70,36	1,04	11,97	9	72,51	1,21	13,86	105,67	1,73	19,94	16
9,0	93,73	1,59	15,34	71,56	1,25	12,06	9,0	73,91	1,66	13,98	107,67	2,11	20,12	
1	95,27	16	15,45	72,77	13	12,15	1	75,31	15	14,11	109,69	21	20,30	
2	96,82	32	15,57	73,99	25	12,23	2	76,73	29	14,24	111,73	42	20,49	
3	98,38	48	15,68	75,22	38	12,32	3	78,16	45	14,36	113,79	63	20,67	
4	99,95	64	15,79	76,46	50	12,41	4	79,60	58	14,49	115,87	85	20,85	
9,5	101,55	80	15,91	77,70	63	12,50	9,5	81,06	73	14,62	117,96	1,06	21,05	
6	103,15	95	16,02	78,96	75	12,59	6	82,52	88	14,75	120,07	1,27	21,22	
7	104,75	1,11	16,13	80,22	88	12,68	7	84,00	1,02	14,87	122,20	1,48	21,40	
8	106,36	1,27	16,25	81,49	1,00	12,77	8	85,50	1,17	15,00	124,35	1,69	21,58	
9	107,99	1,43	16,36	82,77	1,13	12,86	9	87,00	1,31	15,13	126,52	1,90	21,77	
		ΔL	11			9			ΔL	13			18	

Central label over the table: **0,12**

Column group symbols (with geometric diagrams): **c — D — p** (left) and **c — R — p** (right).

d	D	p.p	L	D	p.p	L	r	R	p.p	L	R	p.p	L
10,0	109,63	1,70	16,47	84,05	1,31	12,95	10,0	88,53	1,59	15,25	128,71	2,29	21,95
1	111,28	17	16,59	85,35	13	13,04	1	90,06	16	15,38	130,91	23	22,13
2	112,95	34	16,70	86,66	27	13,13	2	91,60	32	15,51	133,13	46	22,32
3	114,62	51	16,82	87,97	40	13,21	3	93,16	48	15,64	135,38	69	22,50
4	116,31	68	16,93	89,30	54	13,30	4	94,73	64	15,76	137,63	92	22,68
10,5	118,01	85	17,04	90,64	67	13,39	10,5	96,31	80	15,89	139,91	1,15	22,87
6	119,72	1,02	17,16	91,98	80	13,48	6	97,91	95	16,02	142,21	1,37	23,05
7	121,45	1,19	17,27	93,33	94	13,57	7	99,53	1,11	16,14	144,52	1,60	23,23
8	123,17	1,36	17,38	94,69	1,07	13,66	8	101,14	1,27	16,27	146,85	1,83	23,41
9	124,92	1,53	17,50	96,07	1,21	13,75	9	102,77	1,43	16,40	149,20	2,06	23,60
11,0	126,67	1,82	17,61	97,44	1,43	13,84	11,0	104,42	1,72	16,53	151,57	2,47	23,78
1	128,44	18	17,72	98,83	14	13,93	1	106,08	17	16,65	153,96	25	23,96
2	130,22	36	17,84	100,23	29	14,02	2	107,75	34	16,78	156,37	49	24,15
3	132,00	55	17,95	101,64	43	14,11	3	109,43	52	16,91	158,79	74	24,33
4	133,81	73	18,06	103,05	57	14,20	4	111,13	69	17,03	161,23	99	24,51
11,5	135,62	91	18,18	104,47	72	14,29	11,5	112,84	86	17,16	163,69	1,24	24,69
6	137,44	1,09	18,29	105,91	86	14,38	6	114,56	1,03	17,29	166,17	1,48	24,88
7	139,28	1,27	18,41	107,35	1,00	14,46	7	116,30	1,20	17,42	168,67	1,73	25,06
8	141,12	1,46	18,52	108,80	1,14	14,55	8	118,04	1,38	17,55	171,18	1,98	25,24
9	142,98	1,64	18,63	110,26	1,29	14,64	9	119,80	1,55	17,67	173,72	2,22	25,43
12,0	144,85	1,93	18,75	111,73	1,52	14,73	12,0	121,53	1,84	17,80	176,27	2,66	25,61
1	146,73	19	18,86	113,21	15	14,82	1	123,36	18	17,92	178,85	27	25,79
2	148,62	39	18,97	114,69	30	14,91	2	125,16	37	18,05	181,43	53	25,98
3	150,52	58	19,09	116,19	46	15,00	3	126,97	55	18,18	184,03	80	26,16
4	152,44	77	19,20	117,69	61	15,09	4	128,80	74	18,30	186,66	1,06	26,34
12,5	154,36	97	19,31	119,21	76	15,18	12,5	130,63	92	18,43	189,30	1,33	26,52
6	156,30	1,16	19,43	120,73	91	15,27	6	132,48	1,10	18,56	191,96	1,60	26,71
7	158,25	1,35	19,54	122,26	1,06	15,36	7	134,35	1,29	18,69	194,64	1,86	26,89
8	160,21	1,54	19,66	123,80	1,22	15,45	8	136,22	1,47	18,81	197,34	2,13	27,07
9	162,18	1,74	19,77	125,35	1,37	15,54	9	138,11	1,66	18,94	200,06	2,39	27,26
13,0	164,16	2,05	19,88	126,91	1,61	15,63	13,0	140,01	1,97	19,07	202,79	2,84	27,44
1	166,16	21	20,00	128,47	16	15,71	1	141,92	20	19,19	205,54	28	27,62
2	168,16	41	20,11	130,05	32	15,80	2	143,85	39	19,32	208,32	57	27,80
3	170,18	62	20,22	131,63	48	15,89	3	145,79	59	19,45	211,11	85	27,99
4	172,21	82	20,34	133,23	64	15,98	4	147,74	79	19,58	213,91	1,14	28,17
13,5	174,25	1,03	20,45	134,83	81	16,07	13,5	149,70	99	19,70	216,74	1,42	28,35
6	176,30	1,23	20,56	136,44	97	16,16	6	151,68	1,18	19,83	219,58	1,70	28,54
7	178,36	1,44	20,68	138,06	1,13	16,25	7	153,67	1,38	19,96	222,45	1,99	28,72
8	180,43	1,64	20,79	139,69	1,29	16,34	8	155,67	1,58	20,08	225,33	2,27	28,90
9	182,52	1,85	20,90	141,33	1,45	16,43	9	157,69	1,77	20,21	228,23	2,56	29,08
14,0	184,61	2,16	21,02	142,98	1,70	16,52	14,0	159,71	2,10	20,34	231,14	3,02	29,27
1	186,72	22	21,13	144,63	17	16,61	1	161,75	21	20,47	234,08	30	29,45
2	188,84	43	21,25	146,30	34	16,70	2	163,81	42	20,59	237,03	60	29,63
3	190,97	65	21,36	147,97	51	16,79	3	165,87	63	20,72	240,01	91	29,82
4	193,11	86	21,47	149,66	68	16,88	4	167,95	84	20,85	243,00	1,21	30,00
14,5	195,26	1,08	21,59	151,35	85	16,96	14,5	170,05	1,05	20,97	246,01	1,51	30,18
6	197,43	1,30	21,70	153,05	1,02	17,05	6	172,15	1,26	21,10	249,03	1,81	30,36
7	199,60	1,51	21,81	154,76	1,19	17,14	7	174,26	1,47	21,23	252,08	2,11	30,55
8	201,79	1,73	21,93	156,48	1,36	17,23	8	176,39	1,68	21,36	255,14	2,42	30,73
9	203,99	1,94	22,04	158,21	1,53	17,32	9	178,53	1,89	21,48	258,23	2,72	30,91
	ΔL	11				9		ΔL	13				18

p.p(L.) — proportional parts for the differences ΔL:

ΔL = 9		ΔL = 11		ΔL = 13		ΔL = 18	
1	01	1	01	1	01	1	02
2	02	2	02	2	03	2	04
3	03	3	03	3	04	3	05
4	04	4	04	4	05	4	07
5	05	5	06	5	07	5	09
6	05	6	07	6	08	6	11
7	06	7	08	7	09	7	13
8	07	8	09	8	10	8	14
9	08	9	10	9	12	9	16

(4o)

0,13

Column groups (with the small diagrams printed in the head):
c · D · p → d | D | p.p | L · **p** → D | p.p | R | L · **c · h** → r | D | R | p.p | L · **p** → D | R | p.p | L · p.p(L)

d	D	p.p	L	D	p.p	R	L	r	D	R	p.p	L	D	R	p.p	L
0,0	1,83	58	5,17	0,00		0,73	3,73	0,0	1,83	0,00		5,17		0,73	47	3,73
1	2,35	06	5,29	0,06		0,37	3,78	1	1,35	0,05		5,06		1,11	05	3,91
2	2,88	12	5,40	0,23		0,16	3,87	2	0,97	0,15		4,96		1,51	09	4,10
3	3,43	17	5,51	0,50		0,04	3,96	3	0,67	0,35		4,83		1,93	14	4,29
4	3,99	23	5,63	0,83			4,04	4	0,50	0,62		4,33		2,37	19	4,47
0,5	4,56	29	5,75	1,26			4,13	0,5	0,28	0,92		4,22		2,82	24	4,66
6	5,14	35	5,86	1,70			4,51	6	0,18	1,24		4,10		3,30	28	4,84
7	5,73	41	5,98	2,15			4,60	7	0,10	1,56		3,99		3,79	33	5,03
8	6,33	46	6,09	2,62			4,69	8	0,05	1,83		3,87		4,31	38	5,22
9	6,95	52	6,21	3,09			4,78	9		2,28		3,65		4,85	42	5,40
1,0	7,57	69	6,32	3,57	53		4,87	1,0		2,65	45	3,77		5,39	66	5,59
1	8,21	07	6,44	4,07	05		4,96	1		3,03	05	3,89		5,93	07	5,78
2	8,86	14	6,55	4,57	11		5,04	2		3,43	09	4,02		6,54	13	5,96
3	9,52	21	6,67	5,07	16		5,13	3		3,83	13	4,14		7,15	20	6,15
4	10,19	28	6,78	5,59	21		5,23	4		4,26	18	4,27		7,77	26	6,33
1,5	10,88	33	6,90	6,12	27		5,31	1,5		4,69	22	4,39		8,41	33	6,52
6	11,57	41	7,01	6,65	32		5,40	6		5,13	26	4,52		9,08	40	6,71
7	12,28	48	7,13	7,20	37		5,49	7		5,59	31	4,64		9,76	46	6,89
8	13,00	55	7,24	7,75	42		5,58	8		6,06	35	4,77		10,45	53	7,08
9	13,73	62	7,36	8,31	48		5,66	9		6,55	40	4,90		11,17	59	7,27
2,0	14,47	81	7,47	8,88	62		5,75	2,0		7,04	57	5,02		11,91	84	7,45
1	15,22	08	7,59	9,46	06		5,84	1		7,55	06	5,15		12,66	08	7,64
2	15,98	16	7,70	10,05	12		5,93	2		8,07	11	5,27		13,44	17	7,83
3	16,76	24	7,82	10,65	19		6,00	3		8,60	17	5,40		14,23	25	8,01
4	17,55	32	7,93	11,26	25		6,11	4		9,15	23	5,52		15,04	34	8,20
2,5	18,35	41	8,04	11,87	31		6,19	2,5		9,71	29	5,65		15,87	42	8,38
6	19,16	49	8,16	12,50	37		6,28	6		10,28	35	5,77		16,71	50	8,57
7	19,98	57	8,27	13,13	43		6,37	7		10,86	40	5,90		17,58	59	8,76
8	20,81	65	8,39	13,77	50		6,46	8		11,46	46	6,02		18,47	67	8,95
9	21,66	73	8,50	14,42	56		6,55	9		12,07	51	6,15		19,37	76	9,13
3,0	22,51	92	8,62	15,08	71		6,64	3,0		12,69	69	6,28		20,29	103	9,32
1	23,38	09	8,73	15,75	07		6,73	1		13,31	07	6,40		21,23	10	9,50
2	24,26	18	8,85	16,42	14		6,81	2		13,97	14	6,53		22,19	21	9,69
3	25,15	28	8,96	17,11	21		6,90	3		14,63	21	6,65		23,17	31	9,87
4	26,05	37	9,08	17,81	28		6,99	4		15,30	28	6,78		24,17	41	10,06
3,5	26,97	46	9,19	18,51	36		7,08	3,5		15,98	35	6,90		25,18	52	10,25
6	27,89	55	9,31	19,22	43		7,17	6		16,68	41	7,03		26,22	62	10,43
7	28,83	64	9,42	19,94	50		7,26	7		17,39	48	7,15		27,27	72	10,62
8	29,78	74	9,54	20,67	57		7,35	8		18,11	55	7,28		28,34	82	10,81
9	30,74	83	9,65	21,41	64		7,43	9		18,84	62	7,41		29,43	93	10,99
4,0	31,71	104	9,77	22,16	80		7,52	4,0		19,59	82	7,53		30,55	122	11,18
1	32,69	10	9,88	22,92	08		7,61	1		20,35	08	7,66		31,67	12	11,37
2	33,68	21	10,00	23,68	16		7,70	2		21,12	16	7,78		32,81	25	11,55
3	34,69	31	10,11	24,46	24		7,79	3		21,91	25	7,91		33,98	37	11,74
4	35,71	42	10,23	25,24	32		7,88	4		22,70	33	8,03		35,16	49	11,92
4,5	36,74	52	10,35	26,03	40		7,96	4,5		23,51	41	8,16		36,36	61	12,11
6	37,78	62	10,46	26,83	48		8,05	6		24,33	49	8,28		37,58	73	12,30
7	38,83	73	10,57	27,64	56		8,14	7		25,17	57	8,41		38,82	85	12,48
8	39,89	83	10,69	28,46	64		8,23	8		26,02	66	8,53		40,08	98	12,67
9	40,97	94	10,80	29,29	72		8,32	9		26,83	74	8,66		41,35	110	12,86
	ΔL	11			9				ΔL	13				19		

p.p(L):

	9		11		13		19
1	01	1	01	1	01	1	02
2	02	2	02	2	03	2	04
3	03	3	03	3	04	3	06
4	04	4	04	4	05	4	08
5	05	5	06	5	07	5	10
6	05	6	07	6	08	6	11
7	06	7	08	7	09	7	13
8	07	8	09	8	10	8	15
9	08	9	10	9	12	9	17

Top of table (column-group symbols): **c ⟍⟋ D**   **p ⟋⟍**   **0,13**   **c ↓↓ R**   **P ⟋⟍**

d	D	p.p	L	D	p.f	L	r	R	p.p	L	R	p.p	L	p.p(L)
5,0	42,05	1,15	10,92	30,12	88	8,41	5,0	27,75	95	8,79	42,65	1,40	13,05	9
1	43,15	12	11,03	30,97	09	8,50	1	28,65	09	8,91	43,97	14	13,23	1 01
2	44,26	23	11,15	31,82	18	8,58	2	29,55	19	9,04	45,30	28	13,42	2 02
3	45,38	35	11,26	32,68	26	8,67	3	30,45	28	9,16	46,65	42	13,60	3 03
4	46,51	46	11,38	33,56	35	8,76	4	31,37	38	9,29	48,02	56	13,79	4 04
5,5	47,65	58	11,49	34,44	44	8,85	5,5	32,30	47	9,41	49,41	70	13,98	5 05
6	48,81	69	11,61	35,33	53	8,94	6	33,25	56	9,55	50,81	84	14,16	6 05
7	49,97	81	11,72	36,22	62	9,03	7	34,21	66	9,67	52,25	98	14,35	7 06
8	51,15	92	11,84	37,13	70	9,12	8	35,18	75	9,79	53,68	1,12	14,53	8 07
9	52,35	1,04	11,95	38,05	79	9,20	9	36,17	85	9,92	55,15	1,26	14,72	9 08
6,0	53,55	1,26	12,07	38,97	97	9,29	6,0	37,17	1,07	10,04	56,63	1,59	14,91	11
1	54,75	13	12,18	39,91	10	9,38	1	38,18	11	10,17	58,13	16	15,09	1 01
2	55,98	25	12,30	40,85	19	9,47	2	39,20	21	10,29	59,65	32	15,28	2 02
3	57,21	38	12,41	41,80	29	9,56	3	40,25	32	10,42	61,18	48	15,47	3 03
4	58,46	50	12,53	42,76	39	9,65	4	41,28	43	10,55	62,75	64	15,65	4 04
6,5	59,72	63	12,64	43,73	49	9,73	6,5	42,35	55	10,67	64,31	80	15,85	5 06
6	60,99	76	12,76	44,71	58	9,82	6	43,42	65	10,79	65,91	95	16,02	6 07
7	62,27	88	12,87	45,69	68	9,91	7	44,50	75	10,92	67,52	1,11	16,21	7 08
8	63,56	1,01	12,99	46,69	78	10,00	8	45,60	86	11,05	69,15	1,27	16,40	8 09
9	64,87	1,13	13,10	47,69	87	10,09	9	46,71	96	11,17	70,80	1,43	16,58	9 10
7,0	66,18	1,38	13,22	48,71	1,06	10,18	7,0	47,85	1,19	11,30	72,47	1,77	16,77	13
1	67,51	14	13,33	49,73	11	10,27	1	48,97	12	11,42	74,15	18	16,96	1 01
2	68,85	28	13,45	50,76	21	10,35	2	50,12	24	11,55	75,86	35	17,14	2 03
3	70,20	41	13,56	51,80	32	10,44	3	51,28	36	11,67	77,58	53	17,33	3 05
4	71,56	55	13,68	52,85	42	10,53	4	52,45	48	11,80	79,32	71	17,51	4 05
7,5	72,93	69	13,79	53,91	53	10,62	7,5	53,65	60	11,92	81,08	89	17,70	5 07
6	74,32	83	13,91	54,97	64	10,71	6	54,85	71	12,05	82,86	1,06	17,89	6 08
7	75,71	97	14,02	56,05	74	10,80	7	56,05	83	12,18	84,66	1,24	18,07	7 09
8	77,12	1,10	14,15	57,13	85	10,89	8	57,27	95	12,30	86,48	1,42	18,26	8 10
9	78,55	1,24	14,25	58,22	95	10,97	9	58,51	1,07	12,43	88,31	1,59	18,45	9 12
8,0	79,97	1,49	14,37	59,33	1,15	11,06	8,0	59,76	1,32	12,55	90,17	1,96	18,63	19
1	81,41	15	14,48	60,44	12	11,15	1	61,02	13	12,68	92,05	20	18,82	1 02
2	82,87	30	14,59	61,56	23	11,24	2	62,29	26	12,80	93,93	39	19,01	2 05
3	84,33	45	14,71	62,68	35	11,33	3	63,58	40	12,93	95,85	59	19,19	3 06
4	85,81	60	14,82	63,81	46	11,42	4	64,88	53	13,05	97,77	78	19,38	4 08
8,5	87,32	75	14,94	64,97	58	11,50	8,5	66,19	66	13,18	99,72	98	19,56	5 10
6	88,83	89	15,05	66,12	69	11,59	6	67,52	79	13,30	101,68	1,17	19,75	6 11
7	90,31	1,05	15,17	67,29	81	11,68	7	68,85	92	13,43	103,67	1,37	19,94	7 13
8	91,83	1,19	15,28	68,46	92	11,77	8	70,20	1,06	13,56	105,67	1,57	20,12	8 15
9	93,37	1,34	15,40	69,64	1,04	11,86	9	71,56	1,19	13,68	107,69	1,76	20,31	9 17
9,0	94,91	1,61	15,51	70,83	1,24	11,95	9,0	72,95	1,45	13,81	109,73	2,15	20,50	
1	96,47	16	15,63	72,03	12	12,05	1	74,33	15	13,93	111,79	22	20,68	
2	98,05	32	15,75	73,24	25	12,12	2	75,72	29	14,06	113,87	43	20,87	
3	99,62	48	15,86	74,45	37	12,21	3	77,14	43	14,18	115,96	65	21,05	
4	101,21	65	15,97	75,68	50	12,30	4	78,56	58	14,31	118,08	86	21,24	
9,5	102,81	81	16,09	76,92	62	12,39	9,5	80,00	72	14,43	120,21	1,08	21,43	
6	104,43	97	16,20	78,16	74	12,48	6	81,45	86	14,56	122,36	1,29	21,61	
7	106,05	1,13	16,32	79,41	87	12,57	7	82,91	1,01	14,69	124,53	1,51	21,80	
8	107,69	1,29	16,43	80,67	99	12,66	8	84,39	1,15	14,81	126,72	1,72	21,99	
9	109,34	1,45	16,55	81,94	1,12	12,75	9	85,87	1,30	14,94	128,93	1,94	22,17	
	ΔL	11				9			ΔL	13			19	

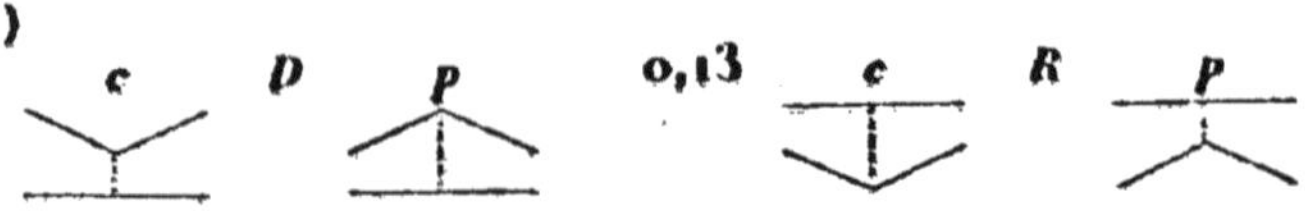

d	D	p.p	L.	D	p.p	L.	r	R	p.p	L.	R	p.p	L.	p.p(L.)	
10,0	111,00	1,72	16,66	83,22	1,33	12,83	10,0	87,38	1,57	15,06	131,16	2,33	22,36		9
1	112,67	17	16,78	84,51	13	12,92	1	88,89	16	15,19	133,41	23	22,55	1	01
2	114,35	34	16,89	85,80	27	13,01	2	90,42	31	15,31	135,67	47	22,73	2	02
3	116,05	52	17,01	87,11	40	13,10	3	91,95	47	15,44	137,95	70	22,92	3	03
4	117,76	69	17,12	88,42	53	13,19	4	93,50	63	15,56	140,25	93	23,11	4	04
10,5	119,47	86	17,24	89,75	67	13,27	10,5	95,07	79	15,69	142,57	1,17	23,29	5	05
6	121,20	1,03	17,35	91,08	80	13,36	6	96,64	94	15,82	144,91	1,40	23,48	6	05
7	122,94	1,20	17,47	92,42	93	13,45	7	98,23	1,10	15,94	147,27	1,63	23,66	7	06
8	124,70	1,38	17,58	93,77	1,06	13,54	8	99,83	1,26	16,07	149,65	1,86	23,85	8	07
9	126,46	1,55	17,70	95,13	1,20	13,63	9	101,44	1,41	16,19	152,04	2,10	24,04	9	08
11,0	128,24	1,84	17,81	96,49	1,42	13,72	11,0	103,07	1,70	16,32	154,45	2,52	24,22		11
1	130,02	18	17,93	97,87	14	13,81	1	104,71	17	16,44	156,88	25	24,41	1	01
2	131,82	37	18,04	99,26	28	13,89	2	106,36	34	16,57	159,33	50	24,60	2	02
3	133,63	55	18,16	100,65	43	13,98	3	108,02	51	16,69	161,80	76	24,78	3	03
4	135,45	74	18,27	102,05	57	14,07	4	109,70	68	16,82	164,29	1,01	24,97	4	04
11,5	137,28	92	18,39	103,46	71	14,16	11,5	111,38	85	16,95	166,80	1,26	25,15	5	06
6	139,13	1,10	18,50	104,89	85	14,25	6	113,09	1,02	17,07	169,32	1,51	25,34	6	07
7	140,98	1,29	18,62	106,31	99	14,34	7	114,80	1,19	17,20	171,87	1,76	25,53	7	08
8	142,85	1,47	18,73	107,75	1,14	14,42	8	116,52	1,36	17,32	174,43	2,02	25,71	8	09
9	144,73	1,66	18,85	109,20	1,28	14,51	9	118,25	1,53	17,45	177,01	2,27	25,90	9	10
12,0	146,62	1,95	18,96	110,66	1,50	14,60	12,0	120,01	1,82	17,57	179,61	2,71	26,09		13
1	148,52	20	19,08	112,12	15	14,69	1	121,78	18	17,70	182,23	27	26,27	1	01
2	150,44	39	19,19	113,59	30	14,78	2	123,55	36	17,82	184,86	54	26,46	2	03
3	152,36	59	19,31	115,08	45	14,87	3	125,34	55	17,95	187,52	81	26,65	3	04
4	154,30	78	19,42	116,57	60	14,96	4	127,14	73	18,07	190,19	1,08	26,83	4	05
12,5	156,24	98	19,54	118,07	75	15,04	12,5	128,96	91	18,20	192,88	1,36	27,02	5	07
6	158,20	1,17	19,65	119,58	90	15,13	6	130,78	1,09	18,33	195,59	1,63	27,20	6	08
7	160,17	1,37	19,77	121,09	1,05	15,22	7	132,62	1,27	18,45	198,32	1,90	27,39	7	09
8	162,16	1,56	19,88	122,62	1,20	15,31	8	134,47	1,46	18,58	201,07	2,17	27,58	8	10
9	164,15	1,76	20,00	124,15	1,35	15,40	9	136,34	1,64	18,70	203,84	2,44	27,76	9	12
13,0	166,16	2,07	20,11	125,70	1,59	15,49	13,0	138,21	1,95	18,83	206,63	2,89	27,95		19
1	168,17	21	20,23	127,25	16	15,58	1	140,10	20	18,95	209,43	29	28,14	1	02
2	170,20	41	20,34	128,81	32	15,66	2	142,00	39	19,08	212,25	58	28,32	2	04
3	172,24	62	20,45	130,38	48	15,75	3	143,92	59	19,20	215,09	87	28,51	3	06
4	174,29	83	20,57	131,96	64	15,84	4	145,85	78	19,33	217,95	1,16	28,69	4	08
13,5	176,35	1,04	20,68	133,55	80	15,93	13,5	147,78	98	19,46	220,83	1,45	28,88	5	10
6	178,43	1,24	20,80	135,15	95	16,02	6	149,74	1,17	19,58	223,73	1,73	29,07	6	11
7	180,51	1,45	20,91	136,76	1,11	16,11	7	151,70	1,37	19,71	226,65	2,02	29,25	7	13
8	182,61	1,66	21,03	138,37	1,27	16,19	8	153,68	1,56	19,83	229,58	2,31	29,44	8	15
9	184,72	1,86	21,14	140,00	1,43	16,28	9	155,67	1,76	19,96	232,53	2,60	29,63	9	17
14,0	186,84	2,18	21,26	141,63	1,68	16,37	14,0	157,67	2,07	20,08	235,51	3,08	29,81		
1	188,97	22	21,37	143,27	17	16,46	1	159,68	21	20,21	238,50	31	30,00		
2	191,12	44	21,49	144,92	34	16,55	2	161,71	41	20,33	241,51	62	30,18		
3	193,27	65	21,60	146,58	50	16,64	3	163,75	62	20,46	244,53	92	30,37		
4	195,44	87	21,72	148,25	67	16,73	4	165,80	83	20,59	247,58	1,23	30,56		
14,5	197,61	1,09	21,83	149,92	84	16,81	14,5	167,87	1,04	20,71	250,65	1,54	30,74		
6	199,80	1,31	21,95	151,61	1,01	16,90	6	169,94	1,24	20,84	253,73	1,85	30,93		
7	202,00	1,53	22,06	153,31	1,18	16,99	7	172,03	1,45	20,96	256,83	2,16	31,12		
8	204,22	1,74	22,18	155,01	1,34	17,08	8	174,14	1,66	21,09	259,95	2,46	31,30		
9	206,44	1,96	22,29	156,72	1,51	17,17	9	176,25	1,86	21,21	263,09	2,77	31,49		
		ΔL	11			9			ΔL	13			19		

Parameter: **0,14**

Column groups (with diagram symbols): left block **c D p**, right block **c R p**.

Left block

d	D	p.p	L	D	p.p	R	L
0,0	1,96	58	5,23	0,00		0,80	3,80
1	2,49	06	5,35	0,04		0,46	3,61
2	3,03	12	5,47	0,20		0,20	3,83
3	3,58	17	5,58	0,44		0,06	3,92
4	4,15	23	5,70	0,78			4,01
0,5	4,72	29	5,81	1,19			4,10
6	5,31	35	5,93	1,60			4,18
7	5,91	41	6,05	2,05			4,56
8	6,52	46	6,16	2,51			4,65
9	7,14	52	6,28	2,98			4,74
1,0	7,78	70	6,40	3,46	53		4,82
1	8,42	07	6,51	3,94	05		4,91
2	9,08	14	6,63	4,44	11		5,00
3	9,75	21	6,74	4,94	16		5,09
4	10,43	28	6,85	5,46	21		5,18
1,5	11,12	35	6,98	5,98	27		5,26
6	11,82	42	7,09	6,51	32		5,35
7	12,54	49	7,21	7,03	37		5,45
8	13,27	56	7,33	7,60	42		5,53
9	14,00	63	7,44	8,16	48		5,61
2,0	14,75	81	7,56	8,72	61		5,70
1	15,52	08	7,67	9,30	06		5,79
2	16,29	16	7,79	9,88	12		5,88
3	17,07	24	7,91	10,47	18		5,96
4	17,87	32	8,02	11,07	24		6,05
2,5	18,68	41	8,14	11,68	31		6,14
6	19,50	49	8,26	12,30	37		6,23
7	20,33	57	8,37	12,93	43		6,32
8	21,17	65	8,49	13,56	49		6,40
9	22,03	73	8,61	14,21	55		6,49
3,0	22,89	93	8,72	14,86	70		6,58
1	23,77	09	8,84	15,52	07		6,67
2	24,66	19	8,95	16,19	14		6,75
3	25,56	28	9,07	16,87	21		6,84
4	26,48	37	9,19	17,55	28		6,94
3,5	27,40	47	9,30	18,25	35		7,02
6	28,35	56	9,42	18,96	42		7,10
7	29,28	65	9,54	19,67	49		7,19
8	30,24	74	9,65	20,40	56		7,28
9	31,21	84	9,77	21,13	63		7,37
4,0	32,20	1,05	9,88	21,87	79		7,46
1	33,19	11	10,00	22,62	08		7,54
2	34,20	21	10,12	23,38	16		7,63
3	35,21	32	10,23	24,15	24		7,72
4	36,24	42	10,35	24,92	32		7,81
4,5	37,28	53	10,47	25,71	40		7,89
6	38,34	63	10,58	26,50	47		7,98
7	39,40	74	10,70	27,30	55		8,07
8	40,48	84	10,81	28,11	63		8,16
9	41,56	95	10,93	28,93	71		8,24
		ΔL	12				9

Right block

r	D	R	p.p	L	D	R	p.p	L	p.p(L)
0,0	1,96	0,00		5,23		0,80	48	3,80	9
1	1,18	0,04		5,12		1,19	05	3,99	01
2	1,08	0,14		5,00		1,60	10	4,18	02
3	0,77	0,32		4,83		2,02	14	4,37	03
4	0,53	0,57		4,77		2,47	19	4,56	04
0,5	0,32	0,87		4,27		2,93	24	4,75	05
6	0,21	1,18		4,15		3,42	29	4,94	05
7	0,13	1,50		4,03		3,92	34	5,13	06
8	0,06	1,83		3,92		4,44	38	5,32	07
9		2,21		3,60		4,93	43	5,51	08
1,0		2,58	44	3,72		5,54	67	5,70	12
1		2,96	04	3,84		6,12	07	5,89	01
2		3,35	09	3,97		6,72	13	6,08	02
3		3,75	13	4,09		7,34	20	6,27	04
4		4,17	18	4,22		7,97	27	6,46	05
1,5		4,59	22	4,34		8,63	34	6,65	06
6		5,03	26	4,46		9,30	40	6,85	07
7		5,49	31	4,59		10,00	47	7,03	08
8		5,95	35	4,71		10,71	54	7,22	10
9		6,43	40	4,84		11,44	60	7,41	11
2,0		6,92	56	4,96		12,19	86	7,60	19
1		7,42	06	5,08		12,95	09	7,79	02
2		7,94	11	5,21		13,75	17	7,98	04
3		8,46	17	5,33		14,55	25	8,17	06
4		9,00	22	5,46		15,38	34	8,36	08
2,5		9,55	28	5,58		16,22	43	8,55	10
6		10,12	34	5,70		17,09	52	8,73	11
7		10,70	39	5,83		17,97	60	8,92	13
8		11,28	45	5,95		18,87	69	9,11	15
9		11,89	50	6,08		19,79	77	9,30	17
3,0		12,50	68	6,20		20,73	1,05	9,49	
1		13,13	07	6,32		21,69	11	9,68	
2		13,76	14	6,45		22,67	21	9,87	
3		14,42	20	6,57		23,67	32	10,06	
4		15,08	27	6,70		24,68	42	10,25	
3,5		15,75	34	6,82		25,72	53	10,44	
6		16,44	41	6,95		26,77	63	10,63	
7		17,15	48	7,07		27,83	74	10,82	
8		17,86	55	7,19		28,94	84	11,01	
9		18,58	61	7,32		30,05	95	11,20	
4,0		19,32	81	7,44		31,18	1,25	11,39	
1		20,07	08	7,56		32,33	12	11,58	
2		20,83	16	7,69		33,50	25	11,77	
3		21,61	24	7,81		34,68	37	11,96	
4		22,39	32	7,94		35,89	50	12,15	
4,5		23,19	41	8,06		37,11	62	12,35	
6		24,01	49	8,18		38,36	74	12,53	
7		24,83	57	8,31		39,62	87	12,72	
8		25,67	65	8,43		40,90	99	12,91	
9		26,52	73	8,56		42,20	1,12	13,10	
			ΔL	12				19	

(44)

Header columns (left half): **c** **D** **p** — (right half, 0,14): **c** **R** **p**

d	D	p.p	L	V	p.p	L
5,0	42,66	1,16	11,05	29,77	88	8,33
1	43,77	12	11,16	30,61	09	8,42
2	44,90	25	11,28	31,46	18	8,51
3	46,03	35	11,40	32,31	26	8,60
4	47,18	46	11,51	33,18	35	8,68
5,5	48,33	58	11,63	34,05	45	8,77
6	49,50	70	11,75	34,93	53	8,86
7	50,68	81	11,86	35,82	62	8,95
8	51,87	93	11,98	36,72	70	9,03
9	53,08	1,05	12,09	37,63	79	9,12
6,0	54,29	1,28	12,21	38,54	96	9,21
1	55,52	13	12,33	39,47	10	9,30
2	56,76	26	12,44	40,40	19	9,39
3	58,01	38	12,56	41,35	29	9,47
4	59,27	51	12,68	42,30	38	9,56
6,5	60,54	64	12,79	43,26	48	9,65
6	61,83	77	12,91	44,23	58	9,74
7	63,12	90	13,02	45,21	67	9,82
8	64,43	1,02	13,14	46,19	77	9,91
9	65,75	1,15	13,26	47,19	86	10,00
7,0	67,08	1,40	13,37	48,19	1,05	10,09
1	68,43	15	13,49	49,21	11	10,18
2	69,78	28	13,61	50,23	21	10,26
3	71,15	42	13,72	51,26	32	10,35
4	72,53	56	13,84	52,30	42	10,44
7,5	73,92	70	13,95	53,35	53	10,53
6	75,32	84	14,07	54,40	63	10,61
7	76,73	98	14,19	55,47	74	10,70
8	78,15	1,12	14,30	56,54	84	10,79
9	79,59	1,26	14,42	57,63	95	10,88
8,0	81,04	1,51	14,54	58,72	1,15	10,96
1	82,50	15	14,65	59,82	11	11,05
2	83,97	30	14,77	60,93	23	11,14
3	85,45	45	14,89	62,05	34	11,23
4	86,95	60	15,00	63,18	46	11,32
8,5	88,45	76	15,12	64,31	57	11,40
6	89,97	91	15,23	65,46	68	11,49
7	91,50	1,06	15,35	66,61	80	11,58
8	93,04	1,21	15,47	67,77	91	11,67
9	94,59	1,36	15,58	68,94	1,03	11,75
9,0	96,15	1,63	15,70	70,12	1,23	11,84
1	97,73	16	15,82	71,31	12	11,93
2	99,32	33	15,93	72,51	25	12,02
3	100,92	49	16,05	73,71	37	12,10
4	102,53	65	16,16	74,93	49	12,19
9,5	104,15	82	16,28	76,15	62	12,28
6	105,78	98	16,40	77,39	74	12,37
7	107,43	1,14	16,51	78,63	86	12,46
8	109,09	1,30	16,63	79,88	98	12,55
9	110,75	1,47	16,75	81,14	1,11	12,63
		ΔL	12			9

r	R	p.p	L	R	p.p	L	p.p(L)	
5,0	27,37	93	8,68	43,52	1,43	13,29		9
1	28,25	09	8,80	44,86	15	13,58	1	01
2	29,13	19	8,93	46,22	29	13,67	2	02
3	30,03	28	9,05	47,59	43	13,86	3	03
4	30,94	37	9,17	48,99	57	14,05	4	04
5,5	31,87	47	9,30	50,40	72	14,24	5	05
6	32,80	56	9,42	51,84	86	14,43	6	05
7	33,75	65	9,55	53,29	1,00	14,62	7	06
8	34,71	75	9,67	54,76	1,15	14,81	8	07
9	35,68	85	9,79	56,25	1,29	15,00	9	08
6,0	36,67	1,05	9,91	57,76	1,62	15,19		12
1	37,67	11	10,04	59,29	16	15,38	1	01
2	38,68	21	10,17	60,84	32	15,57	2	02
3	39,70	32	10,29	62,41	49	15,76	3	04
4	40,74	42	10,41	63,99	65	15,95	4	05
6,5	41,78	53	10,54	65,60	81	16,14	5	06
6	42,84	63	10,66	67,22	97	16,33	6	07
7	43,92	74	10,79	68,86	1,13	16,52	7	08
8	45,00	85	10,91	70,52	1,30	16,71	8	10
9	46,10	95	11,03	72,20	1,46	16,90	9	11
7,0	47,21	1,18	11,16	73,90	1,81	17,09		19
1	48,33	12	11,28	75,62	18	17,28	1	02
2	49,46	25	11,41	77,36	36	17,47	2	04
3	50,61	35	11,53	79,11	54	17,66	3	06
4	51,77	47	11,65	80,89	72	17,85	4	08
7,5	52,95	59	11,78	82,68	91	18,04	5	10
6	54,13	71	11,90	84,49	1,09	18,23	6	11
7	55,32	83	12,03	86,33	1,27	18,41	7	13
8	56,53	94	12,15	88,18	1,45	18,61	8	15
9	57,75	1,06	12,27	90,05	1,63	18,80	9	17
8,0	58,99	1,30	12,40	91,94	2,00	18,99		
1	60,23	13	12,52	93,84	20	19,18		
2	61,49	26	12,65	95,77	40	19,37		
3	62,76	39	12,77	97,72	60	19,56		
4	64,04	52	12,89	99,68	80	19,75		
8,5	65,34	65	13,02	101,67	1,00	19,94		
6	66,65	78	13,14	103,67	1,20	20,13		
7	67,97	91	13,27	105,69	1,40	20,32		
8	69,30	1,04	13,39	107,73	1,60	20,51		
9	70,65	1,17	13,51	109,79	1,80	20,70		
9,0	72,00	1,43	13,64	111,87	2,19	20,89		
1	73,37	14	13,76	113,97	22	21,08		
2	74,76	29	13,89	116,09	44	21,27		
3	76,15	43	14,01	118,22	66	21,46		
4	77,56	57	14,13	120,38	88	21,65		
9,5	78,98	72	14,26	122,55	1,10	21,84		
6	80,41	86	14,38	124,75	1,31	22,03		
7	81,85	1,00	14,51	126,95	1,53	22,22		
8	83,31	1,14	14,63	129,19	1,75	22,41		
9	84,78	1,29	14,75	131,44	1,97	22,60		
		ΔL	12			19		

Tableau des valeurs (en-tête avec figures) : c — D — p — 0,14 — c — R — p

d	D	p.p	L	D	p.p	L	r	R	p.p	L	R	p.p	L
10,0	112,44	1,75	16,86	82,40	1,32	12,72	10,0	86,26	1,55	14,88	133,71	2,38	22,78
1	114,13	18	16,98	83,68	13	12,81	1	87,75	16	15,00	136,00	24	22,97
2	115,84	35	17,10	84,96	26	12,89	2	89,26	31	15,12	138,30	48	23,16
3	117,55	53	17,21	86,26	40	12,98	3	90,78	47	15,25	140,63	71	23,35
4	119,28	70	17,33	87,56	53	13,07	4	92,31	62	15,37	142,97	95	23,54
10,5	121,02	88	17,44	88,87	66	13,16	10,5	93,85	78	15,50	145,34	1,19	23,73
6	122,77	1,05	17,56	90,19	79	13,25	6	95,41	93	15,62	147,72	1,43	23,92
7	124,54	1,23	17,68	91,52	92	13,33	7	96,97	1,09	15,74	150,12	1,67	24,11
8	126,31	1,40	17,79	92,86	1,06	13,42	8	98,55	1,24	15,87	152,54	1,90	24,30
9	128,10	1,58	17,91	94,21	1,19	13,51	9	100,15	1,40	15,99	154,98	2,14	24,49
11,0	129,89	1,86	18,03	95,56	1,40	13,60	11,0	101,75	1,67	16,12	157,44	2,57	24,68
1	131,70	19	18,14	96,92	14	13,68	1	103,37	17	16,24	159,92	26	24,87
2	133,52	37	18,26	98,30	28	13,77	2	105,00	33	16,36	162,42	51	25,06
3	135,35	56	18,37	99,68	42	13,86	3	106,64	50	16,49	164,93	77	25,25
4	137,20	74	18,49	101,07	56	13,95	4	108,30	67	16,61	167,47	1,03	25,44
11,5	139,05	93	18,61	102,47	70	14,03	11,5	109,97	84	16,74	170,02	1,29	25,63
6	140,92	1,12	18,72	103,88	84	14,12	6	111,65	1,00	16,86	172,60	1,55	25,82
7	142,79	1,30	18,84	105,29	98	14,21	7	113,34	1,17	16,98	175,19	1,80	26,01
8	144,68	1,49	18,95	106,72	1,12	14,30	8	115,04	1,34	17,11	177,80	2,06	26,20
9	146,58	1,67	19,07	108,15	1,26	14,39	9	116,76	1,50	17,23	180,43	2,31	26,39
12,0	148,50	1,98	19,19	109,60	1,49	14,47	12,0	118,49	1,80	17,36	183,08	2,76	26,58
1	150,42	20	19,30	111,05	15	14,56	1	120,23	18	17,48	185,75	28	26,77
2	152,36	40	19,42	112,51	30	14,65	2	121,98	36	17,60	188,43	55	26,96
3	154,30	59	19,54	113,98	45	14,74	3	123,75	54	17,73	191,14	83	27,15
4	156,26	79	19,65	115,46	60	14,82	4	125,53	72	17,85	193,86	1,12	27,34
12,5	158,23	99	19,77	116,94	75	14,91	12,5	127,32	90	17,98	196,61	1,38	27,53
6	160,22	1,19	19,89	118,44	89	15,00	6	129,13	1,08	18,10	199,37	1,66	27,72
7	162,21	1,39	20,00	119,94	1,04	15,09	7	130,94	1,26	18,22	202,15	1,93	27,91
8	164,22	1,58	20,12	121,46	1,19	15,17	8	132,77	1,44	18,35	204,95	2,21	28,10
9	166,23	1,78	20,24	122,98	1,34	15,26	9	134,61	1,62	18,47	207,77	2,48	28,29
13,0	168,26	2,09	20,35	124,51	1,58	15,35	13,0	136,46	1,92	18,60	210,62	2,95	28,48
1	170,30	21	20,47	126,05	16	15,44	1	138,33	19	18,72	213,47	30	28,67
2	172,35	42	20,58	127,60	32	15,53	2	140,21	38	18,84	216,35	59	28,86
3	174,42	63	20,70	129,15	47	15,61	3	142,10	58	18,97	219,24	89	29,05
4	176,49	84	20,82	130,72	63	15,70	4	144,00	77	19,09	222,16	1,18	29,24
13,5	178,58	1,05	20,93	132,29	79	15,79	13,5	145,92	96	19,22	225,09	1,48	29,43
6	180,68	1,25	21,05	133,88	95	15,88	6	147,85	1,15	19,34	228,05	1,77	29,62
7	182,79	1,46	21,17	135,47	1,11	15,96	7	149,79	1,34	19,46	231,02	2,07	29,81
8	184,91	1,67	21,28	137,07	1,26	16,05	8	151,74	1,54	19,59	234,01	2,36	30,00
9	187,04	1,88	21,40	138,68	1,42	16,14	9	153,70	1,73	19,71	237,02	2,66	30,19
14,0	189,19	2,21	21,51	140,30	1,67	16,23	14,0	155,68	2,05	19,84	240,05	3,14	30,38
1	191,35	22	21,63	141,92	17	16,32	1	157,67	21	19,96	243,10	31	30,57
2	193,52	44	21,75	143,56	33	16,40	2	159,67	41	20,08	246,16	63	30,76
3	195,70	56	21,86	145,20	50	16,49	3	161,69	62	20,21	249,25	94	30,95
4	197,89	88	21,98	146,86	67	16,58	4	163,71	82	20,33	252,35	1,26	31,14
14,5	200,09	1,11	22,10	148,52	84	16,67	14,5	165,75	1,03	20,46	255,48	1,57	31,33
6	202,31	1,33	22,21	150,19	1,00	16,75	6	167,81	1,23	20,58	258,62	1,88	31,52
7	204,53	1,55	22,33	151,87	1,17	16,84	7	169,87	1,44	20,70	261,78	2,20	31,71
8	206,77	1,77	22,44	153,56	1,34	16,93	8	171,95	1,64	20,83	264,95	2,51	31,90
9	209,01	1,99	22,56	155,26	1,50	17,02	9	174,04	1,85	20,95	268,16	2,83	32,09
	ΔL	12				9		ΔL	12				19

Colonne auxiliaire **p.p(L)** :

	9		12		19
1	01	1	01	1	02
2	02	2	02	2	04
3	03	3	04	3	06
4	04	4	05	4	08
5	05	5	06	5	10
6	05	6	07	6	11
7	06	7	08	7	13
8	07	8	10	8	15
9	08	9	11	9	17

(46)

	c	**D**	**p**	**0,15**	**c**	**R**	**p**

Left group (c D p):

d	D	p.p	L	D	p.p	R	L
0,0	2,10	59	5,29	0,00		0,87	3,87
1	2,65	06	5,41	0,03		0,53	3,63
2	3,18	12	5,53	0,17		0,25	3,80
3	3,75	18	5,65	0,40		0,09	3,89
4	4,31	25	5,76	0,71		0,01	3,97
0,5	4,90	30	5,85	1,10			4,06
6	5,49	35	6,00	1,51			4,15
7	6,10	41	6,12	1,95			4,52
8	6,71	47	6,23	2,40			4,61
9	7,35	53	6,35	2,86			4,70
1,0	7,98	71	6,47	3,35	52		4,78
1	8,65	07	6,59	3,82	05		4,87
2	9,30	14	6,71	4,31	10		4,96
3	9,98	21	6,82	4,81	16		5,04
4	10,67	28	6,94	5,32	21		5,13
1,5	11,37	36	7,06	5,85	26		5,22
6	12,08	43	7,18	6,36	31		5,30
7	12,80	50	7,29	6,90	36		5,39
8	13,53	57	7,41	7,45	42		5,48
9	14,28	65	7,53	8,00	47		5,57
2,0	15,05	82	7,65	8,56	61		5,65
1	15,81	08	7,76	9,13	06		5,74
2	16,59	16	7,88	9,70	12		5,83
3	17,39	25	8,00	10,29	18		5,91
4	18,19	33	8,12	10,89	25		6,00
2,5	19,01	41	8,23	11,49	31		6,09
6	19,85	49	8,35	12,10	37		6,17
7	20,68	57	8,47	12,73	43		6,26
8	21,53	66	8,59	13,36	49		6,35
9	22,40	74	8,70	14,00	55		6,44
3,0	23,27	94	8,82	14,65	70		6,52
1	24,16	09	8,94	15,30	07		6,61
2	25,06	19	9,06	15,97	14		6,70
3	25,97	28	9,17	16,65	21		6,78
4	26,90	38	9,29	17,32	28		6,87
3,5	27,83	47	9,41	18,01	35		6,96
6	28,78	56	9,53	18,71	42		7,04
7	29,74	66	9,65	19,42	49		7,13
8	30,71	75	9,76	20,14	55		7,22
9	31,69	85	9,88	20,87	63		7,31
4,0	32,68	1,06	10,00	21,60	78		7,39
1	33,69	11	10,12	22,35	08		7,48
2	34,71	21	10,23	23,10	16		7,57
3	35,74	32	10,35	23,85	23		7,65
4	36,78	42	10,47	24,63	31		7,75
4,5	37,83	53	10,59	25,41	39		7,83
6	38,89	65	10,70	26,19	47		7,91
7	39,97	75	10,82	26,99	55		8,00
8	41,06	85	10,95	27,80	62		8,09
9	42,16	95	11,06	28,61	70		8,18
		ΔL	12				9

Right group (c R p):

r	D	R	p.p	L	D	R	p.p	L	p.p(L)
0,0	2,10	0,00		5,29		0,87	49	3,87	9
1	1,61	0,03		5,18		1,27	05	4,06	1 01
2	1,20	0,13		5,06		1,68	10	4,26	2 02
3	0,87	0,30		4,95		2,12	15	4,45	3 03
4	0,61	0,53		4,82		2,57	20	4,65	4 04
0,5	0,33	0,83		4,29		3,05	25	4,85	5 05
6	0,21	1,14		4,18		3,54	29	5,03	6 05
7	0,12	1,45		4,06		4,06	35	5,23	7 06
8	0,05	1,78		3,95		4,59	39	5,42	8 07
9		2,11		3,82		5,14	45	5,61	9 08
1,0		2,51	43	3,67		5,71	68	5,81	12
1		2,88	05	3,80		6,30	07	6,00	1 01
2		3,27	09	3,92		6,91	14	6,19	2 02
3		3,67	13	4,05		7,54	20	6,39	3 04
4		4,08	17	4,16		8,19	27	6,58	4 05
1,5		4,50	22	4,29		8,86	35	6,77	5 06
6		4,95	26	4,41		9,54	41	6,97	6 07
7		5,38	30	4,53		10,25	48	7,16	7 08
8		5,84	34	4,65		10,97	55	7,35	8 10
9		6,31	39	4,78		11,72	61	7,55	9 11
2,0		6,80	55	4,90		12,48	88	7,74	19
1		7,29	06	5,02		13,27	09	7,93	1 02
2		7,80	11	5,14		14,07	18	8,13	2 04
3		8,32	17	5,27		14,89	26	8,32	3 06
4		8,85	22	5,39		15,73	35	8,52	4 08
2,5		9,40	28	5,51		16,60	45	8,71	5 10
6		9,96	33	5,63		17,48	53	8,90	6 11
7		10,52	39	5,76		18,38	62	9,10	7 13
8		11,11	45	5,88		19,30	70	9,29	8 15
9		11,70	50	6,00		20,23	79	9,48	9 17
3,0		12,31	67	6,12		21,19	1,07	9,68	
1		12,92	07	6,25		22,17	11	9,87	
2		13,56	13	6,37		23,17	21	10,06	
3		14,20	20	6,49		24,18	32	10,26	
4		14,85	27	6,61		25,22	43	10,45	
3,5		15,52	34	6,75		26,27	55	10,65	
6		16,20	40	6,86		27,35	65	10,85	
7		16,89	47	6,98		28,45	75	11,03	
8		17,60	54	7,10		29,55	86	11,22	
9		18,31	60	7,23		30,68	96	11,42	
4,0		19,05	80	7,35		31,85	1,26	11,61	
1		19,78	08	7,47		33,01	13	11,80	
2		20,54	16	7,59		34,20	25	12,00	
3		21,30	24	7,72		35,41	38	12,19	
4		22,08	32	7,85		36,63	50	12,39	
4,5		22,87	40	7,96		37,88	63	12,58	
6		23,67	48	8,08		39,15	76	12,77	
7		24,48	56	8,21		40,45	88	12,97	
8		25,31	65	8,33		41,75	1,01	13,16	
9		26,15	72	8,45		43,07	1,13	13,35	
			ΔL	12				19	

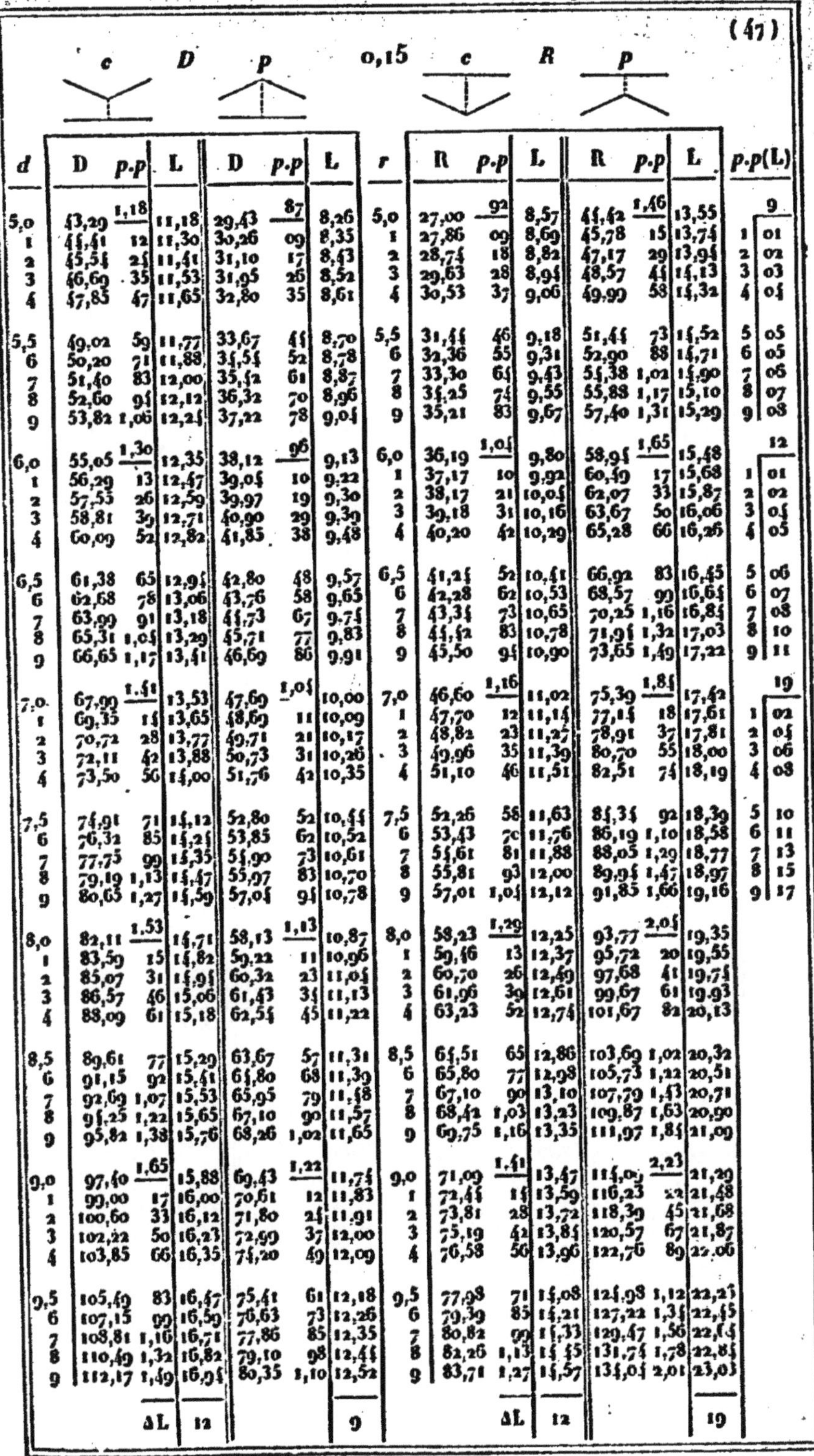

d	D	p.p	L	D	p.p	L	r	R	p.p	L	R	p.p	L
5,0	43,29	1,18	11,18	29,43	87	8,26	5,0	27,00	92	8,57	44,42	1,46	13,55
1	44,41	12	11,30	30,26	09	8,35	1	27,86	09	8,69	45,78	15	13,74
2	45,55	25	11,41	31,10	17	8,43	2	28,74	18	8,82	47,17	29	13,94
3	46,69	35	11,53	31,95	26	8,52	3	29,63	28	8,94	48,57	44	14,13
4	47,85	47	11,65	32,80	35	8,61	4	30,53	37	9,06	49,99	58	14,32
5,5	49,02	59	11,77	33,67	45	8,70	5,5	31,44	46	9,18	51,44	73	14,52
6	50,20	71	11,88	34,54	52	8,78	6	32,36	55	9,31	52,90	88	14,71
7	51,40	83	12,00	35,42	61	8,87	7	33,30	65	9,43	54,38	1,02	14,90
8	52,60	95	12,12	36,32	70	8,96	8	34,25	74	9,55	55,88	1,17	15,10
9	53,82	1,06	12,25	37,22	78	9,04	9	35,21	83	9,67	57,40	1,31	15,29
6,0	55,05	1,30	12,35	38,12	96	9,13	6,0	36,19	1,05	9,80	58,95	1,65	15,48
1	56,29	13	12,47	39,04	10	9,22	1	37,17	10	9,92	60,49	17	15,68
2	57,55	26	12,59	39,97	19	9,30	2	38,17	21	10,05	62,07	33	15,87
3	58,81	39	12,71	40,90	29	9,39	3	39,18	31	10,16	63,67	50	16,06
4	60,09	52	12,82	41,85	38	9,48	4	40,20	42	10,29	65,28	66	16,25
6,5	61,38	65	12,95	42,80	48	9,57	6,5	41,25	52	10,41	66,92	83	16,45
6	62,68	78	13,06	43,76	58	9,65	6	42,28	62	10,53	68,57	99	16,65
7	63,99	91	13,18	44,73	67	9,74	7	43,34	73	10,65	70,25	1,16	16,85
8	65,31	1,05	13,29	45,71	77	9,83	8	44,42	83	10,78	71,95	1,32	17,03
9	66,65	1,17	13,41	46,69	86	9,91	9	45,50	95	10,90	73,65	1,49	17,22
7,0	67,99	1,41	13,53	47,69	1,05	10,00	7,0	46,60	1,16	11,02	75,39	1,85	17,42
1	69,35	15	13,65	48,69	11	10,09	1	47,70	12	11,14	77,15	18	17,61
2	70,72	28	13,77	49,71	21	10,17	2	48,82	23	11,27	78,95	37	17,81
3	72,11	42	13,88	50,73	31	10,26	3	49,96	35	11,39	80,70	55	18,00
4	73,50	56	14,00	51,76	42	10,35	4	51,10	46	11,51	82,51	74	18,19
7,5	74,91	71	14,12	52,80	52	10,44	7,5	52,26	58	11,63	84,34	92	18,39
6	76,32	85	14,25	53,85	62	10,52	6	53,43	70	11,76	86,19	1,10	18,58
7	77,75	99	14,35	54,90	73	10,61	7	54,61	81	11,88	88,05	1,29	18,77
8	79,19	1,13	14,47	55,97	83	10,70	8	55,81	93	12,00	89,95	1,47	18,97
9	80,63	1,27	14,59	57,05	95	10,78	9	57,01	1,04	12,12	91,85	1,66	19,16
8,0	82,11	1,53	14,71	58,13	1,13	10,87	8,0	58,23	1,29	12,25	93,77	2,05	19,35
1	83,59	15	14,82	59,22	11	10,96	1	59,46	13	12,37	95,72	20	19,55
2	85,07	31	14,95	60,32	23	11,05	2	60,70	26	12,49	97,68	41	19,74
3	86,57	46	15,06	61,43	35	11,13	3	61,96	39	12,61	99,67	61	19,93
4	88,09	61	15,18	62,55	45	11,22	4	63,23	52	12,74	101,67	82	20,13
8,5	89,61	77	15,29	63,67	57	11,31	8,5	64,51	65	12,86	103,69	1,02	20,32
6	91,15	92	15,41	64,80	68	11,39	6	65,80	77	12,98	105,73	1,22	20,51
7	92,69	1,07	15,53	65,95	79	11,48	7	67,10	90	13,10	107,79	1,43	20,71
8	94,25	1,22	15,65	67,10	90	11,57	8	68,42	1,03	13,23	109,87	1,63	20,90
9	95,82	1,38	15,76	68,26	1,02	11,65	9	69,75	1,16	13,35	111,97	1,84	21,09
9,0	97,40	1,65	15,88	69,43	1,22	11,74	9,0	71,09	1,41	13,47	114,09	2,23	21,29
1	99,00	17	16,00	70,61	12	11,83	1	72,44	15	13,59	116,23	22	21,48
2	100,60	33	16,12	71,80	24	11,91	2	73,81	28	13,72	118,39	45	21,68
3	102,22	50	16,23	72,99	37	12,00	3	75,19	42	13,85	120,57	67	21,87
4	103,85	66	16,35	74,20	49	12,09	4	76,58	56	13,96	122,76	89	22,06
9,5	105,49	83	16,47	75,41	61	12,18	9,5	77,98	71	14,08	124,98	1,12	22,23
6	107,15	99	16,59	76,63	73	12,26	6	79,39	85	14,21	127,22	1,35	22,45
7	108,81	1,16	16,71	77,86	85	12,35	7	80,82	99	14,33	129,47	1,56	22,64
8	110,49	1,32	16,82	79,10	98	12,45	8	82,26	1,13	14,45	131,74	1,78	22,85
9	112,17	1,49	16,95	80,35	1,10	12,52	9	83,71	1,27	14,57	134,04	2,01	23,05
	ΔL	12				9		ΔL	12				19

p.p(L)

	9		12		19
1	01	1	01	1	02
2	02	2	02	2	05
3	03	3	05	3	06
4	05	4	05	4	08
5	05	5	06	5	10
6	05	6	07	6	11
7	06	7	08	7	13
8	07	8	10	8	15
9	08	9	11	9	17

(48)   0,15

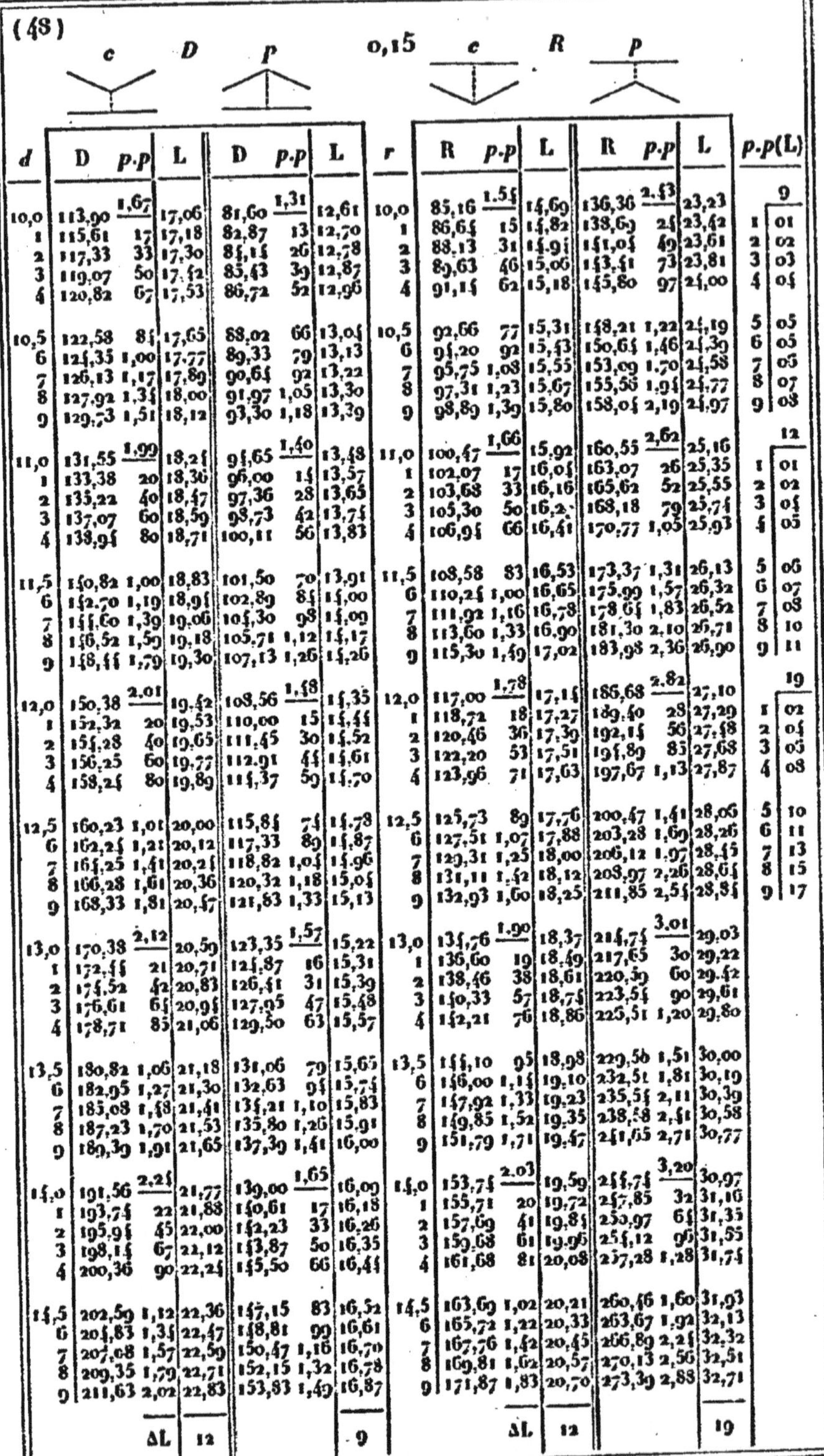

d	D	p·p	L	D	p·p	L	r	R	p·p	L	R	p·p	L
	c			P				c			P		
10,0	113,90	1,67	17,06	81,60	1,31	12,61	10,0	85,16	1,55	14,69	136,36	2,43	23,23
1	115,61	17	17,18	82,87	13	12,70	1	86,64	15	14,82	138,69	24	23,42
2	117,33	33	17,30	84,15	26	12,78	2	88,13	31	14,91	141,05	49	23,61
3	119,07	50	17,42	85,43	39	12,87	3	89,63	46	15,06	143,41	73	23,81
4	120,82	67	17,53	86,72	52	12,96	4	91,14	62	15,18	145,80	97	24,00
10,5	122,58	84	17,65	88,02	66	13,04	10,5	92,66	77	15,31	148,21	1,22	24,19
6	124,35	1,00	17,77	89,33	79	13,13	6	94,20	92	15,43	150,64	1,46	24,39
7	126,13	1,17	17,89	90,64	92	13,22	7	95,75	1,08	15,55	153,09	1,70	24,58
8	127,92	1,34	18,00	91,97	1,05	13,30	8	97,31	1,23	15,67	155,56	1,94	24,77
9	129,73	1,51	18,12	93,30	1,18	13,39	9	98,89	1,39	15,80	158,04	2,19	24,97
11,0	131,55	1,99	18,24	94,65	1,40	13,48	11,0	100,47	1,66	15,92	160,55	2,62	25,16
1	133,38	20	18,36	96,00	14	13,57	1	102,07	17	16,04	163,07	26	25,35
2	135,22	40	18,47	97,36	28	13,65	2	103,68	33	16,16	165,62	52	25,55
3	137,07	60	18,59	98,73	42	13,74	3	105,30	50	16,28	168,18	79	25,74
4	138,94	80	18,71	100,11	56	13,83	4	106,94	66	16,41	170,77	1,05	25,93
11,5	140,82	1,00	18,83	101,50	70	13,91	11,5	108,58	83	16,53	173,37	1,31	26,13
6	142,70	1,19	18,94	102,89	84	14,00	6	110,24	1,00	16,65	175,99	1,57	26,32
7	144,60	1,39	19,06	104,30	98	14,09	7	111,92	1,16	16,78	178,64	1,83	26,52
8	146,52	1,59	19,18	105,71	1,12	14,17	8	113,60	1,33	16,90	181,30	2,10	26,71
9	148,44	1,79	19,30	107,13	1,26	14,26	9	115,30	1,49	17,02	183,98	2,36	26,90
12,0	150,38	2,01	19,42	108,56	1,48	14,35	12,0	117,00	1,78	17,14	186,68	2,82	27,10
1	152,32	20	19,53	110,00	15	14,44	1	118,72	18	17,27	189,40	28	27,29
2	154,28	40	19,65	111,45	30	14,52	2	120,46	36	17,39	192,14	56	27,48
3	156,25	60	19,77	112,91	44	14,61	3	122,20	53	17,51	194,89	85	27,68
4	158,24	80	19,89	114,37	59	14,70	4	123,96	71	17,63	197,67	1,13	27,87
12,5	160,23	1,01	20,00	115,84	74	14,78	12,5	125,73	89	17,76	200,47	1,41	28,06
6	162,24	1,21	20,12	117,33	89	14,87	6	127,51	1,07	17,88	203,28	1,69	28,26
7	164,25	1,41	20,24	118,82	1,04	14,96	7	129,31	1,25	18,00	206,12	1,97	28,45
8	166,28	1,61	20,36	120,32	1,18	15,05	8	131,11	1,42	18,12	208,97	2,26	28,64
9	168,33	1,81	20,47	121,63	1,33	15,13	9	132,93	1,60	18,25	211,85	2,55	28,84
13,0	170,38	2,12	20,59	123,35	1,57	15,22	13,0	134,76	1,90	18,37	214,74	3,01	29,03
1	172,44	21	20,71	124,87	16	15,31	1	136,60	19	18,49	217,65	30	29,22
2	174,52	42	20,83	126,41	31	15,39	2	138,46	38	18,61	220,59	60	29,42
3	176,61	64	20,95	127,95	47	15,48	3	140,33	57	18,74	223,54	90	29,61
4	178,71	85	21,06	129,50	63	15,57	4	142,21	76	18,86	225,51	1,20	29,80
13,5	180,82	1,06	21,18	131,06	79	15,65	13,5	144,10	95	18,98	229,56	1,51	30,00
6	182,95	1,27	21,30	132,63	94	15,74	6	146,00	1,14	19,10	232,51	1,81	30,19
7	185,08	1,48	21,41	134,21	1,10	15,83	7	147,92	1,33	19,23	235,54	2,11	30,39
8	187,23	1,70	21,53	135,80	1,26	15,91	8	149,85	1,52	19,35	238,58	2,41	30,58
9	189,39	1,91	21,65	137,39	1,41	16,00	9	151,79	1,71	19,47	241,55	2,71	30,77
14,0	191,56	2,24	21,77	139,00	1,65	16,09	14,0	153,74	2,03	19,59	244,74	3,20	30,97
1	193,74	22	21,88	140,61	17	16,18	1	155,71	20	19,72	247,85	32	31,16
2	195,94	45	22,00	142,23	33	16,26	2	157,69	41	19,84	250,97	64	31,35
3	198,14	67	22,12	143,87	50	16,35	3	159,68	61	19,96	254,12	96	31,55
4	200,36	90	22,24	145,50	66	16,44	4	161,68	81	20,08	257,28	1,28	31,74
14,5	202,59	1,12	22,36	147,15	83	16,52	14,5	163,69	1,02	20,21	260,46	1,60	31,93
6	204,83	1,34	22,47	148,81	99	16,61	6	165,72	1,22	20,33	263,67	1,92	32,13
7	207,08	1,57	22,59	150,47	1,16	16,70	7	167,76	1,42	20,45	266,89	2,24	32,32
8	209,35	1,79	22,71	152,15	1,32	16,78	8	169,81	1,62	20,57	270,13	2,56	32,51
9	211,63	2,02	22,83	153,83	1,49	16,87	9	171,87	1,83	20,70	273,39	2,88	32,71
		ΔL	12			9			ΔL	12			19

p·p(L):

	9		12		19
1	01	1	01	1	02
2	02	2	02	2	04
3	03	3	04	3	06
4	04	4	05	4	08
5	05	5	06	5	10
6	05	6	07	6	11
7	06	7	08	7	13
8	07	8	10	8	15
9	08	9	11	9	17

Table parameter: **0,16**

Column groups — left: $c \wedge D$, $D \wedge p$; right: $c \vee R$, $R \wedge p$.

d	D	p.p	L	D	p.p	R	L	r	D	R	p.p	L	D	R	p.p	L
0,0	2,25	60	5,36	0,00		0,95	3,95	0,0	2,25	0,00		5,36		0,95	51	3,95
1	2,79	06	5,48	0,03		0,59	3,75	1	1,74	0,03		5,25		1,35	05	4,15
2	3,35	12	5,60	0,13		0,33	3,55	2	1,32	0,13		5,12		1,78	10	4,35
3	3,90	18	5,71	0,35		0,12	3,85	3	0,97	0,28		5,00		2,22	15	4,55
4	4,58	24	5,83	0,65		0,02	3,94	4	0,70	0,50		4,88		2,58	20	4,74
0,5	5,07	30	5,95	1,02			4,03	0,5	0,42	0,78		4,37		3,17	25	4,93
6	5,67	36	6,07	1,43			4,11	6	0,29	1,09		4,25		3,67	31	5,13
7	6,28	42	6,19	1,85			4,20	7	0,19	1,40		4,13		4,19	36	5,33
8	6,91	48	6,31	2,30			4,57	8	0,10	1,72		4,01		4,74	41	5,53
9	7,55	55	6,43	2,76			4,65	9	0,05	2,06		3,81		5,30	46	5,72
1,0	8,20	72	6,55	3,23	51		4,74	1,0		2,44	43	3,63		5,88	71	5,92
1	8,86	07	6,67	3,71	05		4,83	1		2,81	05	3,75		6,48	07	6,12
2	9,53	15	6,79	4,19	10		4,91	2		3,19	09	3,87		7,11	15	6,32
3	10,22	22	6,91	4,69	15		5,00	3		3,59	13	3,99		7,75	21	6,51
4	10,91	29	7,02	5,19	20		5,09	4		3,99	17	4,11		8,41	28	6,71
1,5	11,62	36	7,14	5,75	26		5,17	1,5		4,41	21	4,23		9,09	36	6,91
6	12,35	43	7,26	6,23	31		5,26	6		4,85	25	4,36		9,79	43	7,11
7	13,07	50	7,38	6,76	36		5,35	7		5,28	29	4,48		10,51	50	7,30
8	13,81	58	7,50	7,30	41		5,43	8		5,73	35	4,60		11,25	57	7,50
9	14,57	65	7,62	7,85	46		5,52	9		6,20	38	4,72		12,01	65	7,70
2,0	15,35	85	7,74	8,40	60		5,60	2,0		6,63	55	4,85		12,79	90	7,90
1	16,12	08	7,86	8,96	06		5,69	1		7,17	06	4,96		13,59	09	8,09
2	16,91	17	7,98	9,54	12		5,78	2		7,67	11	5,08		14,41	18	8,29
3	17,72	25	8,10	10,12	18		5,86	3		8,18	17	5,20		15,25	27	8,49
4	18,53	35	8,22	10,71	25		5,95	4		8,71	22	5,32		16,11	36	8,69
2,5	19,36	42	8,33	11,31	30		6,03	2,5		9,25	29	5,45		16,98	45	8,88
6	20,20	50	8,45	11,92	36		6,12	6		9,80	33	5,57		17,88	55	9,08
7	21,05	59	8,57	12,53	42		6,21	7		10,36	39	5,69		18,80	63	9,28
8	21,91	67	8,69	13,16	48		6,29	8		10,95	45	5,81		19,74	72	9,47
9	22,79	76	8,81	13,79	55		6,38	9		11,52	50	5,93		20,70	81	9,67
3,0	23,67	1,05	8,93	14,43	69		6,47	3,0		12,12	67	6,05		21,67	1,10	9,87
1	24,57	10	9,05	15,09	07		6,55	1		12,73	07	6,17		22,67	11	10,07
2	25,48	21	9,17	15,75	15		6,64	2		13,36	13	6,29		23,69	22	10,26
3	26,41	31	9,29	16,45	21		6,72	3		13,99	20	6,41		24,72	33	10,46
4	27,35	42	9,41	17,09	28		6,81	4		14,65	27	6,53		25,78	41	10,66
3,5	28,29	52	9,53	17,77	35		6,90	3,5		15,30	35	6,65		26,85	55	10,85
6	29,25	62	9,65	18,47	41		6,98	6		15,97	40	6,78		27,95	66	11,05
7	30,22	73	9,76	19,17	48		7,07	7		16,65	47	6,90		29,07	77	11,25
8	31,20	83	9,88	19,88	55		7,15	8		17,35	54	7,02		30,20	88	11,45
9	32,19	94	10,00	20,60	62		7,25	9		18,06	60	7,14		31,36	99	11,65
4,0	33,20	1,18	10,12	21,33	78		7,33	4,0		18,78	79	7,25		32,53	1,20	11,85
1	34,22	12	10,24	22,07	08		7,41	1		19,51	08	7,38		33,72	13	12,05
2	35,25	25	10,36	22,81	16		7,50	2		20,25	16	7,50		34,95	26	12,24
3	36,29	35	10,48	23,57	23		7,59	3		21,01	24	7,62		36,17	39	12,44
4	37,35	47	10,60	24,33	31		7,67	4		21,78	32	7,74		37,43	52	12,63
4,5	38,41	59	10,72	25,10	39		7,76	4,5		22,56	40	7,86		38,70	65	12,83
6	39,49	71	10,85	25,88	47		7,84	6		23,35	47	7,99		39,99	77	13,03
7	40,58	83	10,96	26,67	55		7,93	7		24,15	55	8,11		41,30	90	13,23
8	41,68	95	11,07	27,47	62		8,02	8		24,97	63	8,23		42,65	1,03	13,42
9	42,79	1,06	11,19	28,27	70		8,10	9		25,80	71	8,35		43,93	1,16	13,62
		ΔL	12				9				ΔL	12				20

p.p(L):

	9		12		20
1	01	1	01	1	02
2	02	2	02	2	04
3	03	3	04	3	06
4	04	4	05	4	08
5	05	5	06	5	10
6	05	6	07	6	12
7	06	7	08	7	14
8	07	8	10	8	16
9	08	9	11	9	18

(5o)

Column groups (top of table): **c · D · p** — **0,16** — **c · R · p**

d	D	p.p	L	D	p.f	L	r	R	p.p	L	R	p.p	L	p.p(L)
5,0	43,92	1,20	11,31	29,09	86	8,19	5,0	26,64	91	8,47	45,36	1,49	13,82	9
1	45,05	12	11,43	29,94	09	8,28	1	27,49	09	8,59	46,75	15	14,01	1 · 01
2	46,20	24	11,55	30,75	17	8,36	2	28,36	18	8,71	48,16	30	14,21	2 · 02
3	47,36	36	11,67	31,59	26	8,45	3	29,23	27	8,83	49,59	45	14,41	3 · 03
4	48,54	48	11,79	32,44	35	8,53	4	30,12	36	8,95	51,04	60	14,61	4 · 04
5,5	49,72	60	11,91	33,29	44	8,62	5,5	31,02	46	9,07	52,51	75	14,80	5 · 05
6	50,92	72	12,03	34,16	52	8,71	6	31,96	55	9,19	54,00	89	15,00	6 · 05
7	52,13	84	12,15	35,03	61	8,79	7	32,86	64	9,31	55,51	1,04	15,20	7 · 06
8	53,35	96	12,26	35,92	70	8,88	8	33,80	73	9,44	57,04	1,19	15,40	8 · 07
9	54,58	1,08	12,38	36,81	78	8,97	9	34,75	82	9,56	58,59	1,34	15,59	9 · 08
6,0	55,82	1,32	12,50	37,71	95	9,05	6,0	35,71	1,03	9,68	60,16	1,69	15,79	12
1	57,08	13	12,62	38,62	10	9,14	1	36,68	10	9,80	61,75	17	15,99	1 · 01
2	58,35	26	12,74	39,54	19	9,22	2	37,67	21	9,92	63,36	34	16,18	2 · 02
3	59,63	40	12,86	40,47	29	9,31	3	38,67	31	10,04	64,98	51	16,38	3 · 04
4	60,92	53	12,98	41,40	38	9,40	4	39,68	41	10,16	66,63	68	16,58	4 · 05
6,5	62,22	66	13,10	42,34	48	9,48	6,5	40,70	52	10,28	68,30	85	16,78	5 · 06
6	63,54	79	13,22	43,30	57	9,57	6	41,73	62	10,40	69,99	1,01	16,97	6 · 07
7	64,87	92	13,34	44,26	67	9,66	7	42,78	72	10,52	71,69	1,18	17,17	7 · 08
8	66,21	1,06	13,45	45,23	76	9,74	8	43,84	82	10,65	73,42	1,35	17,37	8 · 10
9	67,56	1,19	13,57	46,21	86	9,83	9	44,91	93	10,77	75,17	1,52	17,57	9 · 11
7,0	68,92	1,44	13,69	47,19	1,04	9,91	7,0	45,99	1,16	10,89	76,94	1,88	17,76	20
1	70,30	14	13,81	48,19	10	10,00	1	47,09	12	11,01	78,72	19	17,96	1 · 02
2	71,68	29	13,93	49,19	21	10,09	2	48,20	23	11,13	80,53	38	18,16	2 · 04
3	73,08	43	14,05	50,21	31	10,17	3	49,31	35	11,25	82,35	56	18,36	3 · 06
4	74,49	58	14,17	51,23	42	10,26	4	50,45	46	11,37	84,20	75	18,55	4 · 08
7,5	75,91	72	14,29	52,26	52	10,34	7,5	51,59	58	11,49	86,06	94	18,75	5 · 10
6	77,35	86	14,41	53,30	62	10,43	6	52,75	70	11,61	87,95	1,13	18,95	6 · 12
7	78,80	1,01	14,53	54,34	73	10,51	7	53,91	81	11,73	89,85	1,32	19,15	7 · 14
8	80,26	1,15	14,65	55,40	83	10,60	8	55,09	93	11,86	91,78	1,50	19,34	8 · 16
9	81,73	1,30	14,76	56,47	91	10,69	9	56,28	1,04	11,98	93,72	1,69	19,54	9 · 18
8,0	83,21	1,55	14,88	57,54	1,13	10,78	8,0	57,49	1,28	12,10	95,69	2,03	19,74	
1	84,70	16	15,00	58,62	11	10,86	1	58,70	13	12,22	97,67	21	19,94	
2	86,21	31	15,12	59,71	23	10,95	2	59,93	26	12,34	99,67	42	20,13	
3	87,73	47	15,24	60,81	34	11,03	3	61,17	38	12,46	101,70	62	20,33	
4	89,26	62	15,36	61,92	45	11,12	4	62,42	51	12,58	103,74	83	20,53	
8,5	90,80	78	15,48	63,03	57	11,21	8,5	63,69	64	12,70	105,80	1,04	20,72	
6	92,35	93	15,60	64,16	68	11,29	6	64,95	77	12,82	107,88	1,25	20,92	
7	93,92	1,09	15,72	65,29	79	11,38	7	66,25	90	12,94	109,99	1,46	21,12	
8	95,50	1,24	15,84	66,43	90	11,47	8	67,55	1,02	13,07	112,11	1,66	21,32	
9	97,09	1,40	15,96	67,59	1,02	11,55	9	68,86	1,15	13,19	114,25	1,87	21,51	
9,0	98,69	1,67	16,07	68,74	1,21	11,64	9,0	70,19	1,50	13,31	116,41	2,28	21,71	
1	100,30	17	16,19	69,91	12	11,72	1	71,53	14	13,43	118,59	23	21,91	
2	101,93	33	16,31	71,09	24	11,81	2	72,88	28	13,55	120,79	46	22,11	
3	103,56	50	16,43	72,27	36	11,90	3	74,24	42	13,67	123,01	68	22,31	
4	105,21	67	16,55	73,47	48	11,98	4	75,61	56	13,79	125,25	91	22,51	
9,5	106,87	84	16,67	74,67	61	12,07	9,5	76,99	70	13,91	127,51	1,14	22,70	
6	108,55	1,00	16,79	75,88	73	12,15	6	78,39	84	14,03	129,79	1,37	22,90	
7	110,23	1,18	16,91	77,10	85	12,24	7	79,80	98	14,15	132,09	1,60	23,09	
8	111,93	1,35	17,03	78,33	97	12,33	8	81,22	1,12	14,28	134,41	1,82	23,29	
9	113,66	1,51	17,15	79,57	1,09	12,41	9	82,66	1,26	14,40	136,75	2,05	23,49	
	ΔL	11			9			ΔL	12				20	

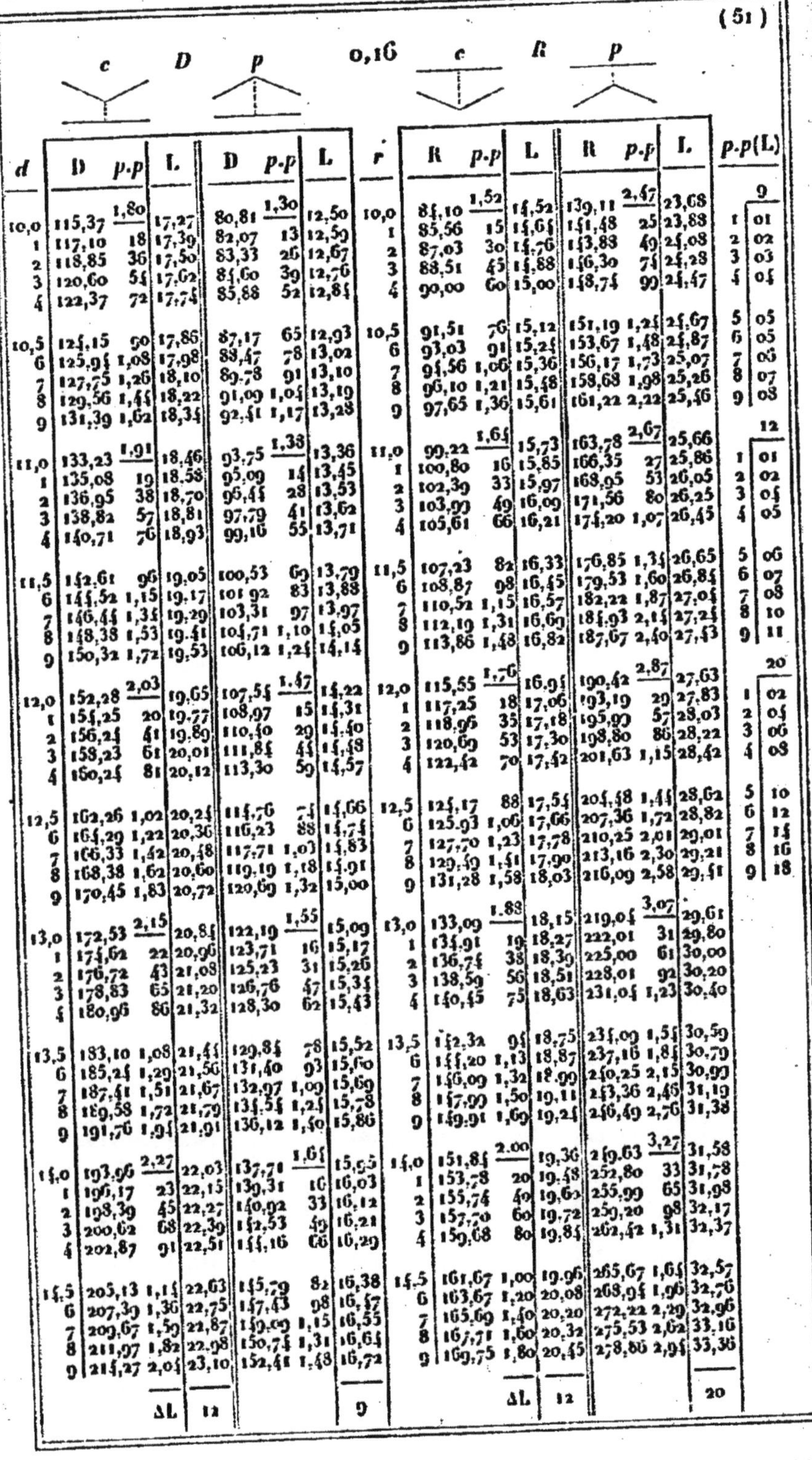

Headers (with geometric symbols): **c** — **D** — **p** · **0,16** · **c** — **R** — **p**

d	D	p.p	L	D	p.p	L	r	R	p.p	L	R	p.p	L
10,0	115,37	1,80	17,27	80,81	1,30	12,50	10,0	84,10	1,52	14,52	139,11	2,47	23,68
1	117,10	18	17,39	82,07	13	12,59	1	85,56	15	14,64	141,48	25	23,88
2	118,85	36	17,50	83,33	26	12,67	2	87,03	30	14,76	143,83	49	24,08
3	120,60	54	17,62	84,60	39	12,76	3	88,51	45	14,88	146,30	74	24,28
4	122,37	72	17,74	85,88	52	12,84	4	90,00	60	15,00	148,74	99	24,47
10,5	124,15	90	17,86	87,17	65	12,93	10,5	91,51	76	15,12	151,19	1,24	24,67
6	125,94	1,08	17,98	88,47	78	13,02	6	93,03	91	15,24	153,67	1,48	24,87
7	127,75	1,26	18,10	89,78	91	13,10	7	94,56	1,06	15,36	156,17	1,73	25,07
8	129,56	1,44	18,22	91,09	1,04	13,19	8	96,10	1,21	15,48	158,68	1,98	25,26
9	131,39	1,62	18,34	92,41	1,17	13,28	9	97,65	1,36	15,61	161,22	2,22	25,46
11,0	133,23	1,91	18,46	93,75	1,38	13,36	11,0	99,22	1,64	15,73	163,78	2,67	25,66
1	135,08	19	18,58	95,09	14	13,45	1	100,80	16	15,85	166,35	27	25,86
2	136,95	38	18,70	96,44	28	13,53	2	102,39	33	15,97	168,95	53	26,05
3	138,82	57	18,81	97,79	41	13,62	3	103,99	49	16,09	171,56	80	26,25
4	140,71	76	18,93	99,16	55	13,71	4	105,61	66	16,21	174,20	1,07	26,45
11,5	142,61	96	19,05	100,53	69	13,79	11,5	107,23	82	16,33	176,85	1,34	26,65
6	144,52	1,15	19,17	101,92	83	13,88	6	108,87	98	16,45	179,53	1,60	26,84
7	146,44	1,34	19,29	103,31	97	13,97	7	110,52	1,15	16,57	182,22	1,87	27,04
8	148,38	1,53	19,41	104,71	1,10	14,05	8	112,19	1,31	16,69	184,93	2,14	27,24
9	150,32	1,72	19,53	106,12	1,24	14,14	9	113,86	1,48	16,82	187,67	2,40	27,43
12,0	152,28	2,03	19,65	107,55	1,47	14,22	12,0	115,55	1,76	16,94	190,42	2,87	27,63
1	154,25	20	19,77	108,97	15	14,31	1	117,25	18	17,06	193,19	29	27,83
2	156,24	41	19,89	110,40	29	14,40	2	118,96	35	17,18	195,99	57	28,03
3	158,23	61	20,01	111,84	44	14,48	3	120,69	53	17,30	198,80	86	28,22
4	160,24	81	20,12	113,30	59	14,57	4	122,42	70	17,42	201,63	1,15	28,42
12,5	162,26	1,02	20,24	114,76	74	14,66	12,5	124,17	88	17,54	204,48	1,44	28,62
6	164,29	1,22	20,36	116,23	88	14,74	6	125,93	1,06	17,66	207,36	1,72	28,82
7	166,33	1,42	20,48	117,71	1,03	14,83	7	127,70	1,23	17,78	210,25	2,01	29,01
8	168,38	1,62	20,60	119,19	1,18	14,91	8	129,49	1,41	17,90	213,16	2,30	29,21
9	170,45	1,83	20,72	120,69	1,32	15,00	9	131,28	1,58	18,03	216,09	2,58	29,41
13,0	172,53	2,15	20,84	122,19	1,55	15,09	13,0	133,09	1,83	18,15	219,04	3,07	29,61
1	174,62	22	20,96	123,71	16	15,17	1	134,91	19	18,27	222,01	31	29,80
2	176,72	43	21,08	125,23	31	15,26	2	136,74	38	18,39	225,00	61	30,00
3	178,83	65	21,20	126,76	47	15,34	3	138,59	56	18,51	228,01	92	30,20
4	180,96	86	21,32	128,30	62	15,43	4	140,45	75	18,63	231,04	1,23	30,40
13,5	183,10	1,08	21,44	129,84	78	15,52	13,5	142,32	94	18,75	234,09	1,54	30,59
6	185,24	1,29	21,56	131,40	93	15,60	6	144,20	1,13	18,87	237,16	1,84	30,79
7	187,41	1,51	21,67	132,97	1,09	15,69	7	146,09	1,32	18,99	240,25	2,15	30,99
8	189,58	1,72	21,79	134,55	1,24	15,78	8	147,99	1,50	19,11	243,36	2,46	31,19
9	191,76	1,94	21,91	136,12	1,40	15,86	9	149,91	1,69	19,24	246,49	2,76	31,38
14,0	193,96	2,27	22,03	137,71	1,64	15,95	14,0	151,84	2,00	19,36	249,63	3,27	31,58
1	196,17	23	22,15	139,31	16	16,03	1	153,78	20	19,48	252,80	33	31,78
2	198,39	45	22,27	140,92	33	16,12	2	155,74	40	19,60	255,99	65	31,98
3	200,62	68	22,39	142,53	49	16,21	3	157,70	60	19,72	259,20	98	32,17
4	202,87	91	22,51	144,16	66	16,29	4	159,68	80	19,84	262,42	1,31	32,37
14,5	205,13	1,14	22,63	145,79	82	16,38	14,5	161,67	1,00	19,96	265,67	1,64	32,57
6	207,39	1,36	22,75	147,43	98	16,47	6	163,67	1,20	20,08	268,94	1,96	32,76
7	209,67	1,59	22,87	149,09	1,15	16,55	7	165,69	1,40	20,20	272,22	2,29	32,96
8	211,97	1,82	22,98	150,74	1,31	16,64	8	167,71	1,60	20,32	275,53	2,62	33,16
9	214,27	2,04	23,10	152,41	1,48	16,72	9	169,75	1,80	20,45	278,86	2,94	33,36
		ΔL	12			9			ΔL	12			20

p·p (L)

9		12		20	
1	01	1	01	1	02
2	02	2	02	2	04
3	03	3	04	3	06
4	04	4	05	4	08
5	05	5	06	5	10
6	05	6	07	6	12
7	06	7	08	7	14
8	07	8	10	8	16
9	08	9	11	9	18

c D p 0,17 c R p

d	D	p.p	L	D	p.p	R	L	r	D	R	p.p	L	D	R	p.p	L	p.p(L)	
0,0	2,39	61	5,42	0,00		1,03	4,03	0,0	2,39	0,00		5,42		1,03	51	4,03		9
1	2,94	06	5,54	0,03		0,66	3,83	1	1,88	0,03		5,30		1,44	05	4,23	1	01
2	3,50	12	5,66	0,12		0,38	3,62	2	1,45	0,10		5,18		1,87	10	4,43	2	02
3	4,07	18	5,78	0,32		0,16	3,82	3	1,08	0,23		5,06		2,33	15	4,63	3	03
4	4,65	24	5,90	0,59		0,04	3,91	4	0,79	0,42		4,94		2,80	20	4,83	4	04
0,5	5,25	31	6,02	0,94			3,99	0,5	0,56	0,66		4,82		3,29	26	5,03	5	05
6	5,86	37	6,14	1,34			4,08	6	0,34	1,04		4,30		3,81	31	5,23	6	05
7	6,48	43	6,27	1,76			4,16	7	0,22	1,35		4,18		4,34	36	5,44	7	06
8	7,11	49	6,39	2,19			4,53	8	0,13	1,67		4,06		4,89	41	5,64	8	07
9	7,75	55	6,51	2,65			4,62	9	0,06	2,00		3,94		5,47	46	5,84	9	08
1,0	8,41	73	6,63	3,12	52		4,70	1,0		2,38	42	3,59		6,06	72	6,04		12
1	9,08	07	6,75	3,59	05		4,79	1		2,74	04	3,71		6,68	07	6,24	1	01
2	9,76	15	6,87	4,07	10		4,87	2		3,12	08	3,82		7,31	14	6,44	2	02
3	10,45	22	6,99	4,57	16		4,96	3		3,51	13	3,94		7,96	22	6,64	3	04
4	11,16	29	7,11	5,07	21		5,04	4		3,91	17	4,06		8,64	29	6,85	4	05
1,5	11,88	37	7,23	5,57	26		5,13	1,5		4,32	21	4,18		9,33	36	7,05	5	06
6	12,61	44	7,35	6,09	31		5,21	6		4,75	25	4,30		10,05	43	7,25	6	07
7	13,35	51	7,47	6,62	36		5,30	7		5,18	29	4,42		10,78	50	7,45	7	08
8	14,10	58	7,59	7,15	43		5,38	8		5,63	34	4,54		11,54	58	7,65	8	10
9	14,86	66	7,71	7,69	47		5,47	9		6,09	38	4,66		12,31	65	7,85	9	11
2,0	15,64	85	7,83	8,25	60		5,56	2,0		6,56	54	4,78		13,11	92	8,05		20
1	16,43	09	7,95	8,81	06		5,64	1		7,05	05	4,90		13,92	09	8,25	1	02
2	17,23	17	8,07	9,37	12		5,73	2		7,54	11	5,02		14,76	18	8,46	2	04
3	18,04	26	8,19	9,95	18		5,81	3		8,05	16	5,14		15,61	28	8,66	3	06
4	18,87	34	8,31	10,54	24		5,90	4		8,57	22	5,26		16,49	37	8,86	4	08
2,5	19,71	43	8,43	11,13	30		5,98	2,5		9,10	27	5,38		17,39	46	9,06	5	10
6	20,56	51	8,55	11,73	36		6,07	6		9,65	32	5,50		18,30	55	9,26	6	12
7	21,42	60	8,68	12,34	42		6,15	7		10,20	38	5,62		19,24	64	9,46	7	14
8	22,29	68	8,80	12,95	48		6,24	8		10,77	43	5,74		20,19	74	9,66	8	16
9	23,18	77	8,92	13,[illegible]9	54		6,33	9		11,35	49	5,86		21,17	83	9,86	9	18
3,0	24,07	97	9,04	14,23	69		6,41	3,0		11,94	66	5,98		22,17	1,12	10,07		
1	24,98	10	9,16	14,87	07		6,50	1		12,55	07	6,10		23,18	11	10,27		
2	25,91	19	9,28	15,53	14		6,58	2		13,16	13	6,21		24,22	22	10,47		
3	26,84	29	9,40	16,19	21		6,67	3		13,79	20	6,33		25,28	34	10,67		
4	27,79	39	9,52	16,86	28		6,75	4		14,43	26	6,45		26,35	45	10,87		
3,5	28,74	49	9,64	17,54	35		6,84	3,5		15,08	33	6,57		27,45	56	11,07		
6	29,71	58	9,76	18,23	41		6,92	6		15,74	40	6,69		28,57	67	11,27		
7	30,70	68	9,88	18,93	48		7,01	7		16,42	46	6,81		29,71	78	11,47		
8	31,69	78	10,00	19,63	55		7,09	8		17,10	53	6,93		30,86	90	11,68		
9	32,70	87	10,12	20,35	62		7,18	9		17,80	59	7,05		32,04	1,01	11,88		
4,0	33,71	1,09	10,24	21,07	77		7,27	4,0		18,51	78	7,17		33,24	1,32	12,08		
1	34,74	11	10,36	21,80	08		7,35	1		19,24	08	7,29		34,46	13	12,28		
2	35,79	22	10,48	22,54	15		7,44	2		19,97	16	7,41		35,70	26	12,48		
3	36,84	33	10,60	23,29	23		7,52	3		20,72	23	7,53		36,95	40	12,68		
4	37,91	44	10,72	24,04	31		7,61	4		21,48	31	7,65		38,23	53	12,88		
4,5	38,98	55	10,84	24,81	39		7,69	4,5		22,25	39	7,77		39,53	66	13,09		
6	40,07	65	10,96	25,58	46		7,78	6		23,03	47	7,89		40,85	79	13,29		
7	41,18	76	11,09	26,36	54		7,86	7		23,83	55	8,01		42,19	92	13,49		
8	42,29	87	11,21	27,15	62		7,95	8		24,63	62	8,13		43,55	1,06	13,69		
9	43,42	98	11,33	27,95	69		8,04	9		25,45	71	8,25		44,93	1,19	13,89		
		ΔL	12				9				ΔL	12				20		

c D p 0,17 c R p

d	D	p.p	L	D	p.p	L	r	R	p.p	L	R	p.p	L	p.p(L)
5,0	44,56	1,21	11,45	28,76	86	8,12	5,0	26,28	90	8,37	46,33	1,52	14,09	9
1	45,71	12	11,57	29,57	09	8,21	1	27,13	09	8,49	47,75	15	14,30	1 01
2	46,87	24	11,69	30,40	17	8,29	2	27,98	18	8,61	49,19	30	14,50	2 02
3	48,05	36	11,81	31,23	26	8,38	3	28,85	27	8,73	50,65	46	14,70	3 03
4	49,24	48	11,93	32,07	34	8,46	4	29,73	36	8,84	52,13	61	14,90	4 04
5,5	50,44	61	12,05	32,92	43	8,55	5,5	30,62	45	8,96	53,63	76	15,10	5 05
6	51,65	73	12,17	33,78	52	8,63	6	31,52	54	9,08	55,15	91	15,30	6 05
7	52,87	85	12,29	34,65	60	8,72	7	32,43	63	9,20	56,69	1,06	15,50	7 06
8	54,10	97	12,41	35,53	69	8,80	8	33,36	72	9,32	58,25	1,22	15,70	8 07
9	55,35	1,09	12,53	36,41	77	8,89	9	34,30	81	9,44	59,83	1,37	15,91	9 08
6,0	56,61	1,33	12,65	37,31	94	8,97	6,0	35,25	1,02	9,56	61,43	1,72	16,11	12
1	57,88	13	12,77	38,21	09	9,06	1	36,21	10	9,68	63,05	17	16,31	1 01
2	59,16	27	12,89	39,12	19	9,15	2	37,18	20	9,80	64,69	34	16,51	2 02
3	60,46	40	13,01	40,04	28	9,23	3	38,17	31	9,92	66,35	52	16,71	3 04
4	61,77	53	13,13	40,96	38	9,32	4	39,17	41	10,04	68,03	69	16,91	4 05
6,5	63,09	67	13,25	41,90	47	9,40	6,5	40,18	51	10,16	69,73	85	17,11	5 06
6	64,42	80	13,37	42,84	56	9,49	6	41,20	61	10,28	71,46	1,03	17,31	6 07
7	65,76	93	13,49	43,80	66	9,57	7	42,23	71	10,40	73,20	1,20	17,52	7 08
8	67,12	1,06	13,62	44,76	75	9,66	8	43,28	82	10,52	74,96	1,38	17,72	8 10
9	68,48	1,20	13,74	45,73	85	9,74	9	44,34	92	10,64	76,74	1,55	17,92	9 11
7,0	69,86	1,45	13,86	46,71	1,03	9,83	7,0	45,41	1,14	10,76	78,54	1,92	18,12	20
1	71,26	15	13,98	47,69	10	9,92	1	46,49	11	10,88	80,37	19	18,32	1 02
2	72,66	29	14,10	48,69	21	10,00	2	47,58	23	11,00	82,21	38	18,52	2 04
3	74,08	44	14,22	49,69	31	10,09	3	48,69	34	11,12	84,07	58	18,72	3 06
4	75,50	58	14,34	50,71	41	10,17	4	49,81	46	11,23	85,95	77	18,93	4 08
7,5	76,94	73	14,46	51,73	52	10,26	7,5	50,93	57	11,35	87,86	96	19,13	5 10
6	78,40	87	14,58	52,76	62	10,34	6	52,08	68	11,47	89,78	1,15	19,33	6 12
7	79,86	1,02	14,70	53,80	72	10,43	7	53,23	80	11,59	91,72	1,34	19,53	7 14
8	81,34	1,16	14,82	54,84	82	10,51	8	54,39	91	11,71	93,68	1,54	19,73	8 16
9	82,82	1,31	14,94	55,90	93	10,60	9	55,57	1,03	11,83	95,67	1,73	19,93	9 18
8,0	84,32	1,57	15,06	56,96	1,12	10,68	8,0	56,76	1,26	11,95	97,67	2,12	20,13	
1	85,84	16	15,18	58,04	11	10,77	1	57,96	13	12,07	99,69	21	20,33	
2	87,36	31	15,30	59,12	22	10,86	2	59,17	25	12,19	101,74	42	20,54	
3	88,90	47	15,42	60,21	34	10,94	3	60,40	38	12,31	103,80	64	20,74	
4	90,44	63	15,54	61,31	45	11,03	4	61,64	50	12,43	105,88	85	20,94	
8,5	92,00	79	15,66	62,41	56	11,11	8,5	62,88	63	12,55	107,99	1,06	21,14	
6	93,58	94	15,78	63,53	67	11,20	6	64,15	76	12,67	110,11	1,27	21,34	
7	95,16	1,10	15,90	64,65	78	11,28	7	65,42	88	12,79	112,26	1,48	21,54	
8	96,76	1,26	16,03	65,79	90	11,37	8	66,70	1,01	12,91	114,42	1,70	21,74	
9	98,37	1,41	16,15	66,93	1,01	11,45	9	68,00	1,13	13,03	116,60	1,91	21,94	
9,0	99,99	1,6.	16,27	68,08	1,20	11,54	9,0	69,31	1,38	13,15	118,81	2,32	22,15	
1	101,62	17	16,39	69,23	12	11,63	1	70,63	14	13,27	121,03	23	22,35	
2	103,26	34	16,51	70,40	24	11,71	2	71,96	28	13,39	123,28	46	22,55	
3	104,92	51	16,63	71,58	36	11,80	3	73,31	41	13,51	125,54	70	22,75	
4	106,59	68	16,75	72,76	48	11,88	4	74,66	55	13,62	127,83	93	22,95	
9,5	108,27	85	16,87	73,95	60	11,97	9,5	76,03	69	13,74	130,13	1,16	23,15	
6	109,96	1,01	16,99	75,15	72	12,05	6	77,41	83	13,86	132,46	1,39	23,35	
7	111,67	1,18	17,11	76,36	84	12,14	7	78,80	97	13,98	134,80	1,62	23,56	
8	113,39	1,35	17,23	77,58	96	12,22	8	80,21	1,10	14,10	137,17	1,85	23,76	
9	115,12	1,52	17,35	78,81	1,08	12,31	9	81,62	1,24	14,22	139,56	2,09	23,96	
		ΔL	12			9			ΔL	12			20	

(54)

	c ∨ D			∧ D P			0,17	c ∨ R			∧ R P		
d	D	p.p	L	D	p.p	L	r	R	p.p	L	R	p.p	L	p.p(L.)
10,0	116,86	1,81	17,47	80,04	1,29	12,39	10,0	83,06	1,40	14,34	141,97	2,53	24,16	9
1	118,61	18	17,59	81,28	13	12,48	1	84,50	14	14,46	144,39	25	24,36	1 01
2	120,38	36	17,71	82,54	26	12,56	2	85,95	28	14,58	146,84	51	24,56	2 02
3	122,15	54	17,83	83,80	39	12,65	3	87,41	42	14,70	149,30	76	24,76	3 03
4	123,94	72	17,95	85,07	52	12,74	4	88,89	56	14,82	151,79	1,01	24,97	4 04
10,5	125,74	91	18,07	86,34	65	12,82	10,5	90,38	70	14,94	154,30	1,27	25,17	5 05
6	127,56	1,09	18,19	87,63	77	12,91	6	91,88	84	15,06	156,83	1,52	25,37	6 05
7	129,38	1,27	18,31	88,93	90	13,00	7	93,39	98	15,18	159,37	1,77	25,57	7 05
8	131,22	1,45	18,44	90,23	1,03	13,08	8	94,91	1,12	15,30	161,94	2,02	25,77	8 07
9	133,07	1,63	18,56	91,54	1,16	13,16	9	96,45	1,26	15,42	164,53	2,28	25,97	9 08
11,0	134,93	1,93	18,68	92,86	1,37	13,25	11,0	98,00	1,62	15,54	167,13	2,73	26,17	12
1	136,80	19	18,80	94,19	14	13,33	1	99,56	16	15,66	169,76	27	26,38	1 01
2	138,69	39	18,92	95,53	27	13,42	2	101,13	32	15,78	172,41	55	26,58	2 02
3	140,59	58	19,04	96,87	41	13,50	3	102,71	49	15,90	175,08	82	26,78	3 04
4	142,50	77	19,16	98,23	55	13,59	4	104,31	65	16,02	177,76	1,09	26,98	4 05
11,5	144,42	97	19,28	99,59	69	13,68	11,5	105,92	81	16,14	180,47	1,37	27,18	5 06
6	146,35	1,16	19,40	100,94	82	13,76	6	107,54	97	16,25	183,20	1,64	27,38	6 07
7	148,30	1,35	19,52	102,34	96	13,85	7	109,17	1,13	16,37	185,95	1,91	27,58	7 08
8	150,26	1,55	19,64	103,73	1,10	13,93	8	110,81	1,30	16,49	188,72	2,18	27,78	8 10
9	152,23	1,74	19,76	105,13	1,23	14,02	9	112,46	1,46	16,61	191,51	2,46	27,98	9 11
12,0	154,21	2,05	19,88	106,54	1,46	14,10	12,0	114,13	1,74	16,73	194,31	2,93	28,19	20
1	156,20	21	20,00	107,95	15	14,19	1	115,81	17	16,85	197,14	29	28,39	1 02
2	158,21	41	20,12	109,37	29	14,27	2	117,50	35	16,97	199,99	59	28,59	2 04
3	160,23	62	20,24	110,81	44	14,36	3	119,20	52	17,09	202,85	88	28,79	3 06
4	162,26	82	20,36	112,25	58	14,45	4	120,92	70	17,21	205,75	1,17	28,99	4 08
12,5	164,30	1,03	20,48	113,70	73	14,53	12,5	122,65	87	17,33	208,66	1,46	29,19	5 10
6	166,35	1,23	20,60	115,15	88	14,62	6	124,39	1,05	17,45	211,59	1,76	29,39	6 12
7	168,42	1,44	20,72	116,62	1,02	14,70	7	126,14	1,21	17,57	214,54	2,05	29,60	7 14
8	170,50	1,64	20,85	118,09	1,17	14,79	8	127,90	1,39	17,69	217,51	2,34	29,80	8 16
9	172,59	1,85	20,97	119,58	1,31	14,87	9	129,67	1,58	17,81	220,50	2,64	30,00	9 18
13,0	174,69	2,18	21,09	121,07	1,54	14,95	13,0	131,46	1,86	17,93	223,51	3,13	30,20	
1	176,81	22	21,21	122,57	15	15,04	1	133,26	19	18,05	226,54	31	30,40	
2	178,94	44	21,33	124,08	31	15,13	2	135,07	37	18,17	229,59	63	30,60	
3	181,07	65	21,45	125,59	46	15,24	3	136,89	56	18,29	232,66	94	30,80	
4	183,23	87	21,57	127,12	62	15,30	4	138,73	74	18,41	235,75	1,25	31,01	
13,5	185,39	1,09	21,69	128,65	77	15,39	13,5	140,58	93	18,53	238,85	1,57	31,21	
6	187,56	1,31	21,81	130,20	92	15,47	6	142,43	1,12	18,64	241,99	1,83	31,41	
7	189,75	1,53	21,93	131,75	1,08	15,56	7	144,30	1,30	18,76	245,14	2,19	31,61	
8	191,95	1,74	22,05	133,31	1,23	15,64	8	146,19	1,49	18,88	248,31	2,50	31,81	
9	194,16	1,96	22,17	134,88	1,40	15,73	9	148,08	1,67	19,00	251,50	2,82	32,01	
14,0	196,38	2,30	22,29	136,45	1,63	15,81	14,0	149,99	1,98	19,12	254,71	3,33	32,21	
1	198,62	23	22,41	138,04	16	15,90	1	151,90	20	19,24	257,95	33	32,41	
2	200,87	46	22,53	139,63	33	15,98	2	153,83	40	19,36	261,20	67	32,62	
3	203,12	69	22,65	141,24	49	16,07	3	155,78	60	19,48	264,47	1,00	32,81	
4	205,40	92	22,77	142,85	65	16,16	4	157,73	79	19,60	267,76	1,33	33,02	
14,5	207,68	1,15	22,89	144,47	82	16,24	14,5	159,70	99	19,72	271,07	1,67	33,22	
6	209,97	1,38	23,01	146,09	98	16,33	6	161,67	1,19	19,84	274,41	2,00	33,42	
7	212,28	1,61	23,13	147,73	1,14	16,41	7	163,66	1,39	19,95	277,76	2,33	33,62	
8	214,60	1,84	23,26	149,38	1,30	16,50	8	165,66	1,58	20,08	281,13	2,66	33,82	
9	216,93	2,07	23,38	151,03	1,47	16,58	9	167,68	1,78	20,20	284,52	3,00	34,02	
	ΔL	12				9		ΔL	12				20	

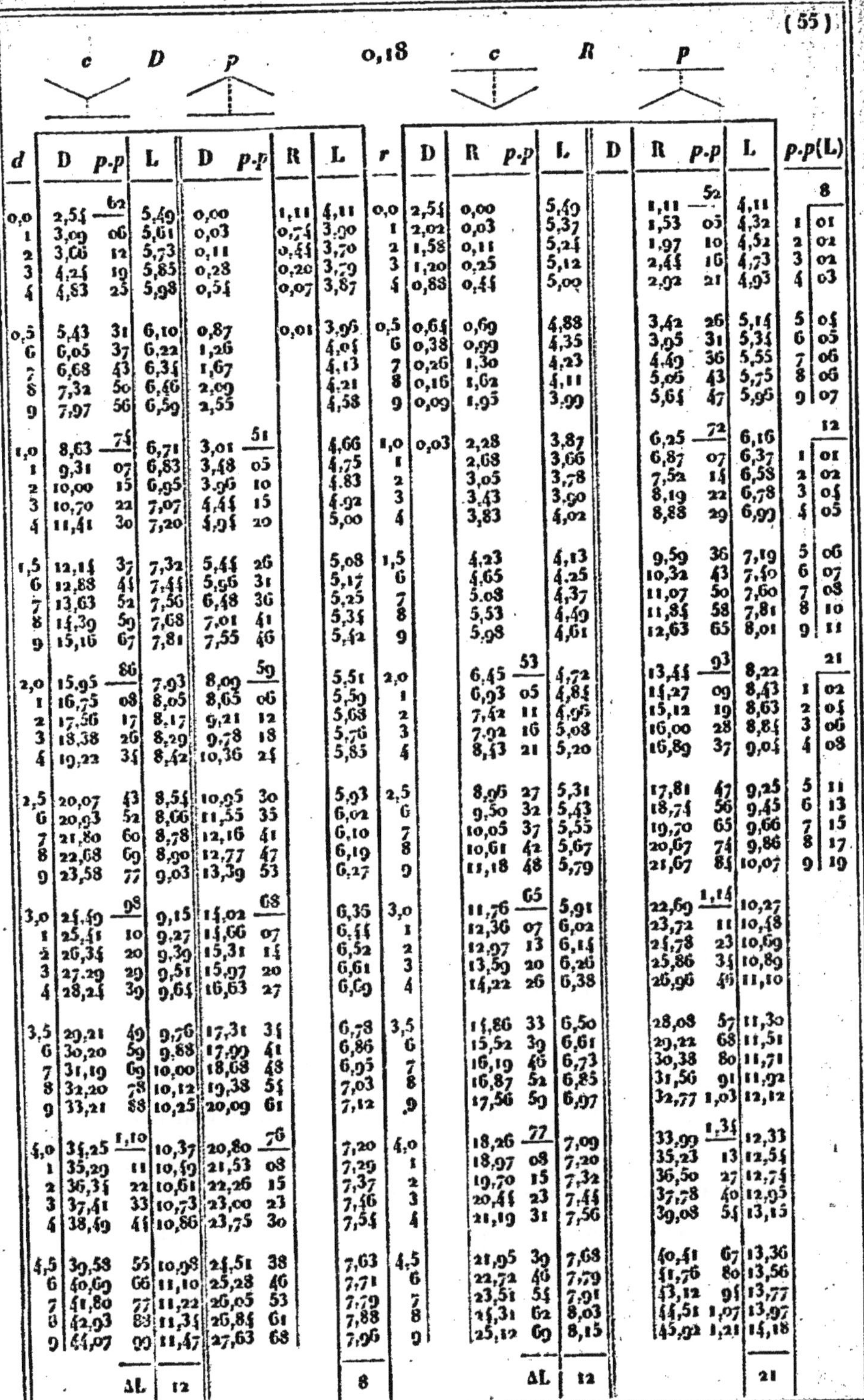

Left group (c, D, p):

d	D	p.p	L	D	p.p	R	L
0,0	2,55	62	5,49	0,00		1,11	4,11
1	3,09	06	5,61	0,03		0,74	3,00
2	3,66	12	5,73	0,11		0,44	3,70
3	4,25	19	5,85	0,28		0,20	3,79
4	4,83	25	5,98	0,55		0,07	3,87
0,5	5,43	31	6,10	0,87		0,01	3,95
6	6,05	37	6,22	1,26			4,05
7	6,68	43	6,35	1,67			4,13
8	7,32	50	6,46	2,09			4,21
9	7,97	56	6,59	2,55			4,58
1,0	8,63	75	6,71	3,01	51		4,66
1	9,31	07	6,83	3,48	05		4,75
2	10,00	15	6,95	3,95	10		4,83
3	10,70	22	7,07	4,45	15		4,92
4	11,41	30	7,20	4,95	20		5,00
1,5	12,14	37	7,32	5,45	26		5,08
6	12,88	44	7,44	5,96	31		5,17
7	13,63	52	7,56	6,48	36		5,25
8	14,39	59	7,68	7,01	41		5,35
9	15,16	67	7,81	7,55	46		5,42
2,0	15,95	86	7,93	8,09	59		5,51
1	16,75	08	8,05	8,65	06		5,59
2	17,56	17	8,17	9,21	12		5,63
3	18,38	26	8,29	9,78	18		5,76
4	19,22	35	8,42	10,36	24		5,85
2,5	20,07	43	8,55	10,95	30		5,93
6	20,93	52	8,66	11,55	35		6,02
7	21,80	60	8,78	12,16	41		6,10
8	22,68	69	8,90	12,77	47		6,19
9	23,58	77	9,03	13,39	53		6,27
3,0	24,49	98	9,15	14,02	68		6,35
1	25,41	10	9,27	14,66	07		6,44
2	26,35	20	9,39	15,31	14		6,52
3	27,29	29	9,51	15,97	20		6,61
4	28,24	39	9,64	16,63	27		6,69
3,5	29,21	49	9,76	17,31	34		6,78
6	30,20	59	9,88	17,99	41		6,86
7	31,19	69	10,00	18,68	48		6,95
8	32,20	78	10,12	19,38	55		7,03
9	33,21	88	10,25	20,09	61		7,12
4,0	34,25	1,10	10,37	20,80	76		7,20
1	35,29	11	10,49	21,53	08		7,29
2	36,35	22	10,61	22,26	15		7,37
3	37,41	33	10,73	23,00	23		7,46
4	38,49	44	10,86	23,75	30		7,54
4,5	39,58	55	10,98	24,51	38		7,63
6	40,69	66	11,10	25,28	46		7,71
7	41,80	77	11,22	26,05	53		7,79
8	42,93	88	11,35	26,85	61		7,88
9	44,07	99	11,47	27,63	68		7,96
	ΔL	12					8

Right group (c, R, p):

r	D	R	p.p	L	D	R	p.p	L
0,0	2,55	0,00		5,49		1,11	52	4,11
1	2,02	0,03		5,37		1,53	05	4,32
2	1,58	0,11		5,24		1,97	10	4,52
3	1,20	0,25		5,12		2,45	16	4,73
4	0,88	0,44		5,00		2,92	21	4,93
0,5	0,65	0,69		4,88		3,42	26	5,14
6	0,38	0,99		4,35		3,95	31	5,34
7	0,26	1,30		4,23		4,49	36	5,55
8	0,16	1,62		4,11		5,05	43	5,75
9	0,09	1,95		3,99		5,65	47	5,95
1,0	0,03	2,28		3,87		6,25	72	6,16
1		2,68		3,66		6,87	07	6,37
2		3,05		3,78		7,52	14	6,58
3		3,43		3,90		8,19	22	6,78
4		3,83		4,02		8,88	29	6,99
1,5		4,23		4,13		9,59	36	7,19
6		4,65		4,25		10,32	43	7,40
7		5,08		4,37		11,07	50	7,60
8		5,53		4,49		11,85	58	7,81
9		5,98		4,61		12,63	65	8,01
2,0		6,45	53	4,72		13,45	93	8,22
1		6,93	05	4,85		14,27	09	8,43
2		7,42	11	4,95		15,12	19	8,63
3		7,92	16	5,08		16,00	28	8,85
4		8,43	21	5,20		16,89	37	9,05
2,5		8,95	27	5,31		17,81	47	9,25
6		9,50	32	5,43		18,75	56	9,45
7		10,05	37	5,55		19,70	65	9,66
8		10,61	42	5,67		20,67	74	9,86
9		11,18	48	5,79		21,67	85	10,07
3,0		11,76	65	5,91		22,69	1,14	10,27
1		12,36	07	6,02		23,72	11	10,48
2		12,97	13	6,14		24,78	23	10,69
3		13,59	20	6,26		25,86	35	10,89
4		14,22	26	6,38		26,96	46	11,10
3,5		14,86	33	6,50		28,08	57	11,30
6		15,52	39	6,61		29,22	68	11,51
7		16,19	46	6,73		30,38	80	11,71
8		16,87	52	6,85		31,56	91	11,92
9		17,56	59	6,97		32,77	1,03	12,12
4,0		18,26	77	7,09		33,99	1,35	12,33
1		18,97	08	7,20		35,23	13	12,55
2		19,70	15	7,32		36,50	27	12,74
3		20,45	23	7,44		37,78	40	12,95
4		21,19	31	7,56		39,08	55	13,15
4,5		21,95	39	7,68		40,41	67	13,36
6		22,72	46	7,79		41,76	80	13,56
7		23,51	54	7,91		43,12	91	13,77
8		24,31	62	8,03		44,51	1,07	13,97
9		25,12	69	8,15		45,92	1,21	14,18
		ΔL	12					21

p.p(L):

8		12		21	
1	01	1	01	1	02
2	02	2	02	2	05
3	02	3	04	3	06
4	03	4	05	4	08
5	04	5	06	5	11
6	05	6	07	6	13
7	06	7	08	7	15
8	06	8	10	8	17
9	07	9	11	9	19

(56)

Column groups (with diagrams): **c / D** — **D / p** — center value **0,18** — **c / R** — **R / p**

d	D	p.p	L	D	p.p	L	r	R	p.p	L	R	p.p	L
5,0	45,23	1,23	11,59	28,43	85	8,05	5,0	25,95	89	8,27	47,35	1,55	14,38
1	46,39	12	11,71	29,25	09	8,14	1	26,77	09	8,39	48,79	16	14,59
2	47,57	25	11,83	30,06	17	8,22	2	27,61	18	8,50	50,26	31	14,79
3	48,76	37	11,95	30,88	26	8,30	3	28,47	27	8,62	51,75	47	15,00
4	49,96	49	12,08	31,72	34	8,39	4	29,35	37	8,74	53,26	62	15,21
5,5	51,17	62	12,20	32,56	43	8,47	5,5	30,22	45	8,86	54,79	78	15,41
6	52,40	74	12,32	33,41	51	8,56	6	31,11	53	8,98	56,35	93	15,62
7	53,65	86	12,45	34,27	60	8,65	7	32,01	62	9,09	57,91	1,09	15,82
8	54,89	98	12,56	35,14	68	8,73	8	32,93	71	9,21	59,51	1,25	16,03
9	56,15	1,11	12,69	36,02	77	8,81	9	33,86	80	9,33	61,12	1,40	16,23
6,0	57,42	1,35	12,81	36,91	93	8,90	6,0	34,79	1,00	9,45	62,75	1,75	16,44
1	58,71	14	12,93	37,80	09	8,98	1	35,75	10	9,57	64,41	18	16,65
2	60,01	27	13,05	38,70	19	9,07	2	36,71	20	9,68	66,08	35	16,85
3	61,32	41	13,17	39,61	28	9,15	3	37,68	30	9,80	67,78	53	17,06
4	62,65	54	13,30	40,53	37	9,25	4	38,67	40	9,92	69,49	70	17,26
6,5	63,98	68	13,42	41,46	47	9,32	6,5	39,67	50	10,04	71,23	88	17,47
6	65,33	81	13,55	42,40	56	9,41	6	40,68	60	10,16	72,99	1,05	17,67
7	66,69	95	13,66	43,35	65	9,49	7	41,70	70	10,28	74,76	1,23	17,88
8	68,06	1,08	13,78	44,29	74	9,58	8	42,73	80	10,39	76,56	1,40	18,08
9	69,44	1,22	13,91	45,25	84	9,66	9	43,78	90	10,51	78,38	1,58	18,29
7,0	70,85	1,47	14,03	46,23	1,02	9,74	7,0	44,83	1,12	10,63	80,22	1,95	18,49
1	72,25	15	14,15	47,20	10	9,83	1	45,90	11	10,75	82,08	20	18,70
2	73,67	29	14,27	48,19	20	9,91	2	46,98	22	10,87	83,95	39	18,90
3	75,10	44	14,39	49,19	31	10,00	3	48,08	34	10,98	85,86	59	19,11
4	76,55	59	14,52	50,19	41	10,08	4	49,18	45	11,10	87,78	78	19,32
7,5	78,00	74	14,65	51,20	51	10,17	7,5	50,30	56	11,22	89,72	98	19,52
6	79,47	88	14,76	52,23	61	10,25	6	51,42	67	11,34	91,69	1,18	19,73
7	80,95	1,03	14,88	53,26	71	10,35	7	52,56	78	11,46	93,67	1,37	19,93
8	82,45	1,18	15,00	54,29	82	10,42	8	53,72	90	11,57	95,67	1,57	20,14
9	83,95	1,32	15,13	55,35	92	10,51	9	54,88	1,01	11,69	97,70	1,76	20,34
8,0	85,47	1,59	15,25	56,39	1,10	10,59	8,0	56,05	1,25	11,81	99,75	2,16	20,55
1	87,00	16	15,37	57,46	11	10,68	1	57,24	12	11,93	101,81	22	20,75
2	88,55	32	15,49	58,53	22	10,76	2	58,44	25	12,05	103,89	43	20,96
3	90,10	48	15,61	59,61	33	10,85	3	59,65	38	12,17	106,00	65	21,17
4	91,67	64	15,74	60,70	44	10,93	4	60,87	50	12,28	108,12	86	21,37
8,5	93,25	80	15,86	61,80	55	11,02	8,5	62,11	62	12,40	110,27	1,08	21,58
6	94,85	95	15,98	62,90	66	11,10	6	63,35	75	12,52	112,45	1,30	21,78
7	96,45	1,11	16,10	64,02	77	11,18	7	64,61	87	12,64	114,63	1,51	21,99
8	98,06	1,27	16,22	65,14	88	11,27	8	65,88	99	12,76	116,85	1,73	22,19
9	99,69	1,43	16,35	66,27	99	11,35	9	67,16	1,12	12,87	119,07	1,94	22,40
9,0	101,33	1,71	16,47	67,41	1,19	11,45	9,0	68,46	1,36	12,99	121,32	2,37	22,60
1	102,98	17	16,59	68,56	12	11,52	1	69,76	14	13,11	123,59	24	22,81
2	104,65	34	16,71	69,71	24	11,61	2	71,08	27	13,23	125,88	47	23,01
3	106,32	51	16,83	70,88	36	11,69	3	72,41	41	13,35	128,19	71	23,22
4	108,01	68	16,96	72,05	48	11,78	4	73,75	55	13,46	130,52	95	23,43
9,5	109,71	86	17,08	73,25	60	11,86	9,5	75,10	68	13,58	132,88	1,19	23,63
6	111,43	1,03	17,20	74,43	71	11,95	6	76,46	82	13,70	135,25	1,42	23,85
7	113,15	1,20	17,32	75,62	83	12,03	7	77,85	95	13,82	137,64	1,66	24,05
8	114,89	1,37	17,45	76,83	95	12,12	8	79,23	1,09	13,95	140,06	1,90	24,25
9	116,65	1,54	17,57	78,05	1,07	12,20	9	80,63	1,22	14,05	142,49	2,13	24,45
		∆L	12			8			∆L	12			21

p.p(L)

	8	12	21
1	01	01	02
2	02	02	04
3	02	04	06
4	03	05	08
5	04	06	11
6	05	07	13
7	06	08	15
8	06	10	17
9	07	11	19

Headers: **c ⋁ D** | **D ⋀ p** | **0,18** | **c ⋁ R** | **p ⋀**

d	D	p.p	L	D	p.p	L
10,0	118,42	1,85	17,69	79,28	1,27	12,29
1	120,20	18	17,81	80,51	13	12,37
2	121,98	37	17,93	81,75	25	12,46
3	123,78	55	18,05	83,00	38	12,55
4	125,59	74	18,18	84,26	51	12,63
10,5	127,42	92	18,30	85,53	65	12,71
6	129,25	1,10	18,42	86,80	76	12,80
7	131,10	1,29	18,55	88,09	89	12,88
8	132,96	1,47	18,66	89,38	1,02	12,97
9	134,83	1,66	18,79	90,68	1,15	13,05
11,0	136,72	1,96	18,91	91,99	1,36	13,14
1	138,61	20	19,03	93,31	15	13,22
2	140,52	39	19,15	94,63	27	13,30
3	142,44	59	19,27	95,97	41	13,39
4	144,38	78	19,40	97,31	55	13,47
11,5	146,32	98	19,52	98,66	68	13,56
6	148,28	1,18	19,65	100,02	82	13,65
7	150,25	1,37	19,76	101,39	95	13,73
8	152,23	1,57	19,88	102,77	1,09	13,81
9	154,22	1,76	20,01	104,15	1,22	13,90
12,0	156,23	2,08	20,13	105,55	1,44	13,98
1	158,25	21	20,25	106,95	15	14,07
2	160,28	42	20,37	108,36	29	14,15
3	162,32	62	20,49	109,78	43	14,24
4	164,38	83	20,62	111,21	58	14,32
12,5	166,45	1,05	20,74	112,65	72	14,41
6	168,53	1,25	20,86	114,09	86	14,49
7	170,62	1,46	20,98	115,54	1,01	14,58
8	172,72	1,65	21,10	117,00	1,15	14,66
9	174,85	1,87	21,23	118,47	1,30	14,75
13,0	176,97	2,20	21,35	119,95	1,52	14,83
1	179,11	22	21,47	121,44	15	14,91
2	181,26	45	21,59	122,95	30	15,00
3	183,42	66	21,71	124,44	46	15,08
4	185,60	88	21,85	125,95	61	15,17
13,5	187,79	1,10	21,96	127,47	76	15,25
6	189,93	1,32	22,08	129,00	91	15,35
7	192,21	1,55	22,20	130,54	1,06	15,42
8	194,43	1,76	22,32	132,09	1,22	15,51
9	196,67	1,98	22,45	133,65	1,37	15,59
14,0	198,92	2,32	22,57	135,21	1,61	15,68
1	201,18	23	22,69	136,78	16	15,76
2	203,46	46	22,81	138,36	32	15,85
3	205,75	70	22,93	139,95	48	15,93
4	208,05	93	23,06	141,55	65	16,01
14,5	210,36	1,16	23,18	143,15	81	16,10
6	212,68	1,39	23,30	144,76	97	16,18
7	215,02	1,62	23,42	146,39	1,13	16,27
8	217,36	1,86	23,55	148,12	1,29	16,35
9	219,72	2,09	23,67	149,66	1,45	16,44
		ΔL 12			8	

r	R	p.p	L	R	p.p	L
10,0	82,05	1,58	14,17	145,95	2,57	24,66
1	83,46	15	14,29	147,42	26	24,86
2	84,90	30	14,41	149,92	51	25,07
3	86,35	45	14,53	152,44	77	25,27
4	87,80	59	14,65	154,97	1,03	25,48
10,5	89,27	74	14,76	157,53	1,29	25,69
6	90,76	89	14,88	160,11	1,55	25,89
7	92,25	1,05	15,00	162,71	1,80	26,10
8	93,76	1,18	15,12	165,33	2,06	26,30
9	95,27	1,33	15,24	167,97	2,31	26,51
11,0	96,80	1,60	15,35	170,63	2,78	26,71
1	98,35	16	15,47	173,31	28	26,92
2	99,90	32	15,59	176,01	56	27,12
3	101,46	48	15,71	178,75	83	27,33
4	103,05	65	15,83	181,48	1,11	27,53
11,5	104,63	80	15,95	184,24	1,39	27,74
6	106,23	95	16,06	187,03	1,67	27,95
7	107,85	1,12	16,18	189,83	1,95	28,15
8	109,46	1,28	16,30	192,66	2,22	28,36
9	111,10	1,44	16,42	195,50	2,50	28,56
12,0	112,75	1,71	16,55	198,37	2,98	28,77
1	114,41	17	16,65	201,26	30	28,97
2	116,08	35	16,77	204,17	60	29,18
3	117,76	51	16,89	207,09	89	29,38
4	119,46	68	17,01	210,05	1,19	29,59
12,5	121,16	86	17,13	213,01	1,49	29,80
6	122,88	1,03	17,25	216,00	1,79	30,00
7	124,61	1,20	17,36	219,01	2,09	30,21
8	126,35	1,37	17,48	222,05	2,38	30,41
9	128,11	1,53	17,60	225,09	2,68	30,62
13,0	129,87	1,83	17,72	228,17	3,19	30,82
1	131,65	18	17,83	231,26	32	31,03
2	133,45	37	17,95	234,37	65	31,23
3	135,25	55	18,07	237,51	95	31,44
4	137,05	73	18,19	240,66	1,28	31,64
13,5	138,88	92	18,31	243,83	1,60	31,85
6	140,72	1,10	18,42	247,03	1,91	32,06
7	142,56	1,28	18,55	250,25	2,23	32,25
8	144,42	1,46	18,66	253,48	2,55	32,47
9	146,30	1,65	18,78	256,75	2,87	32,67
14,0	148,18	1,95	18,90	260,02	3,50	32,88
1	150,08	20	19,02	263,31	35	33,08
2	151,98	39	19,13	266,63	68	33,29
3	153,90	57	19,25	269,97	1,02	33,49
4	155,83	78	19,37	273,33	1,36	33,70
14,5	157,78	98	19,49	276,71	1,70	33,91
6	159,73	1,17	19,61	280,11	2,05	34,11
7	161,70	1,37	19,72	283,53	2,38	34,32
8	163,68	1,56	19,85	286,98	2,72	34,52
9	165,57	1,76	19,96	290,44	3,05	34,73
		ΔL 12			21	

p.p (L)

	8	12	21
1	01	01	02
2	02	02	04
3	02	04	06
4	03	05	08
5	04	06	11
6	05	07	13
7	06	08	15
8	06	10	17
9	07	11	19

(58)   c   D   p   0,19   c   R   p

d	D	p.p	L	D	p.p	R	L	r	D	R	p.p	L	D	p.p	L	p.p(L)
0,0	2,69	62	5,56	0,00		1,20	4,20	0,0	2,69	0,00		5,56	1,20	53	4,20	8
0,1	3,25	06	5,68	0,03		0,81	3,99	0,1	2,17	0,03		5,43	1,63	05	4,41	01
0,2	3,83	12	5,80	0,11		0,50	3,78	0,2	1,71	0,11		5,31	2,08	11	4,62	02
0,3	4,41	19	5,93	0,24		0,27	3,57	0,3	1,32	0,24		5,19	2,55	16	4,82	02
0,4	5,01	25	6,05	0,49		0,09	3,85	0,4	0,99	0,42		5,06	3,04	21	5,03	03
0,5	5,62	31	6,17	0,80		0,02	3,92	0,5	0,72	0,66		4,94	3,56	27	5,25	04
0,6	6,24	37	6,30	1,18			4,01	0,6	0,43	0,95		4,41	4,09	32	5,45	05
0,7	6,88	43	6,42	1,59			4,09	0,7	0,31	1,25		4,28	4,65	37	5,66	06
0,8	7,53	50	6,55	2,00			4,18	0,8	0,20	1,57		4,16	5,22	42	5,87	06
0,9	8,19	56	6,67	2,44			4,55	0,9	0,11	1,89		4,04	5,82	48	6,03	07
1,0	8,86	75	6,79	2,90	50		4,62	1,0	0,05	2,22		3,91	6,45	74	6,29	12
1,1	9,55	08	6,91	3,37	05		4,71	1,1		2,61		3,62	7,08	07	6,50	01
1,2	10,25	15	7,04	3,85	10		4,79	1,2		2,98		3,74	7,75	15	6,71	02
1,3	10,96	23	7,16	4,32	15		4,87	1,3		3,36		3,85	8,42	22	6,92	05
1,4	11,68	30	7,28	4,82	20		4,96	1,4		3,75		3,97	9,13	30	7,13	05
1,5	12,41	38	7,41	5,32	25		5,04	1,5		4,15		4,09	9,85	37	7,35	06
1,6	13,16	45	7,53	5,82	30		5,13	1,6		4,56		4,20	10,60	44	7,55	07
1,7	13,92	53	7,66	6,35	35		5,21	1,7		4,99		4,32	11,36	52	7,76	08
1,8	14,69	60	7,78	6,87	40		5,29	1,8		5,43		4,44	12,15	59	7,97	10
1,9	15,47	68	7,90	7,40	45		5,38	1,9		5,83		4,55	12,96	67	8,18	11
2,0	16,27	87	8,03	7,95	59		5,46	2,0		6,34	53	4,67	13,79	95	8,39	21
2,1	17,08	09	8,15	8,49	06		5,55	2,1		6,81	05	4,79	14,63	10	8,60	02
2,2	17,90	17	8,27	9,05	12		5,63	2,2		7,30	11	4,90	15,50	19	8,81	04
2,3	18,73	26	8,40	9,62	18		5,71	2,3		7,79	16	5,02	16,40	29	9,02	06
2,4	19,58	35	8,52	10,19	24		5,80	2,4		8,30	21	5,14	17,31	38	9,23	08
2,5	20,44	44	8,64	10,78	30		5,88	2,5		8,82	27	5,25	18,24	48	9,44	11
2,6	21,31	52	8,77	11,37	35		5,97	2,6		9,35	32	5,37	19,19	57	9,65	13
2,7	22,19	61	8,89	11,97	41		6,05	2,7		9,89	37	5,49	20,17	67	9,86	15
2,8	23,09	70	9,01	12,58	47		6,13	2,8		10,45	42	5,60	21,17	76	10,07	17
2,9	23,99	78	9,14	13,20	53		6,22	2,9		11,01	48	5,72	22,18	86	10,28	19
3,0	24,91	99	9,26	13,82	67		6,30	3,0		11,59	64	5,84	23,22	1,16	10,49	
3,1	25,85	10	9,38	14,46	07		6,39	3,1		12,18	06	5,95	24,28	12	10,70	
3,2	26,79	20	9,51	15,10	13		6,47	3,2		12,78	13	6,07	25,36	23	10,91	
3,3	27,75	30	9,63	15,75	20		6,55	3,3		13,39	19	6,19	26,46	35	11,12	
3,4	28,72	40	9,75	16,41	27		6,65	3,4		14,02	26	6,30	27,58	46	11,33	
3,5	29,70	50	9,88	17,08	35		6,72	3,5		14,65	32	6,42	28,73	58	11,55	
3,6	30,69	59	10,00	17,76	40		6,81	3,6		15,30	38	6,55	29,89	70	11,75	
3,7	31,70	69	10,13	18,44	47		6,89	3,7		15,96	45	6,65	31,07	81	11,95	
3,8	32,72	79	10,25	19,13	55		6,97	3,8		16,63	51	6,77	32,28	93	12,16	
3,9	33,75	89	10,37	19,85	60		7,06	3,9		17,31	58	6,89	33,51	1,04	12,37	
4,0	34,79	1,12	10,50	20,55	76		7,14	4,0		18,01	76	7,00	34,76	1,37	12,53	
4,1	35,85	11	10,62	21,26	08		7,23	4,1		18,71	08	7,12	36,02	14	12,79	
4,2	36,92	22	10,75	21,99	15		7,31	4,2		19,43	15	7,25	37,31	27	13,00	
4,3	38,00	35	10,87	22,73	23		7,39	4,3		20,16	23	7,35	38,63	41	13,21	
4,4	39,09	45	10,99	23,47	30		7,48	4,4		20,99	30	7,47	39,96	55	13,42	
4,5	40,19	56	11,11	24,22	38		7,56	4,5		21,66	38	7,59	41,31	69	13,63	
4,6	41,31	67	11,25	24,98	46		7,65	4,6		22,42	46	7,70	42,68	82	13,85	
4,7	42,44	78	11,36	25,75	53		7,73	4,7		23,20	53	7,82	44,08	96	14,05	
4,8	43,58	90	11,48	26,53	61		7,81	4,8		23,98	61	7,95	45,50	1,10	14,26	
4,9	44,74	1,01	11,61	27,31	68		7,90	4,9		24,78	68	8,05	46,93	1,23	14,47	
		ΔL	12				8				ΔL	12		21		

c D p 0,19 c R p

d	D	p.p	L	D	p.p	L	r	R	p.p	L	R	p.p	L	p.p(L)	
5,0	45,91	1,25	11,73	28,11	84	7,98	5,0	25,60	88	8,17	48,40	1,58	14,69		8
1	47,09	13	11,85	28,91	08	8,07	1	26,42	09	8,29	49,88	16	14,90	1	01
2	48,28	25	11,98	29,72	17	8,15	2	27,26	18	8,40	51,38	32	15,10	2	02
3	49,48	38	12,10	30,54	25	8,24	3	28,10	26	8,52	52,90	47	15,31	3	02
4	50,70	50	12,22	31,37	34	8,32	4	28,96	35	8,64	54,44	63	15,52	4	03
5,5	51,93	63	12,35	32,21	42	8,40	5,5	29,83	44	8,75	56,00	79	15,73	5	04
6	53,17	75	12,47	33,05	50	8,49	6	30,71	53	8,87	57,59	95	15,94	6	05
7	54,42	88	12,59	33,90	59	8,57	7	31,61	62	8,99	59,19	1,11	16,15	7	05
8	55,69	1,00	12,72	34,77	67	8,66	8	32,51	70	9,10	60,82	1,26	16,36	8	06
9	56,96	1,13	12,84	35,64	76	8,74	9	33,43	79	9,22	62,47	1,42	16,57	9	07
6,0	58,25	1,37	12,96	36,51	92	8,82	6,0	34,35	99	9,34	64,13	1,79	[illegible]		12
1	59,56	14	13,09	37,40	09	8,91	1	35,29	10	9,45	65,82	18	[illegible]	1	01
2	60,87	27	13,21	38,30	18	8,99	2	36,25	20	9,57	67,53	36	17,20	2	02
3	62,20	41	13,34	39,20	28	9,08	3	37,21	30	9,69	69,26	54	17,41	3	04
4	63,54	55	13,46	40,11	37	9,16	4	38,18	40	9,81	71,02	72	17,62	4	05
6,5	64,89	69	13,58	41,03	46	9,24	6,5	39,17	50	9,92	72,79	90	17,83	5	06
6	66,25	82	13,71	41,96	55	9,33	6	40,17	59	10,04	74,58	1,07	18,04	6	07
7	67,63	96	13,83	42,90	64	9,41	7	41,18	69	10,16	76,40	1,25	18,25	7	08
8	69,02	1,10	13,95	43,84	74	9,50	8	42,20	79	10,27	78,23	1,43	18,46	8	10
9	70,42	1,23	14,08	44,80	83	9,58	9	43,23	89	10,39	80,09	1,61	18,67	9	11
7,0	71,84	1,49	14,20	45,76	1,01	9,66	7,0	44,28	1,11	10,51	81,97	2,00	18,88		21
1	73,26	15	14,32	46,73	10	9,75	1	45,33	11	10,62	83,87	20	19,09	1	02
2	74,70	30	14,45	47,71	20	9,83	2	46,40	22	10,74	85,78	40	19,30	2	04
3	76,15	45	14,57	48,69	30	9,92	3	47,48	33	10,86	87,72	60	19,51	3	06
4	77,61	60	14,69	49,69	40	10,00	4	48,57	44	10,97	89,69	80	19,72	4	08
7,5	79,09	75	14,82	50,69	51	10,08	7,5	49,67	56	11,09	91,67	1,00	19,93	5	11
6	80,58	89	14,94	51,71	61	10,17	6	50,79	67	11,21	93,67	1,20	20,14	6	13
7	82,08	1,04	15,06	52,73	71	10,25	7	51,92	78	11,32	95,69	1,40	20,35	7	15
8	83,59	1,19	15,19	53,76	81	10,34	8	53,05	89	11,44	97,74	1,60	20,56	8	17
9	85,12	1,34	15,31	54,80	91	10,42	9	54,20	1,00	11,56	99,81	1,80	20,77	9	19
8,0	86,65	1,61	15,43	55,84	1,09	10,50	8,0	55,36	1,23	11,67	101,89	2,21	20,98		
1	88,20	16	15,56	56,90	11	10,59	1	56,54	12	11,79	104,00	22	21,19		
2	89,76	32	15,68	57,96	22	10,67	2	57,72	25	11,91	106,13	44	21,40		
3	91,34	48	15,81	59,03	33	10,76	3	58,92	37	12,02	108,28	66	21,61		
4	92,93	64	15,93	60,11	44	10,84	4	60,13	49	12,14	110,45	88	21,82		
8,5	94,52	81	16,05	61,20	55	10,92	8,5	61,35	62	12,26	112,64	1,11	22,02		
6	96,14	97	16,18	62,30	65	11,01	6	62,58	74	12,37	114,86	1,33	22,23		
7	97,76	1,13	16,30	63,40	76	11,09	7	63,82	86	12,49	117,09	1,55	22,44		
8	99,40	1,29	16,42	64,51	87	11,18	8	65,08	98	12,61	119,34	1,77	22,65		
9	101,04	1,45	16,55	65,64	98	11,26	9	66,34	1,11	12,72	121,62	1,99	22,86		
9,0	102,70	1,73	16,67	66,77	1,18	11,34	9,0	67,62	1,35	12,84	123,92	2,42	23,07		
1	104,38	17	16,79	67,90	12	11,43	1	68,91	14	12,96	126,24	24	23,28		
2	106,06	35	16,92	69,05	24	11,51	2	70,21	27	13,07	128,57	48	23,49		
3	107,76	52	17,04	70,21	35	11,60	3	71,52	41	13,19	130,93	73	23,70		
4	109,47	69	17,16	71,37	47	11,68	4	72,85	54	13,31	133,32	97	23,91		
9,5	111,19	87	17,29	72,54	59	11,76	9,5	74,18	68	13,42	135,72	1,21	24,12		
6	112,93	1,04	17,41	73,72	71	11,85	6	75,53	81	13,54	138,14	1,45	24,33		
7	114,68	1,21	17,53	74,91	83	11,93	7	76,89	95	13,66	140,58	1,69	24,54		
8	116,44	1,38	17,66	76,11	94	12,02	8	78,26	1,08	13,76	143,05	1,94	24,75		
9	118,21	1,56	17,78	77,32	1,06	12,10	9	79,65	1,22	13,88	145,54	2,18	24,96		
		ΔL	12			8			ΔL	12			21		

(60)

c   D   p   0,19   c   R   p

d	D	p.p	L	D	p.p	L
10,0	120,00	1,86	17,90	78,53	1,26	12,18
1	121,80	19	18,03	79,75	13	12,27
2	123,61	37	18,15	80,98	25	12,35
3	125,43	56	18,28	82,22	38	12,44
4	127,26	74	18,40	83,47	50	12,52
10,5	129,11	93	18,52	84,73	63	12,60
6	130,97	1,12	18,65	85,99	76	12,69
7	132,84	1,30	18,77	87,26	88	12,77
8	134,72	1,49	18,89	88,54	1,01	12,86
9	136,61	1,67	19,02	89,83	1,13	12,94
11,0	138,52	1,98	19,14	91,13	1,34	13,02
1	140,44	20	19,26	92,44	13	13,11
2	142,37	40	19,39	93,75	27	13,19
3	144,32	60	19,51	95,08	40	13,28
4	146,28	79	19,63	96,41	54	13,36
11,5	148,25	99	19,76	97,75	67	13,44
6	150,23	1,19	19,88	99,10	81	13,53
7	152,22	1,39	20,00	100,46	94	13,61
8	154,23	1,58	20,13	101,82	1,07	13,70
9	156,25	1,78	20,25	103,19	1,21	13,78
12,0	158,28	2,11	20,37	104,58	1,43	13,86
1	160,32	21	20,50	105,97	14	13,95
2	162,38	42	20,62	107,37	29	14,03
3	164,45	63	20,75	108,77	43	14,12
4	166,53	84	20,87	110,19	57	14,20
12,5	168,62	1,06	20,99	111,61	72	14,28
6	170,73	1,27	21,12	113,05	86	14,37
7	172,84	1,48	21,24	114,49	1,00	14,45
8	174,97	1,69	21,36	115,94	1,14	14,54
9	177,12	1,90	21,49	117,39	1,29	14,62
13,0	179,27	2,23	21,61	118,86	1,51	14,70
1	181,44	22	21,73	120,34	15	14,79
2	183,62	45	21,86	121,82	30	14,87
3	185,81	67	21,98	123,31	45	14,96
4	188,01	89	22,10	124,81	60	15,04
13,5	190,23	1,12	22,23	126,32	76	15,12
6	192,46	1,34	22,35	127,83	91	15,21
7	194,70	1,56	22,47	129,36	1,06	15,29
8	196,95	1,78	22,60	130,89	1,21	15,38
9	199,22	2,01	22,72	132,43	1,36	15,46
14,0	201,50	2,35	22,84	133,98	1,60	15,54
1	203,79	24	22,97	135,54	16	15,63
2	206,09	47	23,09	137,11	32	15,71
3	208,41	71	23,22	138,69	48	15,80
4	210,74	94	23,34	140,27	64	15,88
14,5	213,08	1,18	23,46	141,86	80	15,96
6	215,43	1,41	23,59	143,46	96	16,05
7	217,79	1,65	23,71	145,07	1,12	16,13
8	220,17	1,88	23,83	146,69	1,28	16,22
9	222,56	2,12	23,96	148,31	1,44	16,30
		ΔL	12			8

r	R	p.p	L	R	p.p	L
10,0	81,05	1,46	14,01	148,05	2,63	25,17
1	82,45	15	14,12	150,58	26	25,38
2	83,87	29	14,24	153,13	53	25,59
3	85,30	44	14,36	155,70	79	25,80
4	86,74	58	14,47	158,29	1,05	26,01
10,5	88,20	73	14,59	160,90	1,32	26,22
6	89,66	88	14,71	163,53	1,58	26,43
7	91,14	1,02	14,82	166,19	1,84	26,64
8	92,63	1,17	14,94	168,86	2,10	26,85
9	94,13	1,31	15,06	171,56	2,37	27,06
11,0	95,64	1,58	15,17	174,27	2,84	27,27
1	97,16	16	15,29	177,01	28	27,48
2	98,70	32	15,41	179,77	57	27,69
3	100,24	47	15,52	182,55	85	27,90
4	101,80	63	15,64	185,35	1,14	28,11
11,5	103,37	79	15,76	188,17	1,42	28,32
6	104,95	95	15,88	191,02	1,70	28,53
7	106,55	1,11	15,99	193,88	1,99	28,74
8	108,15	1,26	16,11	196,76	2,27	28,95
9	109,77	1,42	16,23	199,67	2,56	29,16
12,0	111,40	1,69	16,34	202,60	3,05	29,37
1	113,04	17	16,46	205,54	31	29,58
2	114,69	34	16,58	208,51	61	29,79
3	116,35	51	16,69	211,50	92	30,00
4	118,03	68	16,81	214,51	1,22	30,21
12,5	119,71	85	16,93	217,54	1,53	30,42
6	121,41	1,01	17,04	220,59	1,83	30,63
7	123,12	1,18	17,16	223,67	2,14	30,84
8	124,84	1,35	17,28	226,76	2,44	31,05
9	126,58	1,52	17,39	229,87	2,75	31,26
13,0	128,32	1,81	17,51	233,01	3,26	31,47
1	130,08	18	17,63	236,17	33	31,68
2	131,85	36	17,75	239,35	65	31,89
3	133,63	54	17,86	242,54	98	32,09
4	135,42	72	17,98	245,76	1,30	32,30
13,5	137,22	91	18,09	249,01	1,63	32,51
6	139,04	1,09	18,21	252,27	1,96	32,72
7	140,87	1,27	18,33	255,55	2,28	32,93
8	142,70	1,45	18,44	258,85	2,61	33,14
9	144,55	1,63	18,56	262,18	2,93	33,35
14,0	146,42	1,93	18,68	265,53	3,47	33,56
1	148,29	19	18,79	268,89	35	33,77
2	150,17	39	18,91	272,28	69	33,98
3	152,07	58	19,03	275,69	1,04	34,19
4	153,98	77	19,14	279,12	1,39	34,40
14,5	155,90	97	19,26	282,57	1,74	34,61
6	157,83	1,16	19,38	286,04	2,08	34,82
7	159,77	1,35	19,49	289,54	2,43	35,03
8	161,73	1,54	19,61	293,05	2,78	35,24
9	163,70	1,74	19,73	296,58	3,12	35,44
		ΔL	12			21

p.p(L)

8		12		21	
1	01	1	01	1	02
2	02	2	02	2	04
3	02	3	04	3	06
4	03	4	05	4	08
5	04	5	06	5	11
6	05	6	07	6	13
7	06	7	08	7	15
8	06	8	10	8	17
9	07	9	11	9	19

Column groups — left half (symbols **c**, **D**, **P**), centre value **0,20**, right half (symbols **c**, **R**, **P**).

d	D	p.p	L	D	p.p	R	L	r	D	R	p.p	L	R	p.p	L	p.p(L)
0,0	2,85	63	5,63	0,00		1,29	4,29	0,0	2,85	0,00		5,63	1,29	55	4,29	8
1	3,41	06	5,75	0,03		0,89	4,07	1	2,31	0,03		5,50	1,73	05	4,50	1 01
2	4,00	13	5,88	0,10		0,57	3,85	2	1,85	0,10		5,38	2,19	11	4,71	2 02
3	4,59	19	6,00	0,23		0,32	3,65	3	1,44	0,23		5,25	2,67	17	4,93	3 02
4	5,20	25	6,13	0,45		0,13	3,81	4	1,10	0,40		5,13	3,17	22	5,14	4 03
0,5	5,81	32	6,25	0,74		0,03	3,89	0,5	0,81	0,63		5,00	3,70	27	5,36	5 04
6	6,45	38	6,38	1,10			3,98	6	0,59	0,90		4,46	4,24	32	5,57	6 05
7	7,09	44	6,50	1,50			4,06	7	0,35	1,20		4,34	4,81	38	5,79	7 06
8	7,75	50	6,63	1,91			4,14	8	0,25	1,52		4,21	5,40	43	6,00	8 06
9	8,41	57	6,75	2,34			4,50	9	0,14	1,84		4,09	6,01	49	6,21	9 07
1,0	9,10	76	6,88	2,79	50		4,58	1,0	0,07	2,17		3,96	6,64	76	6,43	12
1	9,79	07	7,00	3,26	05		4,67	1		2,55		3,58	7,30	08	6,64	1 01
2	10,50	15	7,13	3,73	10		4,75	2		2,91		3,69	7,97	15	6,86	2 02
3	11,21	23	7,25	4,21	15		4,83	3		3,28		3,81	8,67	23	7,07	3 04
4	11,95	30	7,38	4,69	20		4,92	4		3,67		3,92	9,39	30	7,29	4 05
1,5	12,69	38	7,50	5,19	25		5,00	1,5		4,07		4,04	10,13	38	7,50	5 06
6	13,45	46	7,63	5,69	30		5,08	6		4,43		4,15	10,89	46	7,71	6 07
7	14,21	53	7,75	6,21	35		5,17	7		4,90		4,27	11,67	53	7,93	7 08
8	15,00	61	7,88	6,73	40		5,25	8		5,33		4,38	12,47	61	8,15	8 10
9	15,79	68	8,00	7,26	45		5,33	9		5,78		4,50	13,30	68	8,36	9 11
2,0	16,60	88	8,13	7,79	58		5,42	2,0		6,23	52	4,62	14,14	97	8,57	13
1	17,41	09	8,25	8,34	06		5,50	1		6,70	05	4,73	15,01	10	8,79	1 01
2	18,25	18	8,38	8,89	12		5,58	2		7,18	10	4,85	15,90	19	9,00	2 03
3	19,09	26	8,50	9,45	17		5,67	3		7,67	16	4,95	16,81	29	9,21	3 04
4	19,95	35	8,63	10,03	23		5,75	4		8,17	21	5,08	17,74	39	9,43	4 05
2,5	20,81	44	8,75	10,60	29		5,83	2,5		8,68	26	5,19	18,80	49	9,65	5 07
6	21,70	53	8,88	11,19	35		5,92	6		9,21	31	5,31	19,67	58	9,86	6 08
7	22,59	62	9,00	11,79	41		6,00	7		9,74	37	5,42	20,67	68	10,07	7 09
8	23,50	70	9,13	12,39	46		6,08	8		10,29	42	5,55	21,69	78	10,29	8 10
9	24,41	79	9,25	13,00	52		6,17	9		10,83	47	5,65	22,73	87	10,50	9 12
3,0	25,35	1.01	9,38	13,62	67		6,25	3,0		11,42	65	5,77	23,79	1,18	10,71	21
1	26,29	10	9,50	14,25	07		6,33	1		12,01	06	5,88	24,87	12	10,93	1 02
2	27,25	20	9,63	14,89	13		6,42	2		12,60	13	6,00	25,97	24	11,15	2 04
3	28,21	30	9,75	15,55	20		6,50	3		13,21	19	6,12	27,10	35	11,36	3 06
4	29,20	40	9,88	16,19	27		6,58	4		13,82	26	6,23	28,24	47	11,57	4 08
3,5	30,19	51	10,00	16,85	34		6,67	3,5		14,45	32	6,35	29,41	59	11,79	5 11
6	31,20	61	10,13	17,52	40		6,75	6		15,09	38	6,46	30,60	71	12,00	6 13
7	32,21	71	10,25	18,20	47		6,83	7		15,74	45	6,58	31,81	83	12,21	7 15
8	33,25	81	10,38	18,89	54		6,92	8		16,41	51	6,69	33,05	95	12,43	8 17
9	34,29	91	10,50	19,59	60		7,00	9		17,08	58	6,81	34,30	1,06	12,65	9 19
4,0	35,35	1,13	10,63	20,29	75		7,08	4,0		17,77	75	6,92	35,57	1,40	12,86	
1	36,61	11	10,75	21,00	08		7,17	1		18,47	08	7,04	36,87	14	13,07	
2	37,50	23	10,88	21,72	15		7,25	2		19,18	15	7,15	38,19	28	13,29	
3	38,59	35	11,00	22,45	23		7,33	3		19,90	23	7,27	39,53	42	13,50	
4	39,70	45	11,13	23,19	30		7,42	4		20,63	30	7,39	40,89	56	13,71	
4,5	40,81	57	11,25	23,93	38		7,50	4,5		21,38	38	7,50	42,27	70	13,93	
6	41,95	68	11,38	24,69	45		7,58	6		22,13	45	7,62	43,67	85	14,14	
7	43,09	79	11,50	25,45	53		7,67	7		22,90	53	7,73	45,10	98	14,36	
8	44,25	90	11,63	26,22	60		7,75	8		23,68	60	7,85	46,54	1,12	14,57	
9	45,41	1,02	11,75	27,00	68		7,83	9		24,47	68	7,96	48,01	1,26	14,79	
		ΔL	13				8				ΔL	12			21	

(62)

	c	D		p				c	R		P				
							0,20								
d	D	p.p	L	D	p.p	L	r	R	p.p	L	R	p.p	L	i	p.p(L)
5,0	46,60	1,26	11,88	27,79	83	7,92	5,0	25,27	87	8,08	49,50	1,61	15,00		8
1	47,79	13	12,00	28,59	08	8,00	1	26,08	09	8,19	51,01	16	15,21	1	01
2	49,00	25	12,13	29,39	17	8,08	2	26,91	17	8,31	52,55	32	15,43	2	02
3	50,21	38	12,25	30,21	25	8,17	3	27,75	26	8,42	54,10	48	15,65	3	02
4	51,45	50	12,38	31,03	33	8,25	4	28,59	35	8,55	55,67	65	15,86	4	03
5,5	52,69	63	12,50	31,86	42	8,33	5,5	29,45	44	8,65	57,27	81	16,07	5	04
6	53,95	76	12,63	32,69	50	8,42	6	30,32	52	8,77	58,89	97	16,29	6	05
7	55,21	88	12,75	33,55	58	8,50	7	31,21	61	8,88	60,53	1,13	16,50	7	06
8	56,50	1,01	12,88	34,39	66	8,58	8	32,10	70	9,00	62,19	1,29	16,71	8	06
9	57,79	1,13	13,00	35,26	75	8,67	9	33,01	78	9,12	63,87	1,45	16,93	9	07
6,0	59,10	1,38	13,13	36,13	92	8,75	6,0	33,92	98	9,23	65,57	1,83	17,14		12
1	60,41	14	13,25	37,01	09	8,83	1	34,85	10	9,35	67,30	18	17,36	1	01
2	61,75	28	13,38	37,89	18	8,92	2	35,79	20	9,46	69,04	37	17,57	2	02
3	63,09	41	13,50	38,79	28	9,00	3	36,74	29	9,58	70,81	55	17,79	3	04
4	64,45	55	13,63	39,69	37	9,08	4	37,71	39	9,69	72,60	73	18,00	4	05
6,5	65,81	69	13,75	40,60	46	9,17	6,5	38,68	49	9,81	74,41	92	18,21	5	06
6	67,20	83	13,88	41,53	55	9,25	6	39,67	59	9,92	76,24	1,10	18,43	6	07
7	68,59	97	14,00	42,45	64	9,33	7	40,67	69	10,04	78,10	1,28	18,65	7	08
8	70,00	1,10	14,13	43,39	74	9,42	8	41,68	78	10,15	79,97	1,46	18,86	8	10
9	71,41	1,24	14,25	44,35	83	9,50	9	42,70	88	10,27	81,87	1,65	19,07	9	11
7,0	72,85	1,51	14,38	45,29	1,00	9,58	7,0	43,73	1,10	10,38	83,79	2,04	19,29		13
1	74,29	15	14,50	46,25	10	9,67	1	44,78	11	10,50	85,73	20	19,50	1	01
2	75,75	30	14,63	47,22	20	9,75	2	45,83	22	10,62	87,69	41	19,71	2	03
3	77,21	45	14,75	48,20	30	9,83	3	46,90	33	10,73	89,67	61	19,93	3	04
4	78,70	60	14,88	49,19	40	9,92	4	47,98	44	10,85	91,67	82	20,14	4	05
7,5	80,19	76	15,00	50,19	50	10,00	7,5	49,07	55	10,96	93,70	1,02	20,36	5	07
6	81,70	91	15,13	51,19	60	10,08	6	50,17	66	11,08	95,74	1,22	20,57	6	08
7	83,21	1,06	15,25	52,20	70	10,17	7	51,27	77	11,19	97,81	1,43	20,79	7	09
8	84,75	1,21	15,38	53,22	80	10,25	8	52,41	88	11,31	99,90	1,63	21,00	8	10
9	86,29	1,36	15,50	54,25	90	10,33	9	53,55	99	11,42	102,01	1,85	21,21	9	12
8,0	87,85	1,63	15,63	55,29	1,08	10,42	8,0	54,69	1,21	11,55	104,15	2,26	21,43		21
1	89,41	16	15,75	56,35	11	10,50	1	55,85	12	11,65	105,30	23	21,65	1	02
2	91,00	33	15,88	57,39	22	10,58	2	57,02	25	11,77	108,47	45	21,86	2	04
3	92,59	49	16,00	58,45	32	10,67	3	58,21	36	11,89	110,67	68	22,07	3	06
4	94,20	65	16,13	59,52	43	10,75	4	59,40	48	12,00	112,89	90	22,29	4	08
8,5	95,81	82	16,25	60,60	54	10,83	8,5	60,61	61	12,12	115,13	1,13	22,50	5	11
6	97,45	98	16,38	61,69	65	10,92	6	61,82	73	12,23	117,39	1,36	22,71	6	13
7	99,09	1,15	16,50	62,78	76	11,00	7	63,05	85	12,35	119,67	1,58	22,93	7	15
8	100,75	1,30	16,63	63,89	86	11,08	8	64,29	97	12,46	121,97	1,81	23,14	8	17
9	102,41	1,47	16,75	65,00	97	11,17	9	65,55	1,09	12,58	124,30	2,03	23,36	9	19
9,0	104,10	1,76	16,88	66,12	1,17	11,25	9,0	66,81	1,33	12,69	126,64	2,47	23,57		
1	105,79	18	17,00	67,25	12	11,33	1	68,08	13	12,81	129,01	25	23,79		
2	107,50	35	17,13	68,39	23	11,42	2	69,37	27	12,92	131,40	49	24,00		
3	109,21	53	17,25	69,53	35	11,50	3	70,67	40	13,04	133,81	74	24,21		
4	110,95	70	17,38	70,69	47	11,58	4	71,98	53	13,15	136,24	99	24,44		
9,5	112,69	88	17,50	71,83	59	11,67	9,5	73,30	67	13,27	138,70	1,25	24,65		
6	114,45	1,06	17,63	73,02	70	11,75	6	74,63	80	13,39	141,17	1,48	24,86		
7	116,21	1,23	17,75	74,20	82	11,83	7	75,98	93	13,50	143,67	1,73	25,07		
8	118,00	1,41	17,88	75,39	94	11,92	8	77,33	1,06	13,62	146,19	1,98	25,29		
9	119,79	1,58	18,00	76,58	1,05	12,00	9	78,70	1,20	13,73	148,73	2,22	25,50		
	ΔL		13			8		ΔL		12			21		

Headings across the top, left to right: **c** ⌄ **D** ⌃ **p** — **0,20** — **c** ⌄ **R** ⌃ **p**

d	D	p.p	L	D	p.p	L	r	R	p.p	L	R	p.p	L	p.p(L)
10,0	121,60	1,88	18,13	77,79	1,25	12,08	10,0	80,08	1,44	13,85	151,29	2,68	25,71	8
1	123,41	19	18,25	79,01	13	12,17	1	81,47	14	13,96	153,87	27	25,93	1 01
2	125,25	38	18,38	80,23	25	12,25	2	82,87	29	14,08	156,47	54	26,14	2 02
3	127,09	56	18,50	81,46	38	12,33	3	84,28	43	14,19	159,10	80	26,36	3 02
4	128,95	75	18,63	82,70	50	12,42	4	85,71	58	14,31	161,74	1,07	26,57	4 03
10,5	130,81	94	18,75	83,94	63	12,50	10,5	87,14	72	14,42	164,41	1,34	26,79	5 04
6	132,70	1,13	18,88	85,20	75	12,58	6	88,59	86	14,55	167,10	1,61	27,00	6 05
7	134,59	1,32	19,00	86,46	88	12,67	7	90,05	1,01	14,65	169,81	1,88	27,21	7 06
8	136,50	1,50	19,13	87,73	1,00	12,75	8	91,52	1,15	14,77	172,54	2,14	27,43	8 06
9	138,41	1,69	19,25	89,01	1,13	12,83	9	93,01	1,30	14,88	175,30	2,41	27,64	9 07
11,0	140,35	2,01	19,38	90,29	1,33	12,92	11,0	94,50	1,56	15,00	178,07	2,90	27,86	12
1	142,29	20	19,50	91,59	13	13,00	1	96,01	16	15,12	180,87	29	28,07	1 01
2	144,25	40	19,63	92,89	27	13,08	2	97,52	31	15,23	183,69	58	28,29	2 02
3	146,21	60	19,75	94,21	40	13,17	3	99,05	47	15,35	186,53	87	28,50	3 04
4	148,20	80	19,88	95,53	53	13,25	4	100,59	62	15,46	189,39	1,16	28,71	4 05
11,5	150,19	1,01	20,00	96,86	67	13,33	11,5	102,14	78	15,58	192,27	1,45	28,93	5 06
6	152,20	1,21	20,13	98,19	80	13,42	6	103,71	94	15,69	195,17	1,74	29,14	6 07
7	154,21	1,41	20,25	99,54	93	13,50	7	105,28	1,09	15,81	198,10	2,03	29,36	7 08
8	156,25	1,61	20,38	100,89	1,06	13,58	8	106,87	1,25	15,92	201,05	2,32	29,57	8 10
9	158,29	1,81	20,50	102,26	1,20	13,67	9	108,47	1,40	16,05	204,01	2,61	29,79	9 11
12,0	160,35	2,13	20,63	103,63	1,42	13,75	12,0	110,08	1,67	16,15	207,00	3,11	30,00	13
1	162,41	21	20,75	105,01	14	13,83	1	111,70	17	16,27	210,05	31	30,21	1 01
2	164,50	43	20,88	106,39	28	13,92	2	113,33	33	16,39	213,05	62	30,43	2 03
3	166,59	64	21,00	107,79	43	14,00	3	114,98	50	16,50	216,10	93	30,64	3 04
4	168,70	85	21,13	109,19	57	14,08	4	116,63	67	16,62	219,17	1,25	30,86	4 05
12,5	170,81	1,07	21,25	110,60	71	14,17	12,5	118,30	84	16,73	222,27	1,56	31,07	5 07
6	172,95	1,28	21,38	112,03	85	14,25	6	119,98	1,00	16,85	225,39	1,87	31,29	6 08
7	175,09	1,49	21,50	113,45	99	14,33	7	121,67	1,17	16,96	228,53	2,18	31,50	7 09
8	177,25	1,70	21,63	114,89	1,14	14,42	8	123,37	1,34	17,08	231,69	2,49	31,71	8 10
9	179,41	1,92	21,75	116,34	1,28	14,50	9	125,08	1,50	17,19	234,87	2,80	31,93	9 12
13,0	181,60	2,26	21,88	117,79	1,50	14,58	13,0	126,81	1,79	17,31	238,07	3,33	32,14	21
1	183,79	23	22,00	119,25	15	14,67	1	128,55	18	17,42	241,30	33	32,36	1 02
2	186,00	45	22,13	120,72	30	14,75	2	130,30	36	17,55	244,54	67	32,57	2 04
3	188,21	68	22,25	122,20	45	14,83	3	132,06	54	17,65	247,81	1,00	32,79	3 06
4	190,45	90	22,38	124,69	60	14,92	4	133,83	72	17,77	251,10	1,33	33,00	4 08
13,5	192,69	1,13	22,50	126,19	75	15,00	13,5	135,61	90	17,89	254,41	1,67	33,21	5 11
6	194,95	1,36	22,63	127,69	90	15,08	6	137,50	1,07	18,00	257,74	2,00	33,43	6 13
7	197,21	1,58	22,75	129,20	1,05	15,17	7	139,21	1,25	18,12	261,10	2,33	33,65	7 15
8	199,50	1,81	22,88	130,72	1,20	15,25	8	141,03	1,43	18,23	264,47	2,66	33,86	8 17
9	201,79	2,03	23,00	131,25	1,35	15,33	9	142,86	1,61	18,35	267,87	3,00	34,07	9 19
14,0	204,10	2,38	23,13	132,79	1,58	15,42	14,0	144,70	1,90	18,46	271,29	3,55	34,29	
1	206,41	24	23,25	134,34	16	15,51	1	146,55	19	18,58	274,73	35	34,50	
2	208,75	48	23,38	135,89	32	15,59	2	148,41	38	18,69	278,19	71	34,71	
3	211,09	71	23,50	137,45	47	15,68	3	150,29	57	18,81	281,67	1,06	34,93	
4	213,45	95	23,63	139,02	63	15,76	4	152,18	76	18,92	285,17	1,42	35,14	
14,5	215,81	1,19	23,75	140,62	79	15,83	14,5	154,07	95	19,04	288,70	1,77	35,36	
6	218,20	1,43	23,88	142,19	95	15,93	6	155,98	1,14	19,15	292,24	2,12	35,57	
7	220,59	1,67	24,00	143,78	1,11	16,01	7	157,90	1,33	19,27	295,81	2,48	35,79	
8	223,00	1,90	24,13	145,39	1,26	16,09	8	159,84	1,52	19,39	299,40	2,81	36,00	
9	225,41	2,14	24,25	147,00	1,42	16,18	9	161,77	1,71	19,50	303,01	3,19	36,22	
		ΔL	13			8			ΔL	12			21	

(6⅝)

Column-group headers (left group labelled **c D p**; centre parameter **0,21**; right group labelled **c R p**):

Left group (c / D / p)

d	D	p.p	L	D	p.p	R	L
0,0	3,01	65	5,70	0,00		1,38	4,38
1	3,58	06	5,82	0.02		0,98	4,16
2	4,17	13	5,95	0,10		0,65	3,94
3	4,77	19	6,08	0,21		0,38	3,72
4	5,39	26	6,20	0,41		0,16	3,78
0,5	6,01	32	6,33	0,68		0,05	3,86
6	6,65	38	6,46	1,03			3,94
7	7,30	45	6,58	1,42			4,02
8	7,97	51	6,71	1,83			4,11
9	8,65	58	6,83	2,25			4,19
1,0	9,35	77	6,96	2,69	49		4,55
1	10,05	08	7,09	3,15	05		4,63
2	10,75	15	7,22	3,62	10		4,71
3	11,48	23	7,35	4,09	15		4,79
4	12,22	31	7,47	4,57	20		4,88
1,5	12,98	39	7,60	5,07	25		4,96
6	13,74	46	7,72	5,57	29		5,05
7	14,52	55	7,85	6,07	35		5,12
8	15,31	62	7,98	6,55	39		5,21
9	16,12	69	8,10	7,11	45		5,29
2,0	16,93	89	8,23	7,65	58		5,37
1	17,76	09	8,35	8,19	06		5,45
2	18,60	18	8,48	8,75	12		5,55
3	19,46	27	8,61	9,30	17		5,62
4	20,32	36	8,73	9,86	23		5,70
2,5	21,20	45	8,86	10,45	29		5,78
6	22,10	53	8,99	11,02	35		5,87
7	23,00	62	9,11	11,61	41		5,95
8	23,92	71	9,25	12,21	46		6,03
9	24,85	80	9,37	12,82	52		6,11
3,0	25,79	1,02	9,49	13,43	66		6,20
1	26,75	10	9,62	14,06	07		6,28
2	27,72	20	9,75	14,69	13		6,36
3	28,70	31	9,87	15,33	20		6,45
4	29,69	41	10,00	15,98	26		6,53
3,5	30,70	51	10,13	16,63	33		6,61
6	31,72	61	10,25	17,30	40		6,69
7	32,75	71	10,38	17,97	46		6,78
8	33,79	82	10,51	18,65	53		6,86
9	34,85	92	10,63	19,35	59		6,95
4,0	35,92	1,15	10,76	20,05	74		7,02
1	37,00	12	10,89	20,75	07		7,11
2	38,10	23	11,01	21,46	15		7,19
3	39,20	35	11,15	22,19	22		7,27
4	40,32	46	11,27	22,92	30		7,35
4,5	41,46	58	11,39	23,66	37		7,45
6	42,60	69	11,52	24,41	45		7,52
7	43,76	81	11,65	25,15	52		7,60
8	44,93	92	11,77	25,93	59		7,68
9	46,12	1,05	11,90	26,70	67		7,77
ΔL		13				8	

Centre / right group (0,21 — c / R / p)

r	D	R	p.p	L	D	R	p.p	L
0,0	3,01	0,00		5,70		1,38	55	4,38
1	2,47	0,02		5,57		1,83	06	4,60
2	1,99	0,10		5,45		2,30	11	4,82
3	1,57	0,21		5,32		2,79	17	5,05
4	1,21	0,38		5,19		3,31	22	5,26
0,5	0,91	0,60		5,06		3,85	28	5,47
6	0,67	0,86		4,95		4,40	33	5,69
7	0,40	1,16		4,39		4,98	39	5,91
8	0,28	1,47		4,27		5,59	45	6,13
9	0,17	1,79		4,14		6,21	50	6,35
1,0	0,09	2,01		4,01		6,86	77	6,57
1	0,03	2,35		3,89		7,52	08	6,79
2		2,85		3,65		8,21	15	7,01
3		3,21		3,76		8,93	23	7,23
4		3,59		3,88		9,66	31	7,45
1,5		3,99		3,99		10,42	39	7,66
6		4,39		4,11		11,19	46	7,88
7		4,81		4,22		11,99	55	8,10
8		5,25		4,33		12,81	62	8,32
9		5,68		4,45		13,66	69	8,55
2,0		6,13	51	4,56		14,52	92	8,76
1		6,55	05	4,68		15,41	10	8,98
2		7,06	10	4,79		16,32	20	9,20
3		7,55	15	4,91		17,25	30	9,42
4		8,05	20	5,02		18,20	40	9,65
2,5		8,55	26	5,13		19,18	50	9,85
6		9,07	31	5,25		20,17	59	10,07
7		9,60	36	5,36		21,19	69	10,29
8		10,15	41	5,48		22,23	79	10,51
9		10,69	46	5,59		23,29	89	10,73
3,0		11,26	63	5,70		24,38	1.21	10,95
1		11,85	06	5,82		25,48	12	11,17
2		12,42	13	5,93		26,61	25	11,35
3		13,02	19	6,05		27,76	36	11,61
4		13,63	25	6,16		28,93	48	11,83
3,5		14,25	32	6,27		30,13	61	12,05
6		14,89	38	6,39		31,35	73	12,26
7		15,53	45	6,50		32,58	85	12,48
8		16,19	50	6,62		33,85	97	12,70
9		16,86	57	6,73		35,12	1,09	12,92
4,0		17,53	75	6,85		36,42	1.43	13,15
1		18,22	07	6,96		37,75	15	13,36
2		18,93	15	7,07		39,09	29	13,58
3		19,65	22	7,19		40,46	43	13,80
4		20,36	30	7,30		41,85	57	14,02
4,5		21,10	37	7,42		43,27	72	14,23
6		21,85	45	7,53		44,70	86	14,45
7		22,61	52	7,65		46,16	1,00	14,67
8		23,38	59	7,76		47,63	1,15	14,89
9		24,16	67	7,87		49,13	1,29	15,11
ΔL			11				22	

p.p(L)

	8	11	13	22
1	01	01	01	02
2	02	02	03	05
3	02	03	05	07
4	03	05	05	09
5	05	06	07	11
6	05	07	08	13
7	06	08	09	15
8	06	09	10	18
9	07	10	12	20

	c	**D**	**p**	0,21	**c**	**R**	**p**							
d	**D**	**p.p**	**L**	**D**	**p.p**	**L**	**r**	**R**	**p.p**	**L**	**R**	**p.p**	**L**	
5,0	47,31	1,27	12,03	27,48	83	7,85	5,0	24,95	86	7,98	50,65	1,65	15,33	
1	48,52	13	12,15	28,27	08	7,93	1	25,75	09	8,10	52,19	17	15,55	
2	49,75	25	12,28	29,07	17	8,02	2	26,57	17	8,21	53,76	33	15,77	
3	50,98	38	12,41	29,88	25	8,10	3	27,39	26	8,33	55,35	50	15,99	
4	52,23	51	12,53	30,69	33	8,18	4	28,23	34	8,44	56,96	66	16,20	
5,5	53,49	64	12,66	31,51	42	8,26	5,5	29,08	43	8,56	58,59	83	16,42	
6	54,76	76	12,79	32,34	50	8,35	6	29,94	52	8,67	60,24	99	16,64	
7	56,04	89	12,91	33,18	58	8,43	7	30,82	60	8,78	61,92	1,16	16,86	
8	57,34	1,02	13,04	34,03	66	8,51	8	31,70	69	8,90	63,61	1,32	17,08	
9	58,65	1,14	13,17	34,88	75	8,59	9	32,60	77	9,01	65,33	1,49	17,30	
6,0	59,97	1,40	13,29	35,75	91	8,68	6,0	33,50	97	9,13	67,07	1,87	17,52	
1	61,31	14	13,42	36,62	09	8,76	1	34,42	10	9,24	68,84	19	17,74	
2	62,66	28	13,55	37,50	18	8,85	2	35,35	19	9,35	70,62	37	17,96	
3	64,02	42	13,67	38,39	27	8,93	3	36,29	29	9,47	72,43	56	18,18	
4	65,39	56	13,80	39,28	36	9,01	4	37,24	39	9,58	74,26	75	18,39	
6,5	66,78	70	13,93	40,19	46	9,09	6,5	38,21	49	9,70	76,11	94	18,61	
6	68,18	84	14,05	41,10	55	9,17	6	39,18	58	9,81	77,98	1,12	18,83	
7	69,59	98	14,18	42,02	64	9,26	7	40,17	68	9,92	79,87	1,31	19,05	
8	71,01	1,12	14,31	42,95	73	9,34	8	41,17	78	10,04	81,79	1,50	19,27	
9	72,44	1,26	14,43	43,89	82	9,42	9	42,18	87	10,15	83,73	1,68	19,49	
7,0	73,90	1,52	14,56	44,84	99	9,50	7,0	43,20	1,08	10,27	85,69	2,03	19,71	
1	75,36	15	14,69	45,79	10	9,59	1	44,23	11	10,38	87,67	21	19,93	
2	76,84	30	14,81	46,75	20	9,67	2	45,28	22	10,50	89,67	42	20,15	
3	78,32	46	14,94	47,73	30	9,75	3	46,33	32	10,61	91,70	63	20,37	
4	79,82	61	15,06	48,70	40	9,83	4	47,40	43	10,72	93,74	84	20,58	
7,5	81,34	76	15,19	49,69	50	9,92	7,5	48,48	54	10,84	95,81	1,05	20,80	
6	82,86	91	15,32	50,69	59	10,00	6	49,56	65	10,95	97,90	1,25	21,02	
7	84,40	1,06	15,44	51,69	69	10,08	7	50,67	76	11,07	100,02	1,46	21,24	
8	85,95	1,22	15,57	52,70	79	10,16	8	51,78	86	11,18	102,15	1,67	21,46	
9	87,51	1,37	15,70	53,72	89	10,25	9	52,90	97	11,29	104,31	1,88	21,68	
8,0	89,09	1,65	15,82	54,75	1,07	10,33	8,0	54,05	1,20	11,41	106,49	2,31	21,90	
1	90,68	17	15,95	55,79	11	10,41	1	55,18	12	11,52	108,69	23	22,12	
2	92,28	33	16,08	56,83	21	10,49	2	56,34	24	11,64	110,91	46	22,34	
3	93,89	50	16,20	57,89	32	10,58	3	57,51	36	11,75	113,16	69	22,56	
4	95,52	66	16,33	58,95	43	10,66	4	58,69	48	11,86	115,42	92	22,77	
8,5	97,16	83	16,46	60,02	54	10,74	8,5	59,88	60	11,98	117,71	1,16	22,99	
6	98,81	99	16,58	61,10	64	10,82	6	61,08	72	12,09	120,02	1,39	23,21	
7	100,48	1,16	16,71	62,18	75	10,91	7	62,30	84	12,21	122,35	1,62	23,43	
8	102,15	1,32	16,84	63,28	86	10,99	8	63,52	96	12,32	124,71	1,85	23,65	
9	103,84	1,49	16,96	64,38	96	11,07	9	64,76	1,08	12,43	127,08	2,08	23,87	
9,0	105,55	1,78	17,09	65,49	1,16	11,16	9,0	66,01	1,31	12,55	129,48	2,52	24,09	
1	107,26	18	17,22	66,61	12	11,24	1	67,27	13	12,66	131,90	25	24,31	
2	108,99	36	17,34	67,74	23	11,32	2	68,55	26	12,78	134,34	50	24,53	
3	110,73	53	17,47	68,87	35	11,40	3	69,83	39	12,89	136,81	76	24,75	
4	112,48	71	17,60	70,02	46	11,49	4	71,12	52	13,01	139,29	1,01	24,96	
9,5	114,25	89	17,72	71,17	58	11,57	9,5	72,43	66	13,12	141,80	1,26	25,18	
6	116,03	1,07	17,85	72,33	70	11,65	6	73,74	79	13,23	144,33	1,51	25,40	
7	117,82	1,25	17,98	73,50	81	11,73	7	75,07	92	13,35	146,88	1,76	25,62	
8	119,62	1,42	18,10	74,68	93	11,82	8	76,41	1,05	13,46	149,45	2,02	25,84	
9	121,44	1,60	18,23	75,86	1,05	11,90	9	77,77	1,18	13,58	152,05	2,27	26,06	
	ΔL		**13**			**8**		**ΔL**		**11**			**22**	

p.p(L)

8		**11**		**13**		**22**	
1	01	1	01	1	01	1	02
2	02	2	02	2	03	2	04
3	02	3	03	3	04	3	07
4	03	4	04	4	05	4	09
5	04	5	06	5	07	5	11
6	05	6	07	6	08	6	13
7	06	7	08	7	09	7	15
8	06	8	09	8	10	8	18
9	07	9	10	9	12	9	20

(66)

Diagram labels across the top: **c D** (∨), **P** (∧), **0,21**, **c R** (∨), **P** (∧)

d	D	p.p	L	D	p.p	L	r	R	p.p	L	R	p.p	L
10,0	123,27	1,91	18,36	77,07	1,74	11,98	10,0	79,13	1,43	13,69	154,66	2,74	26,28
1	125,12	19	18,48	78,27	12	12,07	1	80,50	14	13,80	157,30	27	26,50
2	126,97	38	18,61	79,48	25	12,15	2	81,89	29	13,92	159,96	55	26,72
3	128,84	57	18,74	80,70	37	12,23	3	83,29	43	14,03	162,65	82	26,93
4	130,72	76	18,86	81,93	50	12,31	4	84,70	57	14,14	165,35	1,10	27,15
10,5	132,61	96	18,99	83,16	62	12,40	10,5	86,12	72	14,26	168,08	1,37	27,37
6	134,52	1,15	19,12	84,41	74	12,48	6	87,55	86	14,37	170,82	1,64	27,59
7	136,43	1,34	19,24	85,66	87	12,56	7	88,99	1,00	14,49	173,59	1,92	27,81
8	138,36	1,53	19,37	86,92	99	12,64	8	90,45	1,15	14,60	176,39	2,19	28,03
9	140,31	1,72	19,50	88,19	1,12	12,73	9	91,91	1,29	14,72	179,20	2,47	28,25
11,0	142,26	2,03	19,62	89,47	1,32	12,81	11,0	93,39	1,54	14,83	182,04	2,96	28,47
1	144,23	20	19,75	90,75	13	12,89	1	94,88	15	14,94	184,89	30	28,69
2	146,21	41	19,88	92,04	26	12,97	2	96,38	31	15,06	187,77	59	28,91
3	148,21	61	20,00	93,35	40	13,06	3	97,89	46	15,17	190,68	89	29,12
4	150,21	81	20,13	94,66	53	13,14	4	99,41	62	15,29	193,60	1,18	29,34
11,5	152,23	1,01	20,26	95,97	66	13,22	11,5	100,95	77	15,40	196,54	1,48	29,56
6	154,27	1,22	20,38	97,30	79	13,31	6	102,49	92	15,51	199,51	1,78	29,78
7	156,31	1,42	20,51	98,64	92	13,39	7	104,03	1,08	15,63	202,50	2,07	30,00
8	158,37	1,62	20,64	99,98	1,06	13,47	8	105,62	1,23	15,74	205,51	2,37	30,22
9	160,44	1,83	20,76	101,33	1,19	13,55	9	107,20	1,39	15,86	208,54	2,66	30,44
12,0	162,52	2,16	20,89	102,69	1,50	13,64	12,0	108,79	1,65	15,97	211,60	3,18	30,65
1	164,61	21	21,02	104,06	14	13,72	1	110,39	17	16,08	214,68	32	30,88
2	166,72	43	21,14	105,43	28	13,80	2	112,01	33	16,20	217,77	65	31,10
3	168,84	65	21,27	106,82	42	13,88	3	113,63	50	16,31	220,89	95	31,31
4	170,97	86	21,39	108,21	56	13,97	4	115,27	66	16,43	224,04	1,27	31,53
12,5	173,12	1,08	21,52	109,61	70	14,05	12,5	116,92	83	16,55	227,20	1,59	31,75
6	175,28	1,30	21,65	111,02	84	14,13	6	118,58	99	16,65	230,39	1,91	31,97
7	177,45	1,51	21,77	112,44	98	14,21	7	120,25	1,16	16,77	233,59	2,22	32,19
8	179,63	1,73	21,90	113,86	1,12	14,30	8	121,93	1,32	16,89	236,82	2,54	32,41
9	181,83	1,94	22,03	115,29	1,26	14,38	9	123,62	1,49	17,00	240,08	2,86	32,63
13,0	184,04	2,29	22,15	116,74	1,49	14,46	13,0	125,33	1,77	17,11	243,35	3,40	32,85
1	186,26	23	22,28	118,19	15	14,55	1	127,05	18	17,23	246,65	35	33,07
2	188,49	46	22,41	119,65	30	14,63	2	128,77	35	17,35	249,95	68	33,29
3	190,74	69	22,53	121,11	45	14,71	3	130,51	53	17,45	253,30	1,02	33,50
4	193,00	92	22,66	122,59	60	14,79	4	132,27	71	17,57	256,66	1,36	33,72
13,5	195,27	1,15	22,79	124,07	75	14,87	13,5	134,03	89	17,68	260,05	1,70	33,94
6	197,56	1,37	22,91	125,56	89	14,96	6	135,80	1,06	17,80	263,45	2,04	34,16
7	199,86	1,60	23,04	127,06	1,04	15,04	7	137,59	1,24	17,91	266,88	2,38	34,38
8	202,17	1,83	23,17	128,57	1,19	15,12	8	139,38	1,42	18,02	270,33	2,72	34,60
9	204,49	2,06	23,29	130,09	1,34	15,20	9	141,19	1,59	18,14	273,80	3,06	34,82
14,0	206,83	2,41	23,42	131,61	1,57	15,29	14,0	143,01	1,88	18,25	277,29	3,62	35,04
1	209,17	24	23,55	133,15	16	15,37	1	144,85	19	18,37	280,81	36	35,26
2	211,53	48	23,67	134,69	31	15,45	2	146,68	38	18,47	284,35	72	35,48
3	213,91	72	23,80	136,23	47	15,54	3	148,54	56	18,59	287,90	1,09	35,69
4	216,29	96	23,93	137,79	63	15,62	4	150,40	75	18,71	291,48	1,45	35,91
14,5	218,69	1,21	24,05	139,36	79	15,70	14,5	152,28	94	18,82	295,08	1,81	36,13
6	221,11	1,45	24,18	140,93	94	15,78	6	154,17	1,13	18,94	298,71	2,17	36,35
7	223,53	1,69	24,31	142,51	1,10	15,87	7	156,07	1,32	19,05	302,35	2,53	36,57
8	225,97	1,93	24,43	144,11	1,26	15,95	8	157,98	1,50	19,16	306,02	2,90	36,79
9	228,42	2,17	24,56	145,70	1,41	16,03	9	159,90	1,69	19,28	309,71	3,26	37,01
		ΔL	13			8			ΔL	11			22

p.p(L):

	8		11		13		22
1	01	1	01	1	01	1	02
2	02	2	02	2	03	2	04
3	02	3	03	3	04	3	07
4	03	4	04	4	05	4	09
5	04	5	06	5	07	5	11
6	05	6	07	6	08	6	13
7	05	7	08	7	09	7	15
8	06	8	09	8	10	8	18
9	07	9	10	9	12	9	20

0,22

Column heads (left to right): diagram *c — D — p* group, then **0,22**, then diagram *c — R — P* group.

d	D	p.p	L	D	p.p	R	L	r	D	R	p.p	L	D	R	p.p	L
0,0	3,17	65	5,77	0,00		1,48	4,48	0,0	3,17	0,00		5,77		1,48	57	4,48
1	3,75	07	5,90	0,02		1,06	4,25	1	2,62	0,02		5,64		1,94	06	4,70
2	4,35	13	6,03	0,09		0,72	4,03	2	2,13	0,09		5,51		2,42	11	4,93
3	4,96	20	6,15	0,21		0,44	3,81	3	1,70	0,21		5,38		2,92	17	5,15
4	5,58	26	6,28	0,36		0,23	3,58	4	1,33	0,36		5,26		3,45	23	5,37
0,5	6,22	32	6,41	0,63		0,08	3,83	0,5	1,01	0,57		5,13		4,00	29	5,60
6	6,86	39	6,54	0,96		0,01	3,91	6	0,76	0,82		5,00		4,57	34	5,82
7	7,52	46	6,67	1,34			3,99	7	0,45	1,11		4,45		5,16	40	6,04
8	8,20	52	6,79	1,74			4,07	8	0,32	1,42		4,32		5,78	46	6,27
9	8,88	59	6,92	2,15			4,16	9	0,21	1,73		4,19		6,42	51	6,49
1,0	9,58	78	7,05	2,59	49		4,51	1,0	0,12	2,06		4,06		7,08	79	6,72
1	10,29	08	7,18	3,04	05		4,59	1	0,05	2,39		3,94		7,76	08	6,94
2	11,02	16	7,31	3,51	10		4,67	2		2,78		3,61		8,46	16	7,16
3	11,75	23	7,44	3,98	15		4,75	3		3,14		3,72		9,19	24	7,39
4	12,50	31	7,56	4,46	20		4,84	4		3,52		3,83		9,94	32	7,61
1,5	13,27	39	7,69	4,94	25		4,92	1,5		3,91		3,95		10,71	40	7,84
6	14,04	47	7,82	5,44	29		5,00	6		4,31		4,06		11,51	47	8,06
7	14,83	55	7,95	5,94	34		5,08	7		4,72		4,17		12,33	55	8,28
8	15,63	62	8,08	6,46	39		5,16	8		5,14		4,29		13,17	63	8,51
9	16,45	70	8,21	6,98	44		5,25	9		5,58		4,40		14,03	71	8,73
2,0	17,27	90	8,33	7,51	57		5,33	2,0		6,02	51	4,51		14,91	1,01	8,96
1	18,11	09	8,46	8,04	06		5,41	1		6,48	05	4,62		15,82	10	9,18
2	18,97	18	8,59	8,59	11		5,49	2		6,95	10	4,74		16,75	20	9,40
3	19,83	27	8,72	9,14	17		5,57	3		7,43	15	4,85		17,70	30	9,63
4	20,71	36	8,85	9,70	23		5,66	4		7,92	20	4,96		18,67	40	9,85
2,5	21,60	45	8,97	10,27	29		5,74	2,5		8,42	26	5,03		19,67	51	10,08
6	22,50	54	9,10	10,85	34		5,82	6		8,93	31	5,19		20,69	61	10,30
7	23,42	63	9,23	11,44	40		5,90	7		9,46	36	5,30		21,73	71	10,52
8	24,35	72	9,36	12,03	46		5,98	8		9,99	41	5,41		22,79	81	10,75
9	25,29	81	9,49	12,63	51		6,07	9		10,54	46	5,53		23,88	91	10,97
3,0	26,25	1,03	9,62	13,25	65		6,15	3,0		11,10	62	5,64		24,99	1,24	11,19
1	27,21	10	9,74	13,86	07		6,23	1		11,67	06	5,75		26,12	12	11,42
2	28,20	21	9,87	14,49	13		6,31	2		12,25	12	5,87		27,27	25	11,64
3	29,19	31	10,00	15,13	20		6,39	3		12,84	19	5,98		28,45	37	11,87
4	30,20	41	10,13	15,77	26		6,48	4		13,45	25	6,09		29,64	50	12,09
3,5	31,21	52	10,26	16,42	33		6,56	3,5		14,06	31	6,20		30,86	62	12,31
6	32,25	62	10,38	17,08	39		6,64	6		14,69	37	6,32		32,11	74	12,54
7	33,29	72	10,51	17,75	46		6,72	7		15,32	43	6,43		33,37	87	12,76
8	34,35	82	10,65	18,43	52		6,80	8		15,97	50	6,54		34,66	99	12,99
9	35,42	93	10,77	19,11	59		6,89	9		16,63	56	6,65		35,97	1,12	13,21
4,0	36,50	1,16	10,90	19,80	74		6,97	4,0		17,30	73	6,77		37,30	1,46	13,43
1	37,60	13	11,03	20,51	07		7,05	1		17,99	07	6,88		38,66	15	13,66
2	38,71	23	11,15	21,21	15		7,13	2		18,68	15	6,99		40,03	29	13,88
3	39,83	35	11,28	21,93	22		7,21	3		19,38	22	7,11		41,43	44	14,11
4	40,96	46	11,41	22,66	30		7,30	4		20,10	29	7,22		42,85	58	14,33
4,5	42,11	58	11,54	23,39	37		7,38	4,5		20,83	36	7,33		44,30	73	14,55
6	43,27	70	11,67	24,13	44		7,46	6		21,57	44	7,44		45,76	88	14,78
7	44,44	81	11,79	24,88	52		7,54	7		22,32	51	7,56		47,25	1,02	15,00
8	45,63	93	11,92	25,64	59		7,62	8		23,08	58	7,67		48,76	1,17	15,22
9	46,83	1,04	12,05	26,41	67		7,71	9		23,85	66	7,78		50,30	1,31	15,45
	ΔL	13				8			ΔL			11				22

p.p(L):

	8		11		13		22
1	01	1	01	1	01	1	02
2	02	2	02	2	03	2	04
3	02	3	03	3	04	3	07
4	03	4	04	4	05	4	09
5	04	5	06	5	07	5	11
6	05	6	07	6	08	6	13
7	06	7	08	7	09	7	15
8	06	8	09	8	10	8	18
9	07	9	10	9	12	9	20

Column groups (with schematic load diagrams): **c / D**, **p** — **0,22** — **c / R**, **R / P**

d	D	p.p	L	D	p.p	L	r	R	p.p	L	R	p.p	L	p.p(L) n	p.p(L)
5,0	48,04	1,20	12,18	27,18	82	7,79	5,0	24,63	85	7,89	51,85	1,69	15,67		8
1	49,25	13	12,31	27,96	08	7,87	1	25,43	09	8,01	53,43	17	15,90	1	01
2	50,50	26	12,44	28,75	16	7,95	2	26,23	17	8,12	55,03	34	16,12	2	02
3	51,75	39	12,56	29,55	25	8,03	3	27,05	26	8,23	56,65	51	16,34	3	02
4	53,01	52	12,69	30,36	33	8,11	4	27,88	34	8,35	58,30	68	16,57	4	03
5,5	54,29	65	12,82	31,17	41	8,20	5,5	28,72	43	8,46	59,97	84	16,79	5	04
6	55,58	77	12,95	32,00	49	8,28	6	29,57	51	8,57	61,66	1,01	17,02	6	05
7	56,88	90	13,08	32,83	57	8,36	7	30,44	60	8,68	63,37	1,18	17,24	7	06
8	58,19	1,03	13,20	33,67	66	8,44	8	31,31	68	8,80	65,11	1,35	17,46	8	06
9	59,52	1,16	13,33	34,52	74	8,52	9	32,19	77	8,91	66,86	1,52	17,69	9	07
6,0	60,86	1,42	13,46	35,37	90	8,61	6,0	33,09	96	9,02	68,64	1,91	17,91		11
1	62,21	14	13,59	36,24	09	8,69	1	34,00	10	9,14	70,44	19	18,13	1	01
2	63,58	28	13,72	37,11	18	8,77	2	34,92	19	9,25	72,27	38	18,36	2	02
3	64,95	43	13,85	37,99	27	8,85	3	35,85	29	9,36	74,12	57	18,58	3	03
4	66,35	57	13,97	38,88	36	8,93	4	36,79	38	9,47	75,99	76	18,81	4	04
6,5	67,75	71	14,10	39,78	45	9,02	6,5	37,74	48	9,59	77,88	96	19,03	5	05
6	69,17	85	14,23	40,69	54	9,10	6	38,71	58	9,70	79,79	1,14	19,25	6	07
7	70,60	99	14,36	41,60	63	9,18	7	39,68	67	9,81	81,73	1,34	19,48	7	08
8	72,04	1,14	14,49	42,52	72	9,26	8	40,67	77	9,93	83,69	1,53	19,70	8	09
9	73,49	1,28	14,61	43,45	81	9,34	9	41,67	86	10,04	85,67	1,72	19,93	9	10
7,0	74,95	1,55	14,74	44,39	98	9,43	7,0	42,68	1,07	10,15	87,67	2,13	20,15		13
1	76,55	16	14,87	45,34	10	9,51	1	43,70	10	10,26	89,70	21	20,37	1	01
2	77,95	31	15,00	46,29	20	9,59	2	44,73	21	10,38	91,75	43	20,60	2	03
3	79,44	47	15,13	47,26	29	9,67	3	45,77	32	10,49	93,82	64	20,82	3	04
4	80,95	62	15,26	48,23	39	9,75	4	46,83	43	10,60	95,91	85	21,05	4	05
7,5	82,49	78	15,38	49,21	49	9,84	7,5	47,89	54	10,71	98,03	1,07	21,27	5	07
6	84,04	93	15,51	50,19	59	9,92	6	48,97	64	10,83	100,17	1,28	21,49	6	08
7	85,60	1,09	15,64	51,19	69	10,00	7	50,06	75	10,94	102,33	1,49	21,72	7	09
8	87,17	1,24	15,77	52,19	78	10,08	8	51,16	86	11,05	104,51	1,70	21,94	8	10
9	88,75	1,40	15,90	53,21	88	10,16	9	52,27	96	11,17	106,71	1,92	22,16	9	12
8,0	90,35	1,67	16,02	54,23	1,06	10,25	8,0	53,39	1,18	11,28	108,94	2,35	22,39		22
1	91,95	17	16,15	55,26	11	10,33	1	54,53	12	11,39	111,19	24	22,61	1	02
2	93,58	33	16,28	56,29	21	10,41	2	55,67	24	11,50	113,46	47	22,84	2	04
3	95,21	50	16,41	57,35	32	10,49	3	56,83	35	11,62	115,76	71	23,06	3	07
4	96,86	67	16,54	58,39	42	10,57	4	57,99	47	11,73	118,08	94	23,28	4	09
8,5	98,52	84	16,67	59,45	53	10,66	8,5	59,17	59	11,84	120,42	1,18	23,51	5	11
6	100,19	1,00	16,79	60,52	64	10,74	6	60,36	71	11,96	122,78	1,42	23,73	6	13
7	101,88	1,17	16,92	61,60	74	10,82	7	61,56	83	12,07	125,16	1,65	23,96	7	15
8	103,58	1,34	17,05	62,69	85	10,90	8	62,78	94	12,18	127,57	1,89	24,18	8	18
9	105,29	1,50	17,18	63,78	95	10,98	9	64,00	1,06	12,29	130,00	2,12	24,40	9	20
9,0	107,01	1,80	17,31	64,88	1,15	11,07	9,0	65,24	1,30	12,41	132,45	2,58	24,63		
1	108,75	18	17,44	66,00	12	11,15	1	66,48	13	12,52	134,92	26	24,85		
2	110,50	36	17,56	67,11	23	11,23	2	67,74	26	12,63	137,42	52	25,08		
3	112,26	54	17,69	68,24	35	11,31	3	69,01	39	12,75	139,94	77	25,30		
4	114,04	70	17,82	69,38	46	11,39	4	70,29	52	12,86	142,48	1,03	25,51		
9,5	115,83	90	17,95	70,52	58	11,48	9,5	71,58	65	12,97	145,04	1,29	25,75		
6	117,63	1,08	18,08	71,67	69	11,56	6	72,88	78	13,08	147,63	1,55	25,97		
7	119,44	1,26	18,20	72,83	81	11,64	7	74,20	91	13,20	150,24	1,81	26,20		
8	121,27	1,44	18,33	74,00	92	11,72	8	75,52	1,04	13,31	152,87	2,05	26,42		
9	123,11	1,62	18,46	75,18	1,04	11,80	9	76,86	1,17	13,42	155,52	2,32	26,64		
		ΔL	13			8			ΔL	11			22		

Header symbols across the top: **c D** (V-shaped figure) · **P** (peaked figure) · **0.22** · **c R** (V-shaped figure) · **P** (peaked figure)

d	D	p.p	L	D	p.p	L	r	R	p.p	L	R	p.p	L
10,0	124,96	1,93	18,59	76,35	1,23	11,89	10,0	78,20	1,41	13,53	158,19	2,80	26,87
1	126,82	19	18,72	77,55	12	11,97	1	79,56	14	13,65	160,89	28	27,09
2	128,70	39	18,85	78,75	25	12,05	2	80,93	28	13,76	163,61	56	27,31
3	130,59	58	18,97	79,96	37	12,13	3	82,31	42	13,87	166,36	84	27,54
4	132,50	77	19,10	81,17	49	12,21	4	83,71	56	13,99	169,12	1,12	27,76
10,5	134,41	97	19,23	82,40	62	12,30	10,5	85,11	71	14,10	171,91	1,40	27,99
6	136,34	1,16	19,36	83,63	74	12,38	6	86,53	85	14,21	174,72	1,68	28,21
7	138,29	1,35	19,49	84,88	86	12,46	7	87,95	99	14,32	177,55	1,96	28,43
8	140,24	1,54	19,61	86,13	98	12,54	8	89,39	1,13	14,44	180,40	2,24	28,66
9	142,21	1,74	19,74	87,38	1,11	12,62	9	90,84	1,27	14,55	183,28	2,52	28,88
11,0	144,19	2,06	19,87	88,65	1,31	12,71	11,0	92,30	1,52	14,66	186,18	3,03	29,10
1	146,18	21	20,00	89,92	13	12,79	1	93,77	15	14,77	189,10	30	29,33
2	148,19	41	20,13	91,21	26	12,87	2	95,25	30	14,89	192,05	61	29,55
3	150,21	62	20,26	92,50	39	12,95	3	96,75	46	15,00	195,01	91	29,78
4	152,24	82	20,38	93,80	52	13,03	4	98,26	61	15,11	198,00	1,21	30,00
11,5	154,29	1,03	20,51	95,10	66	13,12	11,5	99,77	76	15,23	201,01	1,52	30,22
6	156,34	1,24	20,64	96,42	79	13,20	6	101,30	91	15,34	204,05	1,82	30,45
7	158,41	1,44	20,77	97,74	92	13,28	7	102,84	1,06	15,45	207,10	2,12	30,67
8	160,50	1,65	20,90	99,08	1,05	13,36	8	104,39	1,21	15,56	210,18	2,42	30,90
9	162,59	1,85	21,02	100,42	1,18	13,44	9	105,95	1,37	15,68	213,28	2,73	31,12
12,0	164,70	2,19	21,15	101,76	1,39	13,53	12,0	107,53	1,64	15,79	216,40	3,25	31,34
1	166,82	22	21,28	103,12	14	13,61	1	109,11	16	15,90	219,55	33	31,57
2	168,96	44	21,41	104,49	27	13,69	2	110,71	33	16,02	222,72	65	31,79
3	171,11	66	21,54	105,86	42	13,77	3	112,31	49	16,13	225,91	98	32,02
4	173,27	88	21,67	107,24	56	13,85	4	113,93	66	16,24	229,12	1,30	32,24
12,5	175,44	1,10	21,79	108,63	70	13,94	12,5	115,56	82	16,35	232,36	1,63	32,46
6	177,62	1,31	21,92	110,03	83	14,02	6	117,20	98	16,47	235,61	1,95	32,69
7	179,82	1,53	22,05	111,43	97	14,10	7	118,86	1,15	16,58	238,89	2,28	32,91
8	182,03	1,75	22,18	112,85	1,11	14,18	8	120,52	1,31	16,69	242,20	2,60	33,13
9	184,26	1,97	22,31	114,27	1,25	14,26	9	122,19	1,48	16,81	245,52	2,93	33,36
13,0	186,50	2,31	22,43	115,70	1,47	14,35	13,0	123,88	1,75	16,92	248,87	3,48	33,58
1	188,75	23	22,56	117,14	15	14,43	1	125,58	18	17,03	252,25	35	33,81
2	191,01	46	22,69	118,59	29	14,51	2	127,29	35	17,14	255,63	70	34,03
3	193,28	69	22,82	120,04	44	14,59	3	129,01	53	17,26	259,04	1,04	34,25
4	195,57	92	22,95	121,50	59	14,67	4	130,74	70	17,37	262,48	1,39	34,48
13,5	197,87	1,15	23,08	122,97	74	14,76	13,5	132,48	88	17,48	265,94	1,74	34,70
6	200,19	1,38	23,20	124,45	88	14,84	6	134,23	1,05	17,59	269,42	2,09	34,93
7	202,51	1,61	23,33	125,94	1,03	14,92	7	136,00	1,23	17,71	272,93	2,44	35,15
8	204,85	1,84	23,46	127,44	1,18	15,00	8	137,77	1,40	17,82	276,45	2,78	35,37
9	207,21	2,07	23,59	128,94	1,32	15,08	9	139,56	1,58	17,93	280,00	3,13	35,60
14,0	209,57	2,44	23,72	130,45	1,56	15,17	14,0	141,36	1,86	18,05	283,57	3,70	35,82
1	211,95	24	23,85	131,98	16	15,25	1	143,17	19	18,16	287,16	37	36,05
2	214,34	49	23,97	133,50	31	15,33	2	144,99	37	18,27	290,78	74	36,27
3	216,74	73	24,10	135,04	47	15,41	3	146,82	56	18,38	294,42	1,11	36,49
4	219,16	98	24,23	136,59	62	15,49	4	148,67	74	18,50	298,08	1,48	36,72
14,5	221,59	1,22	24,36	138,14	78	15,58	14,5	150,52	93	18,61	301,76	1,85	36,94
6	224,03	1,46	24,49	139,70	94	15,66	6	152,39	1,12	18,72	305,47	2,22	37,17
7	226,49	1,71	24,61	141,27	1,09	15,74	7	154,27	1,30	18,84	309,20	2,59	37,39
8	228,96	1,95	24,74	142,85	1,25	15,82	8	156,16	1,49	18,95	311,95	2,95	37,61
9	231,44	2,20	24,87	144,44	1,40	15,90	9	158,06	1,67	19,06	316,72	3,33	37,84
	ΔL		13			8		ΔL		11			22

Rightmost reference column **p.p(L)** (proportional parts, by ΔL):

	ΔL = 8	ΔL = 11	ΔL = 13	ΔL = 22
1	01	01	01	02
2	02	02	03	04
3	02	03	04	07
4	03	04	05	09
5	04	06	07	11
6	05	07	08	13
7	06	08	09	15
8	06	09	10	18
9	07	10	12	20

Diagram column-group labels (top of table): **c D p**   —   **0,23**   —   **c R p**

Left half — group "c D" (columns D, p.p, L) and group "p" (columns D, p.p, R, L):

	c D			p			
d	D	p.p	L	D	p.p	R	L
0,0	3,34	66	5,84	0,00		1,58	4,58
1	3,93	07	5,97	0,02		1,16	4,35
2	4,53	13	6,10	0,10		0,80	4,12
3	5,15	20	6,23	0,22		0,51	3,89
4	5,78	26	6,36	0,39		0,28	3,66
0,5	6,42	33	6,49	0,59		0,10	3,80
6	7,08	40	6,62	0,89		0,02	3,88
7	7,75	46	6,75	1,26			3,95
8	8,43	53	6,88	1,66			4,05
9	9,13	59	7,01	2,07			4,12
1,0	9,83	79	7,14	2,49			4,20
1	10,55	08	7,27	2,95			4,55
2	11,29	16	7,40	3,40			4,63
3	12,04	24	7,53	3,86			4,72
4	12,80	32	7,66	4,34			4,80
1,5	13,57	40	7,79	4,82			4,88
6	14,34	47	7,92	5,32			4,96
7	15,15	55	8,05	5,81			5,04
8	15,96	63	8,18	6,32			5,12
9	16,79	71	8,31	6,84			5,20
2,0	17,63	92	8,44	7,36	57		5,28
1	18,48	09	8,57	7,90	06		5,37
2	19,34	18	8,70	8,44	11		5,45
3	20,22	28	8,83	8,99	17		5,53
4	21,11	37	8,96	9,54	23		5,61
2,5	22,01	46	9,09	10,11	29		5,69
6	22,93	55	9,22	10,68	34		5,77
7	23,86	64	9,35	11,26	40		5,85
8	24,80	74	9,48	11,85	46		5,93
9	25,75	83	9,61	12,45	51		6,02
3,0	26,72	1,05	9,74	13,06	65		6,10
1	27,70	11	9,87	13,67	07		6,18
2	28,69	21	10,00	14,29	13		6,26
3	29,70	32	10,13	14,92	20		6,34
4	30,72	42	10,26	15,56	26		6,42
3,5	31,75	53	10,39	16,21	33		6,50
6	32,80	63	10,52	16,86	39		6,59
7	33,86	74	10,65	17,52	46		6,67
8	34,93	84	10,78	18,19	52		6,75
9	36,01	95	10,91	18,87	59		6,83
4,0	37,11	1,17	11,04	19,56	73		6,91
1	38,22	12	11,17	20,25	07		6,99
2	39,34	23	11,30	20,96	15		7,07
3	40,48	35	11,43	21,67	22		7,15
4	41,63	47	11,56	22,39	29		7,24
4,5	42,79	59	11,69	23,12	37		7,32
6	43,97	70	11,82	23,85	44		7,40
7	45,15	82	11,95	24,60	51		7,48
8	46,35	94	12,08	25,35	58		7,56
9	47,57	1,05	12,21	26,11	66		7,64
		ΔL	13		8		

Right half — group "c R" (columns D, R, p.p, L) and group "p" (columns D, R, p.p, L):

	c R				p			
r	D	R	p.p	L	D	R	p.p	L
0,0	3,34	0,00		5,84		1,58	58	4,58
1	2,78	0,02		5,71		2,05	06	4,81
2	2,27	0,09		5,58		2,55	12	5,05
3	1,82	0,20		5,45		3,06	17	5,27
4	1,42	0,35		5,32		3,59	23	5,50
0,5	1,08	0,55		5,19		4,16	29	5,73
6	0,79	0,78		5,06		4,75	35	5,95
7	0,50	1,07		4,51		5,35	41	6,18
8	0,37	1,37		4,38		5,98	46	6,41
9	0,25	1,68		4,25		6,63	52	6,64
1,0	0,15	2,00		4,12		7,31	81	6,87
1	0,07	2,33		3,99		8,00	08	7,10
2		2,71		3,57		8,72	16	7,33
3		3,07		3,68		9,47	25	7,56
4		3,45		3,79		10,24	32	7,79
1,5		3,83		3,90		11,03	41	8,02
6		4,23		4,01		11,85	49	8,25
7		4,63		4,13		12,67	57	8,47
8		5,05		4,25		13,53	65	8,70
9		5,48		4,35		14,42	73	8,93
2,0		5,92	50	4,46		15,32	1,05	9,16
1		6,37	05	4,57		16,25	10	9,39
2		6,85	10	4,68		17,20	21	9,61
3		7,31	15	4,80		18,17	31	9,85
4		7,80	20	4,91		19,17	42	10,08
2,5		8,29	25	5,02		20,19	52	10,31
6		8,80	30	5,13		21,23	62	10,53
7		9,32	35	5,24		22,29	73	10,76
8		9,85	40	5,35		23,38	83	10,99
9		10,39	45	5,46		24,49	95	11,22
3,0		10,95	61	5,58		25,63	1,27	11,45
1		11,50	06	5,69		26,78	13	11,68
2		12,08	12	5,80		27,96	25	11,91
3		12,66	18	5,91		29,16	38	12,14
4		13,26	24	6,02		30,39	51	12,37
3,5		13,87	31	6,13		31,64	65	12,60
6		14,49	37	6,24		32,91	76	12,82
7		15,12	43	6,36		34,20	89	13,05
8		15,76	49	6,47		35,52	1,02	13,28
9		16,41	55	6,58		36,86	1,15	13,51
4,0		17,07	73	6,69		38,22	1,49	13,74
1		17,75	07	6,80		39,61	15	13,97
2		18,43	15	6,91		41,01	30	14,20
3		19,13	22	7,03		42,44	45	14,43
4		19,84	29	7,14		43,90	60	14,66
4,5		20,56	37	7,25		45,38	75	14,89
6		21,29	44	7,36		46,88	89	15,11
7		22,03	51	7,47		48,40	1,05	15,34
8		22,78	58	7,58		49,94	1,19	15,57
9		23,55	66	7,69		51,51	1,35	15,80
			ΔL	11				23

p.p (L) column (proportional-parts sub-tables for the four L columns):

8		11		13		23	
1	01	1	01	1	01	1	02
2	02	2	02	2	03	2	05
3	02	3	03	3	04	3	07
4	03	4	04	4	05	4	09
5	04	5	06	5	07	5	12
6	05	6	07	6	08	6	14
7	06	7	08	7	09	7	16
8	06	8	09	8	10	8	18
9	07	9	10	9	12	9	21

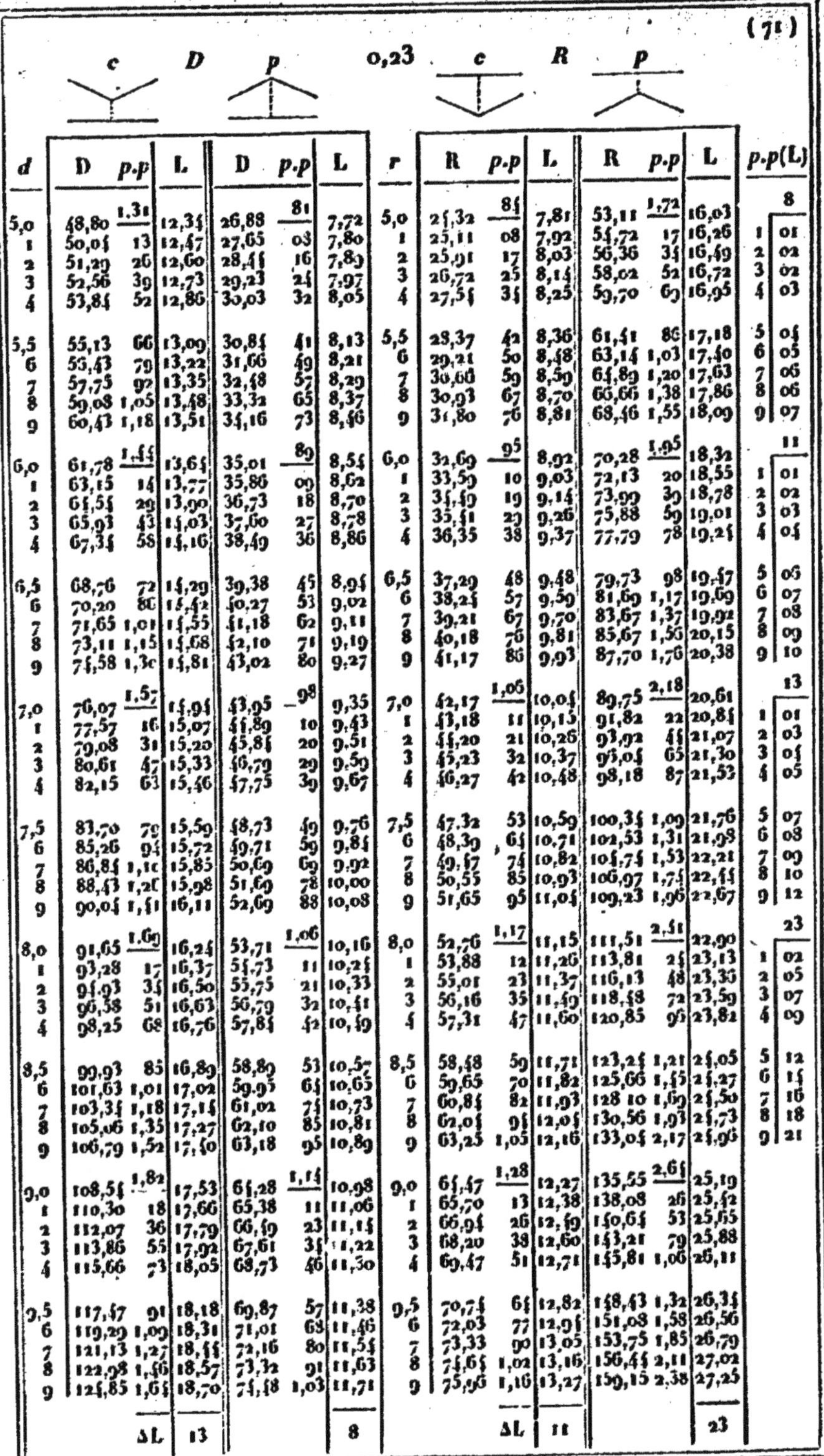

Center heading: **0,23**

Column groups (with beam/load diagrams): **c · D** | **p · D** | **c · R** | **p · R**

d	D	p.p	L	D	p.p	L	r	R	p.p	L	R	p.p	L
5,0	48,80	1,31	12,35	26,88	81	7,72	5,0	24,32	85	7,81	53,11	1,72	16,03
1	50,05	13	12,47	27,65	03	7,80	1	25,11	08	7,92	54,72	17	16,26
2	51,29	26	12,60	28,45	16	7,89	2	25,91	17	8,03	56,36	35	16,49
3	52,56	39	12,73	29,23	24	7,97	3	26,72	25	8,14	58,02	52	16,72
4	53,84	52	12,86	30,03	32	8,05	4	27,55	35	8,25	59,70	69	16,95
5,5	55,13	66	13,09	30,85	41	8,13	5,5	28,37	42	8,36	61,41	86	17,18
6	56,43	79	13,22	31,66	49	8,21	6	29,21	50	8,48	63,14	1,03	17,40
7	57,75	92	13,35	32,48	57	8,29	7	30,06	59	8,59	64,89	1,20	17,63
8	59,08	1,05	13,48	33,32	65	8,37	8	30,93	67	8,70	66,66	1,38	17,86
9	60,43	1,18	13,61	34,16	73	8,46	9	31,80	76	8,81	68,46	1,55	18,09
6,0	61,78	1,44	13,65	35,01	89	8,54	6,0	32,69	95	8,92	70,28	1,95	18,32
1	63,15	14	13,77	35,86	09	8,62	1	33,59	10	9,03	72,13	20	18,55
2	64,55	29	13,90	36,73	18	8,70	2	34,49	19	9,14	73,99	39	18,78
3	65,93	43	14,03	37,60	27	8,78	3	35,41	29	9,26	75,88	59	19,01
4	67,35	58	14,16	38,49	36	8,86	4	36,35	38	9,37	77,79	78	19,24
6,5	68,76	72	14,29	39,38	45	8,95	6,5	37,29	48	9,48	79,73	98	19,47
6	70,20	80	14,42	40,27	53	9,02	6	38,25	57	9,59	81,69	1,17	19,69
7	71,65	1,01	14,55	41,18	62	9,11	7	39,21	67	9,70	83,67	1,37	19,92
8	73,11	1,15	14,68	42,10	71	9,19	8	40,18	76	9,81	85,67	1,56	20,15
9	74,58	1,30	14,81	43,02	80	9,27	9	41,17	86	9,93	87,70	1,76	20,38
7,0	76,07	1,57	14,94	43,95	98	9,35	7,0	42,17	1,06	10,04	89,75	2,18	20,61
1	77,57	16	15,07	44,89	10	9,43	1	43,18	11	10,15	91,82	22	20,84
2	79,08	31	15,20	45,84	20	9,51	2	44,20	21	10,26	93,92	45	21,07
3	80,61	47	15,33	46,79	29	9,59	3	45,23	32	10,37	96,04	65	21,30
4	82,15	63	15,46	47,75	39	9,67	4	46,27	42	10,48	98,18	87	21,53
7,5	83,70	79	15,59	48,73	49	9,76	7,5	47,32	53	10,59	100,35	1,09	21,76
6	85,26	94	15,72	49,71	59	9,84	6	48,39	64	10,71	102,53	1,31	21,98
7	86,84	1,10	15,85	50,69	69	9,92	7	49,47	74	10,82	104,74	1,53	22,21
8	88,43	1,26	15,98	51,69	78	10,00	8	50,55	85	10,93	106,97	1,74	22,44
9	90,04	1,41	16,11	52,69	88	10,08	9	51,65	95	11,04	109,23	1,96	22,67
8,0	91,65	1,69	16,24	53,71	1,06	10,16	8,0	52,76	1,17	11,15	111,51	2,41	22,90
1	93,28	17	16,37	54,73	11	10,25	1	53,88	12	11,26	113,81	25	23,13
2	94,93	35	16,50	55,75	21	10,33	2	55,01	23	11,37	116,13	48	23,35
3	96,58	51	16,63	56,79	32	10,41	3	56,16	35	11,49	118,48	72	23,59
4	98,25	68	16,76	57,84	42	10,49	4	57,31	47	11,60	120,85	95	23,82
8,5	99,93	85	16,89	58,89	53	10,57	8,5	58,48	59	11,71	123,25	1,21	24,05
6	101,63	1,01	17,02	59,95	64	10,65	6	59,65	70	11,82	125,66	1,45	24,27
7	103,35	1,18	17,15	61,02	74	10,73	7	60,84	82	11,93	128,10	1,69	24,50
8	105,06	1,35	17,27	62,10	85	10,81	8	62,05	95	12,05	130,56	1,93	24,73
9	106,79	1,52	17,40	63,18	95	10,89	9	63,25	1,05	12,16	133,05	2,17	24,96
9,0	108,55	1,82	17,53	64,28	1,14	10,98	9,0	64,47	1,28	12,27	135,55	2,65	25,19
1	110,30	18	17,66	65,38	11	11,06	1	65,70	13	12,38	138,08	26	25,42
2	112,07	36	17,79	66,49	23	11,14	2	66,94	26	12,49	140,64	53	25,65
3	113,86	55	17,92	67,61	34	11,22	3	68,20	38	12,60	143,21	79	25,88
4	115,66	73	18,05	68,73	46	11,30	4	69,47	51	12,71	145,81	1,06	26,11
9,5	117,47	91	18,18	69,87	57	11,38	9,5	70,74	65	12,82	148,43	1,32	26,35
6	119,29	1,09	18,31	71,01	63	11,46	6	72,03	77	12,95	151,08	1,58	26,56
7	121,13	1,27	18,45	72,16	80	11,55	7	73,33	90	13,05	153,75	1,85	26,79
8	122,98	1,46	18,57	73,32	91	11,63	8	74,65	1,02	13,16	156,45	2,11	27,02
9	124,85	1,65	18,70	74,48	1,03	11,71	9	75,96	1,16	13,27	159,15	2,38	27,25
	ΔL		13			8		ΔL		11			23

p.p(L)

	8		11		13		23
1	01	1	01	1	01	1	02
2	02	2	02	2	03	2	05
3	02	3	03	3	04	3	07
4	03	4	04	4	05	4	09
5	04	5	06	5	07	5	12
6	05	6	07	6	08	6	14
7	06	7	08	7	09	7	16
8	06	8	09	8	10	8	18
9	07	9	10	9	12	9	21

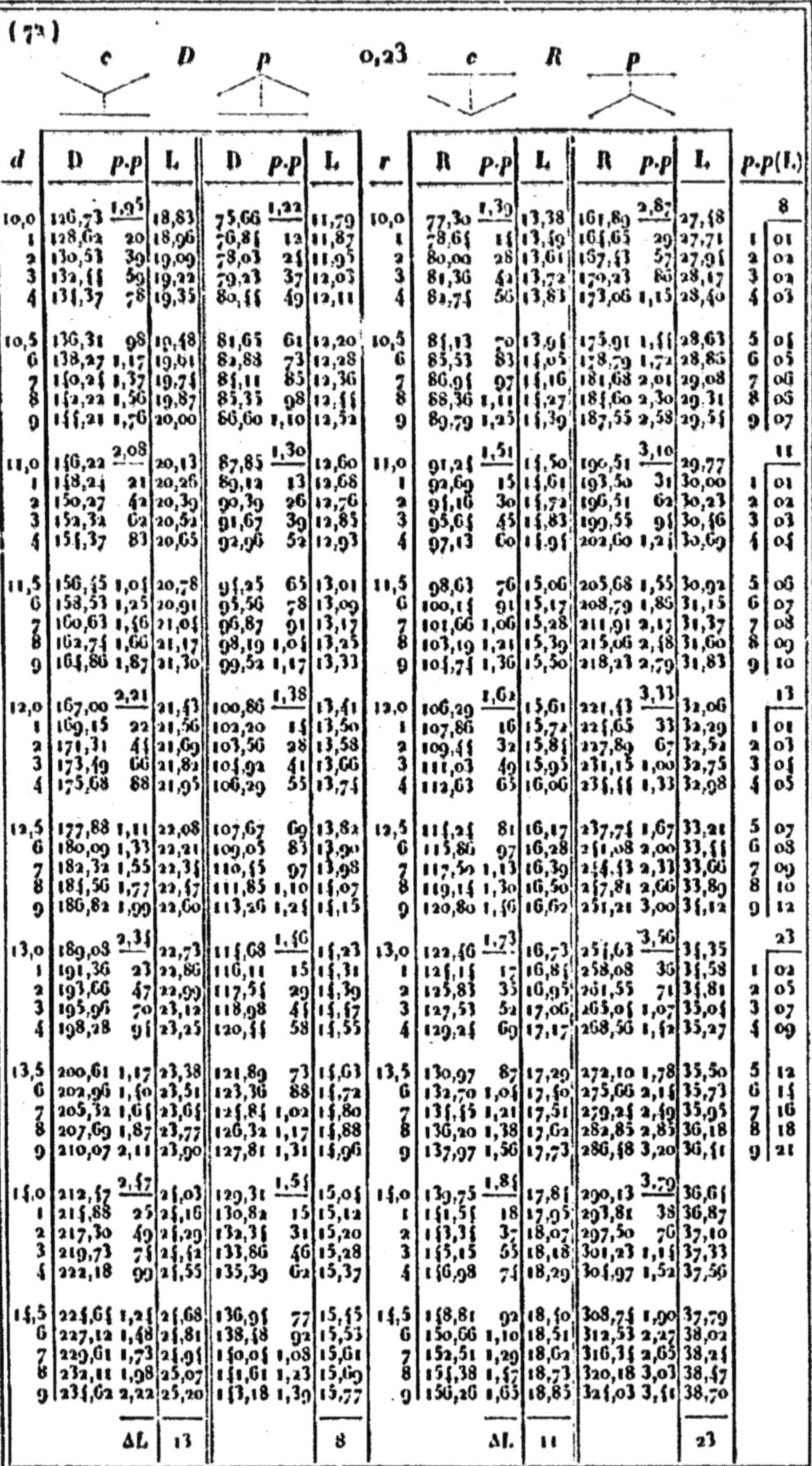

d	D	p.p	L	D	p.p	L	r	R	p.p	L	R	p.p	L
10,0	126,73	1,95	18,83	75,66	1,22	11,79	10,0	77,30	1,39	13,38	161,89	2,87	27,48
1	128,62	20	18,96	76,84	12	11,87	1	78,64	14	13,49	164,65	29	27,71
2	130,53	39	19,09	78,03	24	11,95	2	80,00	28	13,61	167,44	57	27,91
3	132,44	59	19,22	79,23	37	12,03	3	81,36	42	13,72	170,23	86	28,17
4	134,37	78	19,35	80,44	49	12,11	4	82,74	56	13,83	173,06	1,15	28,40
10,5	136,31	98	19,48	81,65	61	12,20	10,5	84,13	70	13,94	175,91	1,44	28,63
6	138,27	1,17	19,61	82,88	73	12,28	6	85,53	83	14,05	178,79	1,72	28,85
7	140,24	1,37	19,74	84,11	85	12,36	7	86,94	97	14,16	181,68	2,01	29,08
8	142,22	1,56	19,87	85,35	98	12,44	8	88,36	1,11	14,27	184,60	2,30	29,31
9	144,21	1,76	20,00	86,60	1,10	12,52	9	89,79	1,25	14,39	187,55	2,58	29,54
11,0	146,22	2,08	20,13	87,85	1,30	12,60	11,0	91,24	1,51	14,50	190,51	3,10	29,77
1	148,24	21	20,26	89,12	13	12,68	1	92,69	15	14,61	193,50	31	30,00
2	150,27	42	20,39	90,39	26	12,76	2	94,16	30	14,72	196,51	62	30,23
3	152,32	62	20,51	91,67	39	12,85	3	95,64	45	14,83	199,55	91	30,46
4	154,37	83	20,65	92,96	52	12,93	4	97,13	60	14,94	202,60	1,21	30,69
11,5	156,45	1,05	20,78	94,25	65	13,01	11,5	98,63	76	15,06	205,68	1,55	30,92
6	158,53	1,25	20,91	95,56	78	13,09	6	100,14	91	15,17	208,79	1,86	31,15
7	160,63	1,46	21,04	96,87	91	13,17	7	101,66	1,06	15,28	211,91	2,17	31,37
8	162,74	1,66	21,17	98,19	1,04	13,25	8	103,19	1,21	15,39	215,06	2,48	31,60
9	164,86	1,87	21,30	99,52	1,17	13,33	9	104,74	1,36	15,50	218,23	2,79	31,83
12,0	167,00	2,21	21,43	100,86	1,38	13,41	12,0	106,29	1,62	15,61	221,43	3,33	32,06
1	169,15	22	21,56	102,20	14	13,50	1	107,86	16	15,72	224,65	33	32,29
2	171,31	44	21,69	103,56	28	13,58	2	109,44	32	15,84	227,89	67	32,52
3	173,49	66	21,82	104,92	41	13,66	3	111,03	49	15,95	231,15	1,00	32,75
4	175,68	88	21,95	106,29	55	13,74	4	112,63	65	16,06	234,44	1,33	32,98
12,5	177,88	1,11	22,08	107,67	69	13,82	12,5	114,24	81	16,17	237,74	1,67	33,21
6	180,09	1,33	22,21	109,05	83	13,90	6	115,86	97	16,28	241,08	2,00	33,44
7	182,32	1,55	22,34	110,44	97	13,98	7	117,50	1,13	16,39	244,43	2,33	33,66
8	184,56	1,77	22,47	111,85	1,10	14,07	8	119,14	1,30	16,50	247,81	2,66	33,89
9	186,82	1,99	22,60	113,26	1,24	14,15	9	120,80	1,46	16,62	251,21	3,00	34,12
13,0	189,03	2,34	22,73	114,68	1,46	14,23	13,0	122,46	1,73	16,73	254,63	3,56	34,35
1	191,36	23	22,86	116,11	15	14,31	1	124,14	17	16,84	258,08	36	34,58
2	193,66	47	22,99	117,54	29	14,39	2	125,83	35	16,95	261,55	71	34,81
3	195,96	70	23,12	118,98	44	14,47	3	127,53	52	17,06	265,04	1,07	35,04
4	198,28	91	23,25	120,44	58	14,55	4	129,24	69	17,17	268,56	1,42	35,27
13,5	200,61	1,17	23,38	121,89	73	14,63	13,5	130,97	87	17,29	272,10	1,78	35,50
6	202,96	1,40	23,51	123,36	88	14,72	6	132,70	1,04	17,40	275,66	2,14	35,73
7	205,32	1,64	23,64	124,84	1,02	14,80	7	134,45	1,21	17,51	279,24	2,49	35,95
8	207,69	1,87	23,77	126,32	1,17	14,88	8	136,20	1,38	17,62	282,85	2,85	36,18
9	210,07	2,11	23,90	127,81	1,31	14,96	9	137,97	1,56	17,73	286,48	3,20	36,41
14,0	212,47	2,47	24,03	129,31	1,54	15,04	14,0	139,75	1,84	17,81	290,13	3,79	36,64
1	214,88	25	24,16	130,82	15	15,12	1	141,55	18	17,95	293,81	38	36,87
2	217,30	49	24,29	132,34	31	15,20	2	143,34	37	18,07	297,50	76	37,10
3	219,73	74	24,42	133,86	46	15,28	3	145,15	55	18,18	301,23	1,14	37,33
4	222,18	99	24,55	135,39	62	15,37	4	146,98	74	18,29	304,97	1,52	37,56
14,5	224,64	1,24	24,68	136,94	77	15,45	14,5	148,84	92	18,40	308,74	1,90	37,79
6	227,12	1,48	24,81	138,48	92	15,53	6	150,66	1,10	18,51	312,53	2,27	38,02
7	229,61	1,73	24,94	140,04	1,08	15,61	7	152,51	1,29	18,62	316,34	2,65	38,24
8	232,11	1,98	25,07	141,61	1,23	15,69	8	154,38	1,47	18,73	320,18	3,03	38,47
9	234,62	2,22	25,20	143,18	1,39	15,77	9	156,26	1,65	18,85	324,03	3,44	38,70
		ΔL	13			8			ΔL	11			23

p.p(L.)

8		11		13		23	
1	01	1	01	1	01	1	02
2	02	2	02	2	03	2	05
3	02	3	03	3	04	3	07
4	03	4	04	4	05	4	09
5	04	5	06	5	07	5	12
6	05	6	07	6	08	6	14
7	06	7	08	7	09	7	16
8	06	8	09	8	10	8	18
9	07	9	10	9	12	9	21

Table heading symbols (left to right): **c** — **D** — **P** — **0,24** — **c** — **R** — **P**

Left half (heading *c* over D p.p L; *D* / *P* over D p.p R I)

d	D	p.p	L	D	p.p	R	I
0,0	3,51	66	5,92	0,00		1,69	4,69
1	4,11	07	6,05	0,02		1,25	4,15
2	4,72	13	6,18	0,08		0,88	4,22
3	5,35	20	6,32	0,19		0,58	3,98
4	5,99	26	6,45	0,33		0,33	3,75
0,5	6,64	33	6,58	0,52		0,16	3,52
6	7,30	40	6,71	0,83		0,04	3,85
7	7,98	46	6,84	1,19			3,97
8	8,67	53	6,97	1,58			4,01
9	9,37	59	7,11	1,99			4,09
1,0	10,09	79	7,24	2,40			4,17
1	10,82	08	7,37	2,83			4,52
2	11,56	16	7,50	3,29			4,60
3	12,32	24	7,63	3,75			4,68
4	13,09	32	7,76	4,23			4,76
1,5	13,87	40	7,90	4,71			4,84
6	14,67	47	8,03	5,19			4,92
7	15,48	55	8,16	5,69			5,00
8	16,30	63	8,29	6,19			5,08
9	17,14	71	8,42	6,71			5,16
2,0	17,99	92	8,55	7,23	56		5,24
1	18,85	09	8,68	7,75	06		5,32
2	19,72	18	8,82	8,29	11		5,40
3	20,61	28	8,95	8,83	17		5,48
4	21,51	37	9,08	9,39	22		5,56
2,5	22,43	46	9,21	9,95	28		5,64
6	23,35	55	9,34	10,51	34		5,73
7	24,30	65	9,47	11,09	39		5,81
8	25,25	74	9,61	11,68	45		5,89
9	26,22	83	9,74	12,27	50		5,97
3,0	27,20	1,05	9,87	12,87	61		6,05
1	28,19	11	10,00	13,48	06		6,13
2	29,20	21	10,13	14,10	13		6,21
3	30,22	32	10,26	14,72	19		6,29
4	31,25	42	10,40	15,35	26		6,37
3,5	32,30	53	10,53	16,00	32		6,45
6	33,35	63	10,66	16,64	38		6,53
7	34,43	74	10,79	17,30	45		6,61
8	35,51	85	10,92	17,97	51		6,69
9	36,61	95	11,05	18,64	58		6,77
4,0	37,72	1,19	11,19	19,32	72		6,85
1	38,85	12	11,32	20,01	07		6,93
2	39,99	24	11,45	20,71	14		7,01
3	41,14	36	11,58	21,41	22		7,10
4	42,30	48	11,71	22,13	29		7,18
4,5	43,48	60	11,84	22,85	36		7,26
6	44,67	71	11,97	23,58	43		7,34
7	45,88	83	12,11	24,32	50		7,42
8	47,09	95	12,24	25,06	58		7,50
9	48,32	1,07	12,37	25,82	65		7,58
		ΔL	13				8

Right half (heading *c* over D R p.p L; *R* / *P* over D R p.p L; p.p(L))

r	D	R	p.p	L	D	R	p.p	L	p.p(L)
0,0	3,51	0,00		5,92		1,69	59	4,69	8
1	2,95	0,02		5,79		2,17	06	4,92	1 | 01
2	2,41	0,08		5,66		2,67	12	5,16	2 | 02
3	1,98	0,19		5,53		3,20	18	5,30	3 | 02
4	1,58	0,33		5,39		3,75	24	5,63	4 | 03
0,5	1,24	0,52		5,26		4,32	30	5,86	5 | 04
6	0,95	0,75		5,13		4,92	35	6,09	6 | 05
7	0,71	1,02		5,00		5,54	41	6,33	7 | 06
8	0,41	1,32		4,43		6,19	47	6,56	8 | 06
9	0,29	1,63		4,30		6,85	53	6,80	9 | 07
1,0	0,18	1,95		4,17		7,55	83	7,03	11
1	0,10	2,28		4,04		8,26	08	7,27	1 | 01
2	0,04	2,61		3,91		9,00	17	7,50	2 | 02
3		3,01		3,64		9,76	25	7,73	3 | 03
4		3,38		3,75		10,55	33	7,97	4 | 04
1,5		3,76		3,86		11,36	42	8,20	5 | 05
6		4,15		3,97		12,19	50	8,44	6 | 07
7		4,55		4,08		13,04	58	8,67	7 | 08
8		4,97		4,19		13,92	66	8,91	8 | 09
9		5,39		4,30		14,83	75	9,14	9 | 10
2,0		5,83	50	4,41		15,75	1,06	9,38	13
1		6,27	05	4,52		16,70	11	9,61	1 | 01
2		6,73	10	4,63		17,67	22	9,84	2 | 03
3		7,20	15	4,75		18,67	32	10,08	3 | 04
4		7,68	20	4,85		19,69	42	10,31	4 | 05
2,5		8,17	25	4,96		20,73	53	10,55	5 | 07
6		8,67	30	5,07		21,80	64	10,78	6 | 08
7		9,19	35	5,18		22,89	75	11,02	7 | 09
8		9,74	40	5,29		24,00	85	11,25	8 | 10
9		10,25	45	5,40		25,14	95	11,49	9 | 12
3,0		10,79	61	5,51		26,30	1,30	11,72	23
1		11,35	06	5,63		27,48	13	11,95	1 | 02
2		11,92	12	5,74		28,69	26	12,19	2 | 05
3		12,50	18	5,85		29,92	39	12,41	3 | 07
4		13,09	24	5,96		31,17	52	12,66	4 | 09
3,5		13,69	31	6,07		32,45	65	12,89	5 | 12
6		14,30	37	6,18		33,75	78	13,13	6 | 14
7		14,92	43	6,29		35,08	91	13,36	7 | 16
8		15,56	49	6,40		36,42	1,04	13,59	8 | 18
9		16,20	55	6,51		37,80	1,17	13,83	9 | 21
4,0		16,86	72	6,62		39,19	1,53	14,06	
1		17,52	07	6,73		40,61	15	14,30	
2		18,20	14	6,84		42,05	31	14,53	
3		18,89	22	6,95		43,52	46	14,77	
4		19,59	29	7,06		45,00	61	15,00	
4,5		20,30	36	7,17		46,52	77	15,24	
6		21,02	43	7,28		48,05	92	15,47	
7		21,76	50	7,39		49,61	1,07	15,70	
8		22,50	58	7,50		51,19	1,22	15,91	
9		23,26	65	7,61		52,80	1,38	16,17	
			ΔL	11				23	

(7½)	c			P			0,24	c			P			
d	D	p.p	L	D	p.p	L	r	R	p.p	L	R	p.p	L	p.p(L)
5,0	49,57	1,32	12,50	26,58	81	7,66	5,0	24,02	83	7,72	54,42	1,73	16,41	8
1	50,82	13	12,63	27,35	08	7,74	1	24,83	08	7,83	56,07	18	16,64	01
2	52,09	26	12,76	28,13	16	7,82	2	25,59	17	7,94	57,75	35	16,88	02
3	53,38	40	12,90	28,92	24	7,90	3	26,39	25	8,05	59,45	53	17,11	02
4	54,67	53	13,03	29,71	32	7,98	4	27,20	33	8,16	61,17	70	17,34	03
5,5	55,98	66	13,16	30,51	41	8,06	5,5	28,02	42	8,27	62,92	88	17,58	04
6	57,30	79	13,29	31,32	49	8,14	6	28,85	50	8,38	64,69	1,06	17,81	05
7	58,64	92	13,42	32,14	57	8,23	7	29,70	58	8,49	66,48	1,23	18,05	06
8	59,99	1,06	13,55	32,97	65	8,31	8	30,55	66	8,60	68,30	1,41	18,28	06
9	61,35	1,19	13,68	33,80	73	8,39	9	31,42	75	8,71	70,14	1,58	18,52	07
6,0	62,73	1,45	13,82	34,65	89	8,47	6,0	32,30	94	8,82	72,00	2,00	18,75	11
1	64,11	15	13,95	35,50	00	8,55	1	33,19	09	8,93	73,89	20	18,98	01
2	65,51	29	14,08	36,36	18	8,63	2	34,08	19	9,04	75,80	40	19,22	02
3	66,93	41	14,21	37,22	27	8,71	3	34,99	28	9,15	77,73	60	19,45	03
4	68,36	58	14,34	38,10	36	8,79	4	35,92	38	9,26	79,69	80	19,69	04
6,5	69,83	73	14,47	38,98	45	8,87	6,5	36,85	47	9,38	81,67	1,00	19,92	06
6	71,25	87	14,61	39,87	53	8,95	6	37,79	56	9,49	83,67	1,20	20,16	07
7	72,72	1,02	14,74	40,77	62	9,03	7	38,74	66	9,60	85,70	1,40	20,39	08
8	74,20	1,16	14,87	41,68	71	9,11	8	39,71	75	9,71	87,75	1,60	20,63	09
9	75,69	1,31	15,00	42,59	80	9,19	9	40,69	85	9,82	89,83	1,80	20,86	10
7,0	77,20	1,58	15,13	43,52	97	9,27	7,0	41,67	1,05	9,93	91,92	2,23	21,09	13
1	78,72	16	15,26	44,45	10	9,35	1	42,67	11	10,04	94,04	22	21,33	01
2	80,25	32	15,40	45,39	19	9,43	2	43,68	21	10,15	96,19	45	21,56	03
3	81,80	47	15,53	46,33	29	9,52	3	44,70	32	10,26	98,36	67	21,80	04
4	83,36	63	15,66	47,29	39	9,60	4	45,73	42	10,37	100,55	89	22,03	05
7,5	84,93	79	15,79	48,25	49	9,68	7,5	46,77	53	10,48	102,76	1,12	22,27	07
6	86,52	95	15,92	49,22	58	9,76	6	47,83	63	10,59	105,00	1,34	22,50	08
7	88,12	1,11	16,05	50,20	68	9,84	7	48,89	74	10,70	107,26	1,56	22,75	09
8	89,73	1,26	16,19	51,19	78	9,92	8	49,96	84	10,81	109,55	1,78	22,97	10
9	91,35	1,42	16,32	52,19	87	10,00	9	51,05	95	10,92	111,86	2,01	23,20	12
8,0	92,99	1,71	16,45	53,19	1,05	10,08	8,0	52,15	1,16	11,03	114,19	2,47	23,44	23
1	94,64	17	16,58	54,20	11	10,16	1	53,26	12	11,14	116,53	25	23,67	02
2	96,31	34	16,71	55,22	21	10,24	2	54,38	23	11,25	118,92	49	23,91	05
3	97,98	51	16,84	56,25	32	10,32	3	55,51	35	11,36	121,33	74	24,14	07
4	99,68	68	16,97	57,29	42	10,40	4	56,65	46	11,47	123,75	99	24,38	09
8,5	101,38	86	17,11	58,33	53	10,48	8,5	57,80	58	11,58	126,20	1,24	24,61	12
6	103,10	1,03	17,24	59,38	63	10,56	6	58,97	70	11,69	128,67	1,48	24,84	14
7	104,83	1,20	17,37	60,44	74	10,64	7	60,14	81	11,80	131,17	1,73	25,08	16
8	106,57	1,37	17,50	61,51	84	10,72	8	61,33	93	11,91	133,69	1,98	25,31	18
9	108,33	1,54	17,63	62,59	95	10,80	9	62,52	1,05	12,02	136,23	2,22	25,55	21
9,0	110,10	1,84	17,76	63,67	1,13	10,89	9,0	63,73	1,27	12,13	138,80	2,70	25,78	
1	111,88	18	17,90	64,77	11	10,97	1	64,95	13	12,24	141,39	27	26,02	
2	113,68	37	18,03	65,87	23	11,05	2	66,18	25	12,35	144,00	54	26,25	
3	115,49	55	18,16	66,98	34	11,13	3	67,42	38	12,46	146,64	81	26,49	
4	117,31	74	18,29	68,09	45	11,21	4	68,67	51	12,57	149,30	1,08	26,72	
9,5	119,14	92	18,42	69,22	57	11,29	9,5	69,94	64	12,68	151,98	1,35	26,95	
6	120,99	1,10	18,55	70,35	68	11,37	6	71,21	76	12,79	154,69	1,62	27,19	
7	122,86	1,29	18,69	71,49	79	11,45	7	72,50	89	12,90	157,42	1,89	27,42	
8	124,73	1,47	18,82	72,64	90	11,53	8	73,79	1,02	13,01	160,18	2,16	27,66	
9	126,62	1,66	18,95	73,80	1,02	11,61	9	75,10	1,14	13,13	162,95	2,43	27,89	
		ΔL	13			8			ΔL	11			23	

Column groups (left to right): **e** · **D** · **p** | 0,24 | **c** · **R** · **p**

d	D	p.p	L	D	p.p	L	r	R	p.p	L	R	p.p	L		p.p(L)
10,0	128,52	1,98	19,08	74,96	1,21	11,69	10,0	76,41	1,38	13,24	165,75	2,94	28,13		8
1	130,44	20	19,21	76,14	13	11,77	1	77,74	14	13,35	168,57	29	28,36	1	01
2	132,37	40	19,34	77,32	24	11,85	2	79,08	28	13,46	171,42	59	28,59	2	02
3	134,31	60	19,48	78,51	36	11,94	3	80,43	41	13,57	174,29	88	28,83	3	02
4	136,26	79	19,61	79,74	48	12,02	4	81,79	55	13,68	177,19	1,18	29,06	4	03
10,5	138,23	99	19,74	80,94	61	12,10	10,5	83,17	69	13,79	180,11	1,47	29,30	5	04
6	140,21	1,19	19,87	82,13	73	12,18	6	84,55	83	13,90	183,05	1,76	29,53	6	05
7	142,20	1,39	20,00	83,35	85	12,26	7	85,95	97	14,01	186,01	2,05	29,77	7	05
8	144,21	1,58	20,13	84,58	97	12,34	8	87,35	1,10	14,12	189,00	2,35	30,00	8	06
9	146,23	1,78	20,26	85,82	1,09	12,42	9	88,77	1,24	14,23	192,01	2,65	30,23	9	07
11,0	148,26	2,11	20,40	87,06	1,29	12,50	11,0	90,20	1,49	14,34	195,05	3,18	30,47		11
1	150,31	21	20,53	88,32	13	12,58	1	91,64	15	14,45	198,11	32	30,70	1	01
2	152,37	42	20,66	89,58	26	12,66	2	93,09	30	14,56	201,19	64	30,94	2	02
3	154,44	63	20,79	90,85	39	12,74	3	94,55	45	14,67	204,29	95	31,17	3	03
4	156,53	84	20,92	92,13	52	12,82	4	96,02	60	14,78	207,42	1,27	31,41	4	04
11,5	158,62	1,06	21,05	93,44	65	12,90	11,5	97,50	75	14,89	210,58	1,59	31,64	5	06
6	160,74	1,27	21,19	94,74	77	12,98	6	99,00	89	15,00	213,75	1,91	31,88	6	07
7	162,86	1,48	21,32	96,04	90	13,06	7	100,50	1,04	15,11	216,95	2,23	32,11	7	08
8	165,00	1,69	21,45	97,34	1,03	13,14	8	102,02	1,19	15,22	220,17	2,54	32,34	8	09
9	167,15	1,90	21,58	98,64	1,16	13,23	9	103,55	1,34	15,33	223,42	2,86	32,58	9	10
12,0	169,32	2,24	21,71	99,96	1,32	13,31	12,0	105,09	1,60	15,44	226,69	3,41	32,81		13
1	171,49	22	21,84	101,30	14	13,39	1	106,64	16	15,55	229,98	34	33,05	1	01
2	173,69	45	21,98	102,64	28	13,47	2	108,20	32	15,66	233,30	68	33,28	2	03
3	175,89	67	22,11	103,99	41	13,55	3	109,77	48	15,77	236,64	1,02	33,52	3	04
4	178,11	90	22,24	105,35	55	13,63	4	111,35	64	15,88	240,00	1,36	33,75	4	05
12,5	180,34	1,12	22,37	106,72	69	13,71	12,5	112,95	80	15,99	243,39	1,71	33,99	5	07
6	182,58	1,34	22,50	108,09	82	13,79	6	114,55	96	16,10	246,80	2,05	34,22	6	08
7	184,84	1,57	22,63	109,48	96	13,87	7	116,17	1,12	16,21	250,23	2,39	34,45	7	09
8	187,11	1,79	22,77	110,87	1,10	13,95	8	117,80	1,28	16,32	253,69	2,73	34,69	8	10
9	189,39	2,02	22,90	112,27	1,23	14,03	9	119,43	1,41	16,43	257,17	3,07	34,92	9	12
13,0	191,69	2,37	23,03	113,67	1,45	14,11	13,0	121,08	1,71	16,54	260,67	3,64	35,16		23
1	194,00	24	23,16	115,09	15	14,19	1	122,74	17	16,65	264,20	36	35,39	1	02
2	196,32	47	23,29	116,54	29	14,27	2	124,44	34	16,76	267,75	73	35,63	2	05
3	198,65	71	23,42	117,94	44	14,35	3	126,10	51	16,88	271,33	1,09	35,86	3	07
4	201,00	95	23,55	119,38	58	14,43	4	127,79	68	16,99	274,92	1,46	36,09	4	09
13,5	203,37	1,19	23,69	120,83	73	14,51	13,5	129,49	86	17,10	278,55	1,82	36,33	5	12
6	205,74	1,42	23,82	122,28	87	14,60	6	131,21	1,03	17,21	282,19	2,18	36,56	6	14
7	208,13	1,66	23,95	123,75	1,02	14,68	7	132,93	1,20	17,32	285,86	2,55	36,80	7	16
8	210,53	1,90	24,08	125,22	1,16	14,76	8	134,67	1,37	17,43	289,55	2,91	37,03	8	18
9	212,95	2,13	24,21	126,70	1,31	14,84	9	136,42	1,54	17,54	293,27	3,28	37,27	9	21
14,0	215,37	2,50	24,34	128,19	1,53	14,92	14,0	138,18	1,82	17,65	297,00	3,87	37,50		
1	217,82	25	24,48	129,68	15	15,00	1	139,95	18	17,76	300,77	39	37,74		
2	220,27	50	24,61	131,19	31	15,08	2	141,73	36	17,87	304,55	77	37,97		
3	222,74	75	24,74	132,70	46	15,16	3	143,52	55	17,98	308,36	1,16	38,20		
4	225,22	1,00	24,87	134,22	61	15,24	4	145,32	73	18,09	312,19	1,55	38,44		
14,5	227,71	1,25	25,00	135,75	77	15,32	14,5	147,14	91	18,20	316,05	1,94	38,67		
6	230,22	1,50	25,13	137,28	92	15,40	6	148,96	1,09	18,31	319,93	2,32	38,91		
7	232,74	1,75	25,27	138,83	1,07	15,48	7	150,80	1,27	18,42	323,83	2,71	39,14		
8	235,27	2,00	25,40	140,38	1,22	15,56	8	152,65	1,46	18,53	327,75	3,10	39,38		
9	237,82	2,25	25,53	141,94	1,38	15,64	9	154,50	1,65	18,64	331,70	3,48	39,61		
		Δl	13			8			Δl	11			23		

(176)

c D P   0,25   c R P

d	D	p.p	L	D	p.p	R	L	r	D	R	p.p	L	D	R	p.p	L
0,0	3,69	67	6,00	0,00		1,80	4,80	0,0	3,69	0,00		6,00	1,80		64	4,80
1	4,30	07	6,13	0,02		1,35	4,56	1	3,12	0,02		5,87	2,29		05	5,04
2	4,91	13	6,27	0,08		0,97	4,31	2	2,60	0,08		5,73	2,81		12	5,28
3	5,55	20	6,40	0,18		0,65	4,08	3	2,13	0,18		5,60	3,35		18	5,51
4	6,20	27	6,53	0,32		0,39	3,84	4	1,72	0,32		5,47	3,91		24	5,76
0,5	6,86	34	6,67	0,50		0,20	3,60	0,5	1,36	0,50		5,33	4,50		31	6,00
6	7,51	40	6,80	0,78		0,06	3,82	6	1,05	0,72		5,00	5,11		37	6,24
7	8,22	47	6,93	1,11		0,01	3,90	7	0,80	0,98		4,87	5,75		43	6,48
8	8,92	54	7,07	1,54			3,98	8	0,47	1,28		4,49	6,41		49	6,72
9	9,63	60	7,20	1,90			4,06	9	0,33	1,58		4,36	7,09		55	6,96
1,0	10,36	80	7,33	2,31			4,14	1,0	0,22	1,90		4,23	7,80		85	7,20
1	11,10	08	7,47	2,73			4,22	1	0,13	2,11		4,09	8,53		09	7,44
2	11,85	16	7,60	3,19			4,56	2	0,06	2,56		3,96	9,29		17	7,68
3	12,62	24	7,73	3,65			4,64	3		2,94		3,60	10,07		26	7,92
4	13,40	32	7,87	4,11			4,72	4		3,31		3,71	10,87		34	8,16
1,5	14,19	40	8,00	4,59			4,80	1,5		3,68		3,82	11,70		43	8,40
6	15,00	48	8,13	5,07			4,88	6		4,07		3,93	12,55		51	8,64
7	15,82	56	8,27	5,57			4,96	7		4,47		4,05	13,43		60	8,88
8	16,65	64	8,40	6,07			5,04	8		4,88		4,15	14,33		68	9,12
9	17,50	72	8,53	6,57			5,12	9		5,30		4,25	15,25		77	9,36
2,0	18,36	93	8,67	7,09	54		5,20	2,0		5,73	49	4,36	16,20		1,09	9,60
1	19,23	09	8,80	7,61	06		5,28	1		6,17	05	4,47	17,17		11	9,84
2	20,12	19	8,93	8,15	11		5,36	2		6,62	10	4,58	18,17		22	10,08
3	21,02	28	9,07	8,69	17		5,44	3		7,09	15	4,69	19,19		33	10,32
4	21,93	37	9,20	9,23	22		5,52	4		7,56	20	4,80	20,23		44	10,56
2,5	22,86	47	9,33	9,79	28		5,60	2,5		8,05	25	4,91	21,30		55	10,80
6	23,80	56	9,47	10,35	34		5,68	6		8,51	29	5,02	22,39		65	11,04
7	24,75	65	9,60	10,93	39		5,76	7		9,05	34	5,13	23,51		76	11,28
8	25,72	74	9,73	11,31	45		5,84	8		9,57	39	5,24	24,65		87	11,52
9	26,70	84	9,87	12,09	50		5,92	9		10,10	44	5,35	25,81		98	11,76
3,0	27,69	1,07	10,00	12,69	61		6,00	3,0		10,65	60	5,45	27,00		1,33	12,00
1	28,70	11	10,13	13,29	06		6,08	1		11,19	06	5,56	28,21		13	12,24
2	29,72	21	10,27	13,91	13		6,16	2		11,75	12	5,67	29,45		27	12,48
3	30,75	32	10,40	14,53	19		6,24	3		12,32	18	5,78	30,71		40	12,72
4	31,80	43	10,53	15,15	26		6,32	4		12,91	24	5,89	31,99		53	12,96
3,5	32,86	54	10,67	15,79	32		6,40	3,5		13,50	30	6,00	33,30		67	13,20
6	33,93	65	10,80	16,43	38		6,48	6		14,11	36	6,11	34,63		80	13,44
7	35,02	75	10,93	17,09	45		6,56	7		14,72	42	6,22	35,99		93	13,68
8	36,12	86	11,07	17,73	51		6,64	8		15,33	48	6,33	37,37		1,06	13,92
9	37,23	96	11,20	18,41	58		6,72	9		15,99	54	6,44	38,77		1,20	14,16
4,0	38,36	1,20	11,33	19,09	72		6,80	4,0		16,65	71	6,55	40,20		1,57	14,40
1	39,50	12	11,47	19,77	07		6,88	1		17,30	07	6,65	41,65		16	14,64
2	40,65	24	11,60	20,47	14		6,96	2		17,97	14	6,76	43,13		31	14,88
3	41,82	36	11,73	21,17	22		7,04	3		18,65	21	6,87	44,63		47	15,12
4	43,00	48	11,87	21,87	29		7,12	4		19,34	28	6,98	46,15		63	15,36
4,5	44,19	60	12,00	22,59	36		7,20	4,5		20,05	36	7,09	47,70		79	15,60
6	45,40	72	12,13	23,31	43		7,28	6		20,76	43	7,20	49,27		95	15,84
7	46,62	84	12,27	24,05	50		7,36	7		21,49	50	7,31	50,87		1,10	16,08
8	47,85	96	12,40	24,79	58		7,44	8		22,22	57	7,42	52,49		1,26	16,32
9	49,10	1,08	12,53	25,53	65		7,52	9		22,97	64	7,53	54,13		1,41	16,56
	ΔL		13				8				ΔL	11				24

p.p(L)

	8		11		13		24
1	01	1	01	1	01	1	02
2	02	2	02	2	03	2	05
3	02	3	03	3	04	3	07
4	03	4	04	4	05	4	10
5	04	5	06	5	07	5	12
6	05	6	07	6	08	6	14
7	06	7	08	7	09	7	17
8	06	8	09	8	10	8	19
9	07	9	10	9	12	9	21

Top column-group headings: **c / D**, **p**, center **o,25**, **c / R**, **p**, and **p·p(L)**.

d	D	p·p	L	D	p·p	L	r	R	p·p	L	R	p·p	L	p·p(L)
5,0	50,35	1,33	12,67	26,29	80	7,60	5,0	23,73	82	7,64	55,80	1,81	16,80	8
1	51,62	13	12,80	27,05	08	7,68	1	24,50	08	7,75	57,49	18	17,04	1 01
2	52,91	27	12,93	27,83	16	7,76	2	25,28	16	7,85	59,21	36	17,28	2 02
3	54,21	40	13,07	28,61	24	7,84	3	26,07	25	7,96	60,95	54	17,52	3 02
4	55,52	53	13,20	29,39	32	7,92	4	26,87	33	8,07	62,71	72	17,76	4 03
5,5	56,85	67	13,33	30,19	40	8,00	5,5	27,68	41	8,18	64,50	91	18,00	5 04
6	58,19	80	13,47	30,99	48	8,08	6	28,51	49	8,29	66,41	1,09	18,24	6 05
7	59,54	93	13,60	31,81	56	8,16	7	29,34	57	8,40	68,15	1,27	18,48	7 06
8	60,91	1,06	13,73	32,61	64	8,24	8	30,19	66	8,51	70,01	1,45	18,72	8 06
9	62,29	1,20	13,85	33,45	72	8,32	9	31,04	74	8,62	71,89	1,63	18,96	9 07
6,0	63,68	1,47	14,00	34,29	88	8,40	6,0	31,91	93	8,73	73,80	2,05	19,20	11
1	65,09	15	14,13	35,13	09	8,48	1	32,79	09	8,84	75,73	21	19,44	1 01
2	66,51	29	14,26	35,99	18	8,56	2	33,68	19	8,95	77,69	41	19,68	2 02
3	67,94	44	14,40	36,85	26	8,64	3	34,58	28	9,05	79,67	62	19,92	3 03
4	69,39	59	14,53	37,71	35	8,72	4	35,49	37	9,16	81,67	82	20,16	4 04
6,5	70,85	74	14,66	38,59	44	8,80	6,5	36,44	47	9,27	83,70	1,03	20,40	5 06
6	72,32	88	14,80	39,47	53	8,88	6	37,34	56	9,38	85,75	1,23	20,64	6 07
7	73,81	1,03	14,93	40,37	62	8,96	7	38,29	65	9,49	87,83	1,44	20,88	7 08
8	75,31	1,18	15,06	41,27	70	9,04	8	39,24	74	9,60	89,93	1,64	21,12	8 09
9	76,82	1,32	15,20	42,17	79	9,12	9	40,21	84	9,71	92,05	1,85	21,36	9 10
7,0	78,35	1,60	15,33	43,09	96	9,20	7,0	41,18	1,04	9,82	94,20	2,29	21,60	13
1	79,89	16	15,46	44,01	10	9,28	1	42,17	10	9,93	96,37	23	21,84	1 01
2	81,44	32	15,60	44,95	19	9,36	2	43,17	21	10,04	98,57	46	22,08	2 03
3	83,01	48	15,73	45,89	29	9,44	3	44,18	31	10,15	100,79	69	22,32	3 04
4	84,59	64	15,86	46,83	38	9,52	4	45,20	42	10,25	103,03	92	22,56	4 05
7,5	86,18	80	16,00	47,79	48	9,60	7,5	46,23	52	10,36	105,30	1,15	22,80	5 07
6	87,79	96	16,13	48,75	58	9,68	6	47,27	62	10,47	107,59	1,37	23,04	6 08
7	89,41	1,12	16,26	49,73	67	9,76	7	48,32	73	10,58	109,91	1,60	23,28	7 09
8	91,04	1,28	16,40	50,71	77	9,84	8	49,39	83	10,69	112,25	1,83	23,52	8 10
9	92,69	1,44	16,53	51,69	86	9,92	9	50,46	94	10,80	114,61	2,06	23,76	9 12
8,0	94,35	1,73	16,66	52,69	1,04	10,00	8,0	51,55	1,15	10,91	117,00	2,53	24,00	24
1	96,02	17	16,80	53,69	10	10,08	1	52,65	12	11,02	119,41	25	24,24	1 02
2	97,71	35	16,93	54,71	21	10,16	2	53,75	23	11,13	121,85	51	24,48	2 05
3	99,41	52	17,06	55,73	31	10,24	3	54,87	35	11,24	124,31	76	24,72	3 07
4	101,12	69	17,20	56,75	42	10,32	4	56,00	46	11,35	126,79	1,01	24,96	4 10
8,5	102,84	87	17,33	57,79	52	10,40	8,5	57,14	58	11,45	129,30	1,27	25,20	5 12
6	104,58	1,04	17,46	58,83	62	10,48	6	58,29	69	11,56	131,83	1,52	25,44	6 14
7	106,34	1,21	17,60	59,89	73	10,56	7	59,45	81	11,67	134,39	1,77	25,68	7 17
8	108,10	1,38	17,73	60,95	83	10,64	8	60,62	92	11,78	136,97	2,02	25,92	8 19
9	109,88	1,56	17,86	62,01	94	10,72	9	61,81	1,04	11,89	139,57	2,28	26,16	9 22
9,0	111,68	1,87	18,00	63,09	1,12	10,80	9,0	63,00	1,26	12,00	142,20	2,77	26,40	
1	113,48	19	18,13	64,17	11	10,88	1	64,21	13	12,11	144,85	23	26,64	
2	115,30	37	18,26	65,27	22	10,96	2	65,42	25	12,22	147,53	55	26,88	
3	117,14	56	18,40	66,37	34	11,04	3	66,65	38	12,33	150,23	83	27,12	
4	118,98	75	18,53	67,47	45	11,12	4	67,89	50	12,44	152,95	1,11	27,36	
9,5	120,84	94	18,66	68,59	56	11,20	9,5	69,14	63	12,55	155,70	1,39	27,60	
6	122,74	1,12	18,80	69,71	67	11,28	6	70,40	76	12,65	158,47	1,66	27,84	
7	124,60	1,31	18,93	70,85	78	11,36	7	71,67	88	12,76	161,27	1,94	28,08	
8	126,50	1,50	19,06	71,99	90	11,44	8	72,95	1,01	12,87	164,09	2,22	28,32	
9	128,41	1,68	19,20	73,13	1,01	11,52	9	74,24	1,13	12,98	166,93	2,49	28,56	
		ΔL	13			8			ΔL	11			24	

(78)

Header groups: **c / D** · **P** · 0,25 · **c / R** · **P**

d	D	p.p	L	D	p.p	L	r	R	p.p	L	R	p.p	L
10,0	130,33	2,00	19,33	74,29	1,20	11,60	10,0	75,55	1,36	13,09	169,80	3,01	28,80
1	132,27	20	19,46	75,45	12	11,68	1	76,85	14	13,20	172,69	30	29,04
2	134,23	40	19,60	76,63	24	11,76	2	78,18	27	13,31	175,61	60	29,28
3	136,19	60	19,73	77,81	36	11,84	3	79,52	41	13,42	178,55	90	29,52
4	138,17	80	19,86	78,99	48	11,92	4	80,87	54	13,53	181,51	1,20	29,76
10,5	140,17	1,00	20,00	80,19	60	12,00	10,5	82,23	68	13,64	184,50	1,51	30,00
6	142,17	1,20	20,13	81,39	72	12,08	6	83,59	82	13,75	187,51	1,81	30,24
7	144,19	1,40	20,26	82,61	84	12,16	7	84,97	95	13,85	190,55	2,11	30,48
8	146,23	1,60	20,40	83,83	96	12,24	8	86,37	1,09	13,96	193,61	2,41	30,72
9	148,27	1,80	20,53	85,05	1,08	12,32	9	87,77	1,22	14,07	196,69	2,71	30,96
11,0	150,33	2,13	20,66	86,29	1,28	12,40	11,0	89,18	1,47	14,18	199,80	3,25	31,20
1	152,40	21	20,80	87,53	13	12,48	1	90,61	15	14,29	202,93	33	31,44
2	154,49	43	20,93	88,79	26	12,56	2	92,04	29	14,40	206,09	65	31,68
3	156,59	64	21,06	90,05	38	12,64	3	93,49	44	14,51	209,27	98	31,92
4	158,70	87	21,20	91,31	51	12,72	4	94,94	59	14,62	212,47	1,30	32,16
11,5	160,83	1,07	21,33	92,59	64	12,80	11,5	96,41	74	14,73	215,70	1,63	32,40
6	162,97	1,28	21,46	93,87	77	12,88	6	97,89	88	14,84	218,95	1,95	32,64
7	165,12	1,49	21,60	95,17	90	12,96	7	99,38	1,03	14,95	222,23	2,28	32,88
8	167,29	1,70	21,73	96,47	1,02	13,04	8	100,88	1,18	15,05	225,53	2,60	33,12
9	169,47	1,92	21,86	97,77	1,15	13,12	9	102,39	1,32	15,16	228,85	2,93	33,36
12,0	171,66	2,27	22,00	99,09	1,36	13,20	12,0	103,91	1,58	15,27	232,20	3,49	33,60
1	173,87	23	22,13	100,44	14	13,28	1	105,44	16	15,38	235,57	35	33,84
2	176,09	45	22,26	101,75	27	13,36	2	106,99	32	15,49	238,97	70	34,08
3	178,32	68	22,40	103,09	41	13,44	3	108,54	47	15,60	242,39	1,05	34,32
4	180,57	91	22,53	104,43	54	13,52	4	110,11	63	15,71	245,83	1,40	34,56
12,5	182,83	1,14	22,66	105,79	68	13,60	12,5	111,68	79	15,82	249,30	1,75	34,80
6	185,10	1,36	22,80	107,15	82	13,68	6	113,27	95	15,93	252,79	2,09	35,04
7	187,39	1,59	22,93	108,53	95	13,76	7	114,87	1,11	16,04	256,31	2,44	35,28
8	189,69	1,82	23,06	109,91	1,09	13,84	8	116,48	1,26	16,15	259,85	2,79	35,52
9	192,00	2,04	23,20	111,29	1,22	13,92	9	118,10	1,42	16,25	263,41	3,14	35,76
13,0	194,32	2,40	23,33	112,69	1,44	14,00	13,0	119,73	1,69	16,36	267,00	3,73	36,00
1	196,66	24	23,46	114,09	14	14,08	1	121,37	17	16,47	270,61	37	36,24
2	199,02	48	23,60	115,51	29	14,16	2	123,02	34	16,58	274,25	75	36,48
3	201,38	72	23,73	116,93	43	14,24	3	124,69	51	16,69	277,91	1,12	36,72
4	203,76	96	23,86	118,35	58	14,32	4	126,36	68	16,80	281,59	1,49	36,96
13,5	206,16	1,20	24,00	119,79	72	14,40	13,5	128,05	85	16,91	285,30	1,87	37,20
6	208,56	1,44	24,13	121,23	86	14,48	6	129,74	1,01	17,02	289,03	2,24	37,44
7	210,98	1,68	24,26	122,69	1,01	14,56	7	131,45	1,18	17,13	292,79	2,61	37,68
8	213,42	1,92	24,40	124,15	1,15	14,64	8	133,17	1,35	17,24	296,57	2,98	37,92
9	215,86	2,16	24,53	125,61	1,30	14,72	9	134,90	1,52	17,35	300,37	3,36	38,16
14,0	218,32	2,53	24,66	127,09	1,52	14,80	14,0	136,64	1,80	17,45	305,20	3,97	38,40
1	220,79	25	24,80	128,57	15	14,88	1	138,39	18	17,56	308,05	40	38,64
2	223,28	51	24,93	130,07	30	14,96	2	140,15	36	17,67	311,93	79	38,88
3	225,78	76	25,06	131,57	46	15,04	3	141,92	54	17,78	315,83	1,19	39,12
4	228,29	1,01	25,20	133,07	61	15,12	4	143,71	72	17,89	319,75	1,59	39,36
14,5	230,82	1,27	25,33	134,59	76	15,20	14,5	145,50	90	18,00	323,70	1,99	39,60
6	233,36	1,52	25,46	136,11	91	15,28	6	147,31	1,08	18,11	327,67	2,38	39,84
7	235,91	1,77	25,60	137,65	1,06	15,36	7	149,12	1,26	18,22	331,67	2,78	40,08
8	238,48	2,02	25,73	139,19	1,22	15,44	8	150,95	1,41	18,33	335,69	3,18	40,32
9	241,06	2,28	25,86	140,73	1,37	15,52	9	152,79	1,62	18,44	339,73	3,57	40,56
		ΔL	13			8			ΔL	11			24

p.p(L):

	8	11	13	24
1	01	01	01	02
2	02	02	03	05
3	02	03	04	07
4	03	04	05	10
5	04	06	07	12
6	05	07	08	14
7	06	08	09	17
8	06	09	10	19
9	07	10	12	22

II.

TABLE

DES

LONGUEURS DES TALUS DE DÉBLAI ET DE REMBLAI.

The quantity columns are headed on the left by the slope figures **c**, **D**, **p** and on the right by **c**, **R**, **P**; each group is subdivided into the hundredths columns 00, 01, 02.

d	c/D 00	c/D 01	c/D 02	p 00	p 01	p 02	r	c/R 00	c/R 01	c/R 02	P 00	P 01	P 02
0,0	0,00	0,06	0,13		0,00	0,00	0,0						
1	0,14	0,21	0,27		0,08	0,01	1						
2	0,28	0,35	0,42		0,22	0,15	2						
3	0,42	0,49	0,56		0,36	0,29	3						
4	0,57	0,64	0,71		0,50	0,43	4					0,79	0,85
0,5	0,71	0,78	0,85		0,64	0,57	0,5		0,83	0,77		0,97	1,04
6	0,85	0,92	1,00		0,78	0,71	6		1,01	0,95		1,15	1,23
7	0,99	1,06	1,14		0,92	0,85	7		1,19	1,12		1,34	1,41
8	1,13	1,21	1,28		1,06	0,98	8		1,37	1,30		1,52	1,60
9	1,27	1,35	1,43		1,20	1,12	9		1,55	1,47		1,70	1,78
1,0	1,41	1,49	1,57		1,34	1,26	1,0		1,72	1,65		1,89	1,97
1	1,56	1,64	1,72		1,48	1,40	1		1,90	1,82		2,07	2,16
2	1,70	1,78	1,86		1,62	1,54	2		2,08	2,00		2,25	2,34
3	1,84	1,92	2,00		1,76	1,68	3		2,26	2,17		2,43	2,53
4	1,98	2,06	2,15		1,90	1,82	4		2,43	2,35		2,62	2,71
1,5	2,12	2,21	2,29		2,04	1,95	1,5		2,61	2,52		2,80	2,90
6	2,26	2,35	2,44		2,18	2,09	6		2,79	2,70		2,98	3,08
7	2,40	2,49	2,58		2,32	2,23	7		2,97	2,87		3,17	3,27
8	2,55	2,63	2,73		2,46	2,37	8		3,14	3,05		3,35	3,46
9	2,69	2,78	2,87		2,60	2,51	9		3,32	3,22		3,53	3,64
2,0	2,83	2,92	3,01		2,74	2,65	2,0		3,50	3,40		3,72	3,83
1	2,97	3,06	3,16		2,88	2,79	1		3,68	3,57		3,90	4,01
2	3,11	3,21	3,30		3,02	2,92	2		3,86	3,75		4,08	4,20
3	3,25	3,35	3,45		3,16	3,06	3		4,03	3,92		4,27	4,39
4	3,39	3,49	3,59		3,30	3,20	4		4,21	4,10		4,45	4,57
2,5	3,55	3,63	3,73		3,41	3,34	2,5		4,39	4,27		4,63	4,76
6	3,68	3,78	3,88		3,58	3,48	6		4,57	4,45		4,82	4,94
7	3,82	3,92	4,02		3,72	3,62	7		4,74	4,62		5,00	5,13
8	3,96	4,06	4,17		3,86	3,76	8		4,92	4,80		5,18	5,31
9	4,10	4,21	4,31		4,00	3,89	9		5,10	4,97		5,36	5,50
3,0	4,24	4,35	4,46		4,14	4,03	3,0		5,28	5,15		5,55	5,69
1	4,38	4,49	4,60		4,28	4,17	1		5,46	5,32		5,73	5,87
2	4,52	4,63	4,74		4,42	4,31	2		5,63	5,50		5,91	6,06
3	4,67	4,78	4,89		4,56	4,45	3		5,81	5,67		6,10	6,24
4	4,81	4,92	5,03		4,70	4,59	4		5,99	5,85		6,28	6,43
3,5	4,95	5,06	5,18		4,84	4,73	3,5		6,17	6,02		6,46	6,61
6	5,09	5,21	5,32		4,98	4,86	6		6,34	6,20		6,65	6,80
7	5,23	5,35	5,47		5,12	5,00	7		6,52	6,37		6,83	6,99
8	5,37	5,49	5,61		5,26	5,14	8		6,70	6,55		7,01	7,17
9	5,51	5,63	5,75		5,40	5,28	9		6,88	6,72		7,20	7,36
4,0	5,66	5,78	5,90		5,54	5,42	4,0		7,05	6,90		7,38	7,54
1	5,80	5,92	6,04		5,68	5,56	1		7,23	7,07		7,56	7,73
2	5,94	6,06	6,19		5,82	5,70	2		7,41	7,25		7,74	7,92
3	6,08	6,20	6,33		5,96	5,84	3		7,59	7,42		7,93	8,10
4	6,22	6,35	6,47		6,10	5,97	4		7,77	7,60		8,11	8,29
4,5	6,36	6,49	6,62		6,24	6,11	4,5		7,94	7,77		8,29	8,47
6	6,50	6,63	6,76		6,38	6,25	6		8,12	7,95		8,48	8,66
7	6,65	6,78	6,91		6,52	6,30	7		8,30	8,12		8,66	8,84
8	6,79	6,92	7,05		6,66	6,53	8		8,48	8,30		8,85	9,03
9	6,93	7,06	7,20		6,80	6,67	9		8,65	8,47		9,03	9,22
Δ	14	15	15		15	15	Δ		18	18		18	19

P·P (proportional parts)

14		18		19	
1	01	1	02	1	02
2	03	2	04	2	04
3	04	3	05	3	06
4	06	4	07	4	08
5	07	5	09	5	10
6	08	6	11	6	11
7	10	7	13	7	13
8	11	8	14	8	15
9	13	9	16	9	17

TALUS.

Column groups (with their head diagrams): left side **c** (cols 00, 01, 02), **D** (col 00, blank on this page) and **ṗ** (cols 01, 02); right side **c** (col 00, blank), **R** (cols 01, 02) and **P** (cols 01, 02, with blank 00).

d	c 00	c 01	c 02	D 00	ṗ 01	ṗ 02	r	c 00	R 01	R 02	P 00	P 01	P 02
5,0	7,07	7,21	7,34		6,91	6,81	5,0		8,83	8,65		9,21	9,40
1	7,21	7,35	7,49		7,08	6,95	1		9,01	8,82		9,39	9,59
2	7,35	7,49	7,63		7,22	7,08	2		9,18	9,00		9,57	9,78
3	7,50	7,63	7,78		7,36	7,22	3		9,36	9,17		9,76	9,96
4	7,64	7,78	7,92		7,50	7,36	4		9,54	9,35		9,94	10,15
5,5	7,78	7,92	8,07		7,64	7,50	5,5		9,72	9,52		10,12	10,33
6	7,92	8,06	8,21		7,78	7,64	6		9,89	9,70		10,30	10,52
7	8,06	8,21	8,35		7,92	7,78	7		10,07	9,87		10,49	10,70
8	8,20	8,35	8,50		8,06	7,92	8		10,25	10,03		10,67	10,89
9	8,34	8,49	8,64		8,20	8,05	9		10,43	10,22		10,85	11,08
6,0	8,49	8,63	8,79		8,34	8,19	6,0		10,60	10,40		11,04	11,26
1	8,63	8,78	8,93		8,48	8,33	1		10,78	10,57		11,22	11,45
2	8,77	8,92	9,07		8,62	8,47	2		10,96	10,75		11,40	11,63
3	8,91	9,06	9,22		8,76	8,61	3		11,14	10,92		11,59	11,82
4	9,05	9,21	9,36		8,90	8,75	4		11,32	11,10		11,77	12,01
6,5	9,19	9,35	9,51		9,05	8,89	6,5		11,49	11,27		11,95	12,19
6	9,33	9,49	9,65		9,18	9,03	6		11,67	11,45		12,14	12,38
7	9,47	9,63	9,80		9,32	9,16	7		11,85	11,62		12,32	12,56
8	9,62	9,78	9,94		9,46	9,30	8		12,03	11,80		12,50	12,75
9	9,76	9,92	10,08		9,60	9,44	9		12,20	11,97		12,69	12,93
7,0	9,90	10,06	10,23		9,74	9,58	7,0		12,38	12,15		12,87	13,12
1	10,04	10,21	10,37		9,88	9,72	1		12,56	12,32		13,05	13,31
2	10,18	10,35	10,52		10,02	9,86	2		12,74	12,50		13,23	13,49
3	10,32	10,49	10,66		10,16	10,00	3		12,91	12,67		13,42	13,68
4	10,46	10,63	10,81		10,30	10,13	4		13,09	12,85		13,60	13,86
7,5	10,61	10,78	10,95		10,44	10,27	7,5		13,27	13,02		13,78	14,05
6	10,75	10,92	11,09		10,58	10,41	6		13,45	13,20		13,97	14,24
7	10,89	11,06	11,24		10,72	10,55	7		13,63	13,37		14,15	14,42
8	11,03	11,20	11,38		10,86	10,69	8		13,80	13,55		14,33	14,61
9	11,17	11,35	11,53		11,00	10,83	9		13,98	13,72		14,52	14,79
8,0	11,31	11,49	11,67		11,14	10,97	8,0		14,16	13,90		14,70	14,98
1	11,45	11,63	11,81		11,28	11,10	1		14,34	14,07		14,88	15,16
2	11,60	11,78	11,96		11,42	11,24	2		14,51	14,25		15,07	15,35
3	11,74	11,92	12,10		11,56	11,38	3		14,69	14,42		15,25	15,54
4	11,88	12,06	12,25		11,70	11,52	4		14,87	14,60		15,43	15,72
8,5	12,02	12,20	12,39		11,84	11,66	8,5		15,05	14,77		15,61	15,91
6	12,16	12,35	12,54		11,98	11,80	6		15,22	14,95		15,80	16,09
7	12,30	12,49	12,68		12,12	11,94	7		15,40	15,12		15,98	16,28
8	12,44	12,63	12,82		12,26	12,07	8		15,58	15,30		16,16	16,46
9	12,59	12,78	12,97		12,40	12,21	9		15,76	15,47		16,35	16,65
9,0	12,73	12,92	13,11		12,55	12,35	9,0		15,94	15,65		16,53	16,84
1	12,87	13,06	13,26		12,68	12,49	1		16,11	15,82		16,71	17,02
2	13,01	13,20	13,40		12,82	12,63	2		16,29	16,00		16,90	17,21
3	13,15	13,35	13,55		12,96	12,77	3		16,47	16,17		17,08	17,39
4	13,29	13,49	13,69		13,10	12,91	4		16,65	16,35		17,26	17,58
9,5	13,43	13,63	13,83		13,24	13,04	9,5		16,82	16,52		17,45	17,77
6	13,58	13,78	13,98		13,38	13,18	6		17,00	16,70		17,63	17,95
7	13,72	13,92	14,12		13,52	13,32	7		17,18	16,87		17,81	18,14
8	13,86	14,06	14,27		13,66	13,46	8		17,36	17,05		17,99	18,32
9	14,00	14,20	14,41		13,80	13,60	9		17,54	17,22		18,18	18,51
Δ	14	14	14		14	14	Δ		18	18		18	19

p·p (proportional parts):

	14	18	19
1	01	02	02
2	03	04	04
3	04	05	06
4	06	07	08
5	07	09	10
6	08	11	11
7	10	13	13
8	11	15	15
9	13	16	17

d	c 00	c 01	c 02	p 00	p 01	p 02	r	R 00	R 01	R 02	p 00	p 01	p 02
10,0	14,14	14,35	14,56		13,94	13,74	10,0		17,71	17,40		18,36	18,70
1	14,28	14,49	14,70		14,08	13,88	1		17,89	17,57		18,54	18,88
2	14,42	14,63	14,85		14,22	14,02	2		18,06	17,75		18,72	19,07
3	14,57	14,78	14,99		14,36	14,16	3		18,24	17,92		18,91	19,25
4	14,71	14,92	15,13		14,50	14,29	4		18,42	18,10		19,09	19,44
10,5	14,85	15,06	15,28		14,64	14,43	10,5		18,60	18,27		19,27	19,63
6	14,99	15,21	15,42		14,78	14,57	6		18,77	18,45		19,46	19,81
7	15,13	15,35	15,57		14,92	14,71	7		18,95	18,62		19,64	20,00
8	15,27	15,49	15,71		15,06	14,85	8		19,13	18,80		19,82	20,18
9	15,41	15,63	15,85		15,20	14,99	9		19,31	18,97		20,01	20,37
11,0	15,56	15,78	16,00		15,34	15,13	11,0		19,49	19,15		20,19	20,55
1	15,70	15,92	16,14		15,48	15,26	1		19,66	19,32		20,37	20,74
2	15,84	16,06	16,29		15,62	15,40	2		19,84	19,50		20,55	20,93
3	15,98	16,20	16,43		15,76	15,54	3		20,02	19,67		20,74	21,11
4	16,12	16,35	16,58		15,90	15,68	4		20,20	19,85		20,92	21,30
11,5	16,26	16,49	16,72		16,04	15,82	11,5		20,37	20,02		21,10	21,48
6	16,40	16,63	16,86		16,18	15,96	6		20,55	20,20		21,29	21,67
7	16,55	16,78	17,01		16,32	16,10	7		20,73	20,37		21,47	21,86
8	16,69	16,92	17,15		16,46	16,23	8		20,91	20,55		21,65	22,04
9	16,83	17,06	17,30		16,60	16,37	9		21,08	20,72		21,84	22,23
12,0	16,97	17,20	17,44		16,74	16,51	12,0		21,26	20,90		22,02	22,41
1	17,11	17,35	17,58		16,88	16,65	1		21,44	21,07		22,20	22,60
2	17,25	17,49	17,73		17,02	16,79	2		21,62	21,25		22,39	22,78
3	17,39	17,63	17,87		17,16	16,93	3		21,80	21,42		22,57	22,97
4	17,54	17,78	18,02		17,30	17,07	4		21,97	21,60		22,75	23,16
12,5	17,68	17,92	18,16		17,44	17,20	12,5		22,15	21,77		22,93	23,34
6	17,82	18,06	18,31		17,58	17,34	6		22,33	21,95		23,12	23,53
7	17,96	18,20	18,45		17,72	17,48	7		22,51	22,12		23,30	23,71
8	18,10	18,35	18,59		17,86	17,62	8		22,68	22,30		23,48	23,90
9	18,24	18,49	18,74		18,00	17,76	9		22,86	22,47		23,67	24,09
13,0	18,38	18,63	18,88		18,14	17,90	13,0		23,04	22,65		23,85	24,27
1	18,53	18,78	19,03		18,28	18,04	1		23,22	22,82		24,03	24,46
2	18,67	18,92	19,17		18,42	18,18	2		23,39	23,00		24,22	24,64
3	18,81	19,06	19,32		18,56	18,31	3		23,57	23,17		24,40	24,83
4	18,95	19,20	19,46		18,70	18,45	4		23,75	23,35		24,58	25,01
13,5	19,09	19,35	19,60		18,84	18,59	13,5		23,93	23,52		24,77	25,20
6	19,23	19,49	19,75		18,98	18,73	6		24,11	23,70		24,95	25,39
7	19,37	19,63	19,89		19,12	18,87	7		24,28	23,87		25,13	25,57
8	19,52	19,77	20,04		19,26	19,01	8		24,46	24,05		25,32	25,76
9	19,66	19,92	20,18		19,40	19,15	9		24,64	24,22		25,50	25,94
14,0	19,80	20,06	20,32		19,54	19,28	14,0		24,82	24,40		25,68	26,13
1	19,94	20,20	20,47		19,68	19,42	1		24,99	24,57		25,87	26,31
2	20,08	20,35	20,61		19,82	19,56	2		25,17	24,75		26,05	26,50
3	20,22	20,49	20,76		19,96	19,70	3		25,35	24,92		26,23	26,69
4	20,36	20,63	20,90		20,10	19,84	4		25,53	25,10		26,42	26,87
14,5	20,51	20,77	21,05		20,24	19,98	14,5		25,70	25,27		26,70	27,06
6	20,65	20,92	21,19		20,38	20,12	6		25,88	25,45		26,78	27,24
7	20,79	21,06	21,33		20,52	20,25	7		26,06	25,62		26,96	27,43
8	20,93	21,20	21,48		20,66	20,30	8		26,24	25,80		27,15	27,62
9	21,07	21,35	21,62		20,80	20,53	9		26,42	25,97		27,33	27,80
Δ	14	14	14		14	14	Δ		18	18		18	19

P.P

14
1 | 01
2 | 03
3 | 04
4 | 06
5 | 07
6 | 08
7 | 10
8 | 11
9 | 13

18
1 | 02
2 | 04
3 | 05
4 | 07
5 | 09
6 | 11
7 | 13
8 | 15
9 | 16

19
1 | 02
2 | 04
3 | 06
4 | 08
5 | 10
6 | 11
7 | 13
8 | 15
9 | 17

(85) **TALUS.**

Left block **D** — diagrams: c (valley ⋁) and P (peak ⋀). Right block **R** — diagrams: c (cut ⋁) and P (⋀).

d	c 03	c 04	c 05	P 03	P 04	P 05	r	c 03	c 04	c 05	P 03	P 04	P 05	P·P
0,0	0,20	0,27	0,33				0,0							13
1	0,34	0,41	0,48				1							1 01
2	0,49	0,56	0,63	0,09	0,03		2							2 03
3	0,63	0,71	0,78	0,23	0,16	0,10	3				0,74	0,81	0,88	3 04
4	0,78	0,85	0,93	0,36	0,30	0,24	4				0,93	1,00	1,07	4 05
0,5	0,93	1,00	1,08	0,50	0,44	0,37	0,5				1,11	1,19	1,27	5 07
6	1,07	1,15	1,23	0,64	0,57	0,51	6	0,88	0,82	0,75	1,30	1,38	1,46	6 08
7	1,22	1,30	1,38	0,78	0,71	0,64	7	1,05	0,99	0,92	1,49	1,57	1,66	7 09
8	1,36	1,44	1,53	0,91	0,84	0,78	8	1,22	1,16	1,09	1,68	1,76	1,85	8 10
9	1,51	1,59	1,67	1,05	0,98	0,91	9	1,40	1,33	1,26	1,87	1,96	2,05	9 12
1,0	1,65	1,74	1,82	1,19	1,12	1,05	1,0	1,57	1,50	1,43	2,06	2,15	2,24	14
1	1,80	1,89	1,97	1,32	1,25	1,18	1	1,74	1,67	1,59	2,25	2,34	2,44	1 01
2	1,95	2,03	2,12	1,46	1,39	1,31	2	1,91	1,84	1,76	2,44	2,53	2,63	2 03
3	2,09	2,18	2,27	1,60	1,52	1,45	3	2,09	2,01	1,93	2,62	2,72	2,83	3 04
4	2,24	2,33	2,42	1,74	1,66	1,58	4	2,26	2,18	2,10	2,81	2,92	3,02	4 06
1,5	2,38	2,48	2,57	1,87	1,80	1,72	1,5	2,43	2,35	2,26	3,00	3,11	3,22	5 07
6	2,53	2,62	2,72	2,01	1,93	1,85	6	2,60	2,52	2,43	3,19	3,30	3,41	6 08
7	2,67	2,77	2,87	2,15	2,07	1,99	7	2,78	2,69	2,60	3,38	3,48	3,61	7 10
8	2,82	2,92	3,02	2,29	2,20	2,12	8	2,95	2,86	2,77	3,57	3,68	3,80	8 11
9	2,96	3,07	3,16	2,44	2,34	2,26	9	3,12	3,03	2,93	3,76	3,87	4,00	9 13
2,0	3,11	3,21	3,31	2,56	2,48	2,39	2,0	3,29	3,20	3,10	3,95	4,07	4,19	15
1	3,26	3,36	3,46	2,70	2,61	2,53	1	3,47	3,37	3,27	4,13	4,26	4,39	1 02
2	3,40	3,51	3,61	2,84	2,75	2,66	2	3,64	3,54	3,44	4,32	4,45	4,58	2 03
3	3,55	3,66	3,76	2,97	2,89	2,80	3	3,81	3,71	3,61	4,51	4,64	4,77	3 05
4	3,69	3,80	3,91	3,11	3,02	2,93	4	3,98	3,88	3,77	4,70	4,83	4,97	4 06
2,5	3,84	3,95	4,06	3,25	3,16	3,07	2,5	4,16	4,05	3,94	4,89	5,03	5,16	5 08
6	3,98	4,10	4,21	3,38	3,29	3,20	6	4,33	4,22	4,11	5,08	5,22	5,36	6 09
7	4,13	4,24	4,36	3,52	3,43	3,33	7	4,50	4,39	4,28	5,27	5,41	5,55	7 11
8	4,28	4,39	4,50	3,66	3,57	3,47	8	4,67	4,56	4,44	5,46	5,60	5,75	8 12
9	4,42	4,54	4,65	3,80	3,70	3,60	9	4,85	4,73	4,61	5,65	5,79	5,94	9 14
3,0	4,57	4,69	4,80	3,93	3,84	3,74	3,0	5,02	4,90	4,78	5,83	5,98	6,14	17
1	4,71	4,83	4,95	4,07	3,97	3,87	1	5,19	5,07	4,95	6,02	6,18	6,33	1 02
2	4,86	4,98	5,10	4,21	4,11	4,01	2	5,36	5,24	5,11	6,21	6,37	6,53	2 03
3	5,00	5,13	5,25	4,35	4,25	4,15	3	5,54	5,41	5,28	6,40	6,56	6,72	3 05
4	5,15	5,28	5,40	4,48	4,38	4,28	4	5,71	5,58	5,45	6,59	6,75	6,92	4 07
3,5	5,30	5,42	5,55	4,62	4,52	4,41	3,5	5,88	5,75	5,62	6,78	6,94	7,11	5 09
6	5,44	5,57	5,70	4,76	4,65	4,55	6	6,05	5,92	5,79	6,97	7,13	7,31	6 10
7	5,59	5,72	5,84	4,89	4,79	4,68	7	6,23	6,09	5,95	7,16	7,33	7,50	7 12
8	5,73	5,87	5,99	5,03	4,93	4,82	8	6,40	6,26	6,12	7,34	7,52	7,70	8 14
9	5,88	6,01	6,14	5,17	5,06	4,95	9	6,57	6,43	6,29	7,53	7,71	7,89	9 15
4,0	6,02	6,16	6,29	5,31	5,20	5,09	4,0	6,74	6,60	6,46	7,72	7,90	8,09	19
1	6,17	6,31	6,44	5,44	5,34	5,22	1	6,92	6,77	6,62	7,91	8,09	8,28	1 02
2	6,32	6,46	6,59	5,58	5,47	5,36	2	7,09	6,94	6,79	8,10	8,29	8,48	2 04
3	6,46	6,60	6,74	5,72	5,61	5,49	3	7,26	7,11	6,96	8,29	8,48	8,67	3 06
4	6,61	6,75	6,89	5,86	5,74	5,62	4	7,43	7,28	7,13	8,48	8,67	8,87	4 08
4,5	6,75	6,90	7,04	5,99	5,88	5,76	4,5	7,61	7,45	7,29	8,67	8,86	9,06	5 10
6	6,90	7,05	7,18	6,13	6,02	5,89	6	7,78	7,62	7,46	8,85	9,05	9,26	6 11
7	7,04	7,19	7,33	6,27	6,15	6,03	7	7,95	7,79	7,63	9,04	9,24	9,45	7 13
8	7,19	7,34	7,48	6,41	6,29	6,16	8	8,12	7,96	7,80	9,23	9,44	9,65	8 15
9	7,34	7,49	7,63	6,55	6,42	6,30	9	8,30	8,13	7,97	9,42	9,63	9,84	9 17
Δ	15	15	15	14	14	13	Δ	17	17	17	19	19	19	

d	c / D 03	04	05	P 03	04	05	r	c / R 03	04	05	P 03	04	05
5,0	7,49	7,63	7,78	6,68	6,55	6,43	5,0	8,47	8,30	8,13	9,61	9,82	10,04
1	7,63	7,78	7,93	6,82	6,69	6,57	1	8,64	8,47	8,30	9,80	10,01	10,23
2	7,78	7,93	8,08	6,96	6,83	6,70	2	8,82	8,64	8,47	9,99	10,20	10,43
3	[illegible]	8,07	8,23	7,09	6,96	6,84	3	8,99	8,81	8,64	10,18	10,39	10,62
4	[illegible]	8,22	8,37	7,23	7,10	6,97	4	9,16	8,98	8,80	10,36	10,59	10,82
5,5	8,21	8,37	8,52	7,37	7,23	7,10	5,5	9,33	9,15	8,97	10,55	10,78	11,01
6	8,36	8,52	8,67	7,51	7,37	7,24	6	9,51	9,32	9,14	10,74	10,97	11,21
7	8,51	8,66	8,82	7,64	7,51	7,37	7	9,68	9,49	9,31	10,93	11,16	11,40
8	8,65	8,81	8,97	7,78	7,64	7,51	8	9,85	9,66	9,48	11,12	11,35	11,60
9	8,80	8,96	9,12	7,92	7,78	7,64	9	10,02	9,83	9,64	11,31	11,55	11,79
6,0	8,94	9,11	9,27	8,05	7,92	7,78	6,0	10,20	10,00	9,81	11,50	11,74	11,99
1	9,09	9,25	9,42	8,19	8,05	7,91	1	10,37	10,17	9,98	11,69	11,93	12,18
2	9,24	9,40	9,57	8,33	8,19	8,05	2	10,54	10,34	10,15	11,87	12,12	12,38
3	9,38	9,55	9,71	8,47	8,32	8,18	3	10,71	10,51	10,31	12,06	12,31	12,57
4	9,53	9,70	9,86	8,60	8,46	8,32	4	10,89	10,68	10,48	12,25	12,50	12,77
6,5	9,67	9,84	10,01	8,74	8,60	8,45	6,5	11,06	10,85	10,65	12,44	12,70	12,96
6	9,82	9,99	10,16	8,88	8,73	8,59	6	11,23	11,02	10,82	12,63	12,89	13,16
7	9,96	10,14	10,31	9,02	8,87	8,74	7	11,40	11,19	10,98	12,82	13,08	13,35
8	10,11	10,29	10,46	9,15	9,00	8,86	8	11,58	11,36	11,15	13,01	13,27	13,55
9	10,26	10,43	10,61	9,29	9,14	8,99	9	11,75	11,53	11,32	13,20	13,46	13,74
7,0	10,40	10,58	10,76	9,43	9,28	9,13	7,0	11,92	11,70	11,49	13,38	13,66	13,94
1	10,55	10,73	10,91	9,56	9,41	9,26	1	12,09	11,87	11,66	13,57	13,85	14,13
2	10,69	10,87	11,05	9,70	9,55	9,39	2	12,27	12,04	11,82	13,76	14,04	14,32
3	10,84	11,02	11,20	9,84	9,68	9,53	3	12,44	12,21	11,99	13,95	14,23	14,52
4	10,98	11,17	11,35	9,98	9,82	9,66	4	12,61	12,38	12,16	14,14	14,42	14,71
7,5	11,13	11,32	11,50	10,11	9,96	9,80	7,5	12,78	12,55	12,33	14,33	14,61	14,91
6	11,28	11,46	11,65	10,25	10,09	9,93	6	12,96	12,72	12,49	14,52	14,81	15,10
7	11,42	11,61	11,80	10,39	10,23	10,07	7	13,13	12,89	12,66	14,71	15,00	15,30
8	11,57	11,76	11,95	10,53	10,37	10,20	8	13,30	13,06	12,83	14,90	15,19	15,49
9	11,71	11,91	12,10	10,66	10,50	10,34	9	13,47	13,23	13,00	15,08	15,38	15,69
8,0	11,86	12,05	12,25	10,80	10,64	10,47	8,0	13,65	13,40	13,16	15,27	15,57	15,88
1	12,00	12,20	12,40	10,94	10,77	10,61	1	13,82	13,57	13,33	15,46	15,77	16,08
2	12,15	12,35	12,54	11,07	10,91	10,74	2	13,99	13,74	13,50	15,65	15,96	16,27
3	12,30	12,50	12,69	11,21	11,05	10,88	3	14,16	13,91	13,67	15,84	16,15	16,47
4	12,44	12,64	12,84	11,35	11,18	11,01	4	14,34	14,08	13,84	16,03	16,34	16,66
8,5	12,59	12,79	12,99	11,49	11,32	11,15	8,5	14,51	14,25	14,00	16,22	16,53	16,86
6	12,73	12,94	13,14	11,62	11,45	11,28	6	14,68	14,42	14,17	16,41	16,72	17,05
7	12,88	13,09	13,29	11,76	11,59	11,42	7	14,85	14,59	14,34	16,59	16,92	17,25
8	13,02	13,23	13,44	11,90	11,73	11,55	8	15,03	14,76	14,51	16,78	17,11	17,44
9	13,17	13,38	13,59	12,04	11,86	11,68	9	15,20	14,93	14,67	16,97	17,30	17,64
9,0	13,31	13,53	13,74	12,17	12,00	11,82	9,0	15,37	15,10	14,84	17,16	17,49	17,83
1	13,46	13,68	13,88	12,31	12,13	11,95	1	15,54	15,27	15,01	17,35	17,68	18,03
2	13,61	13,82	14,03	12,45	12,27	12,09	2	15,72	15,44	15,18	17,54	17,87	18,22
3	13,75	13,97	14,18	12,59	12,41	12,22	3	15,89	15,61	15,34	17,73	18,07	18,42
4	13,90	14,12	14,33	12,72	12,54	12,36	4	16,06	15,78	15,51	17,92	18,26	18,61
9,5	14,05	14,27	14,48	12,86	12,68	12,49	9,5	16,23	15,95	15,68	18,10	18,45	18,81
6	14,19	14,41	14,63	13,00	12,81	12,63	6	16,41	16,12	15,85	18,29	18,64	19,00
7	14,33	14,56	14,78	13,13	12,95	12,76	7	16,58	16,29	16,02	18,48	18,83	19,20
8	14,48	14,71	14,93	13,27	13,09	12,90	8	16,75	16,46	16,28	18,67	19,03	19,39
9	14,63	14,85	15,08	13,41	13,22	13,03	9	16,92	16,63	16,35	18,86	19,22	19,59
Δ	15	15	15	14	14	13	Δ	17	17	17	19	19	19

P.P

13		14		15		17		19	
1	01	1	01	1	02	1	02	1	02
2	03	2	03	2	03	2	03	2	04
3	04	3	04	3	05	3	05	3	06
4	05	4	06	4	06	4	07	4	08
5	07	5	07	5	08	5	09	5	10
6	08	6	08	6	09	6	10	6	11
7	09	7	10	7	11	7	12	7	13
8	10	8	11	8	12	8	14	8	15
9	12	9	13	9	14	9	15	9	17

D (Déblai)

d	c 03	c 04	c 05	p 03	p 04	p 05
10,0	14,78	15,00	15,23	13,54	13,35	13,17
1	14,92	15,15	15,37	13,68	13,49	13,30
2	15,07	15,29	15,52	13,82	13,63	13,43
3	15,21	15,44	15,67	13,96	13,76	13,57
4	15,36	15,59	15,82	14,10	13,90	13,70
10,5	15,51	15,74	15,97	14,23	14,03	13,84
6	15,65	15,88	16,12	14,37	14,17	13,97
7	15,80	16,03	16,27	14,51	14,31	14,11
8	15,94	16,18	16,42	14,64	14,44	14,24
9	16,09	16,33	16,57	14,78	14,58	14,38
11,0	16,23	16,47	16,71	14,92	14,71	14,51
1	16,38	16,62	16,86	15,05	14,85	14,65
2	16,53	16,77	17,01	15,19	14,99	14,78
3	16,67	16,92	17,16	15,33	15,12	14,92
4	16,82	17,06	17,31	15,47	15,26	15,05
11,5	16,96	17,21	17,46	15,60	15,40	15,19
6	17,11	17,36	17,61	15,74	15,53	15,32
7	17,25	17,51	17,76	15,88	15,67	15,46
8	17,40	17,65	17,91	16,02	15,80	15,59
9	17,55	17,80	18,05	16,15	15,94	15,72
12,0	17,69	17,95	18,20	16,29	16,08	15,86
1	17,84	18,10	18,35	16,43	16,21	15,99
2	17,98	18,24	18,50	16,57	16,35	16,13
3	18,13	18,39	18,65	16,70	16,48	16,26
4	18,27	18,54	18,80	16,84	16,62	16,40
12,5	18,42	18,69	18,95	16,98	16,76	16,54
6	18,57	18,83	19,10	17,11	16,89	16,68
7	18,71	18,98	19,25	17,25	17,03	16,81
8	18,86	19,13	19,39	17,39	17,16	16,95
9	19,00	19,27	19,54	17,53	17,30	17,07
13,0	19,15	19,42	19,69	17,66	17,44	17,21
1	19,29	19,57	19,84	17,80	17,57	17,34
2	19,44	19,72	19,99	17,94	17,71	17,48
3	19,59	19,86	20,14	18,08	17,84	17,61
4	19,73	20,01	20,29	18,21	17,98	17,75
13,5	19,88	20,16	20,44	18,35	18,12	17,88
6	20,02	20,31	20,59	18,49	18,25	18,01
7	20,17	20,45	20,73	18,62	18,39	18,15
8	20,31	20,60	20,88	18,76	18,53	18,28
9	20,46	20,75	21,03	18,90	18,66	18,42
14,0	20,61	20,90	21,18	19,04	18,80	18,55
1	20,75	21,04	21,33	19,17	18,93	18,69
2	20,90	21,19	21,48	19,31	19,07	18,82
3	21,04	21,34	21,63	19,45	19,21	18,96
4	21,19	21,49	21,78	19,59	19,34	19,09
14,5	21,33	21,63	21,93	19,72	19,48	19,23
6	21,48	21,78	22,07	19,86	19,61	19,36
7	21,63	21,93	22,22	20,00	19,75	19,50
8	21,77	22,08	22,37	20,14	19,89	19,63
9	21,92	22,22	22,52	20,27	20,02	19,77
Δ	15	15	15	14	14	13

R (Remblai)

r	c 03	c 04	c 05	p 03	p 04	p 05
10,0	17,10	16,80	16,52	19,05	19,41	19,78
1	17,27	16,97	16,69	19,24	19,60	19,98
2	17,44	17,14	16,85	19,42	19,79	20,17
3	17,61	17,31	17,02	19,61	19,98	20,37
4	17,79	17,48	17,19	19,80	20,18	20,56
10,5	17,96	17,65	17,36	19,99	20,37	20,76
6	18,13	17,82	17,52	20,18	20,56	20,95
7	18,30	17,99	17,69	20,37	20,75	21,15
8	18,48	18,16	17,86	20,56	20,94	21,34
9	18,65	18,33	18,03	20,75	21,14	21,54
11,0	18,82	18,50	18,20	20,94	21,33	21,73
1	18,99	18,67	18,36	21,12	21,52	21,93
2	19,17	18,84	18,53	21,31	21,71	22,12
3	19,34	19,01	18,70	21,50	21,90	22,32
4	19,51	19,18	18,87	21,69	22,09	22,51
11,5	19,68	19,35	19,03	21,88	22,29	22,71
6	19,86	19,52	19,20	22,07	22,48	22,90
7	20,03	19,69	19,37	22,26	22,67	23,10
8	20,20	19,87	19,54	22,45	22,86	23,29
9	20,37	20,04	19,70	22,63	23,05	23,48
12,0	20,55	20,21	19,87	22,82	23,25	23,68
1	20,72	20,38	20,04	23,01	23,44	23,87
2	20,89	20,55	20,21	23,20	23,63	24,07
3	21,06	20,72	20,38	23,39	23,82	24,26
4	21,24	20,89	20,54	23,58	24,01	24,46
12,5	21,41	21,06	20,71	23,77	24,20	24,65
6	21,58	21,23	20,88	23,96	24,40	24,85
7	21,75	21,40	21,05	24,14	24,59	25,04
8	21,93	21,57	21,21	24,33	24,78	25,24
9	22,10	21,74	21,38	24,52	24,97	25,43
13,0	22,27	21,91	21,55	24,71	25,16	25,63
1	22,44	22,08	21,72	24,90	25,36	25,82
2	22,62	22,25	21,88	25,09	25,55	26,02
3	22,79	22,42	22,05	25,28	25,74	26,21
4	22,96	22,59	22,22	25,47	25,93	26,41
13,5	23,13	22,76	22,39	25,66	26,12	26,60
6	23,31	22,93	22,56	25,85	26,31	26,80
7	23,48	23,10	22,72	26,03	26,51	26,99
8	23,65	23,27	22,89	26,22	26,70	27,19
9	23,82	23,44	23,06	26,41	26,89	27,38
14,0	24,00	23,61	23,23	26,60	27,08	27,58
1	24,17	23,78	23,39	26,79	27,27	27,77
2	24,34	23,95	23,56	26,98	27,46	27,97
3	24,51	24,12	23,73	27,16	27,66	28,16
4	24,69	24,29	23,90	27,35	27,85	28,36
14,5	24,86	24,46	24,07	27,54	28,04	28,55
6	25,03	24,63	24,23	27,73	28,23	28,75
7	25,20	24,80	24,40	27,92	28,42	28,94
8	25,38	24,97	24,57	28,11	28,62	29,14
9	25,55	25,14	24,74	28,30	28,81	29,33
Δ	17	17	17	19	19	19

p·p

13		14		15		17		19	
1	01	1	01	1	02	1	02	1	02
2	03	2	03	2	03	2	03	2	04
3	04	3	04	3	05	3	05	3	06
4	05	4	06	4	06	4	07	4	08
5	07	5	07	5	08	5	09	5	10
6	08	6	08	6	09	6	10	6	11
7	09	7	10	7	11	7	12	7	13
8	10	8	11	8	12	8	14	8	15
9	12	9	13	9	14	9	15	9	17

TALUS.

Column groups — left block: **c / D** (sub-columns 06, 07, 08) and **p** (06, 07, 08); right block: **c / R** (06, 07, 08) and **p** (06, 07, 08).

d	06	07	08	06	07	08	r	06	07	08	06	07	08
0,0	0,41	0,48	0,55				0,0						
1	0,56	0,63	0,71				1						0,70
2	0,71	0,78	0,86				2				0,75	0,83	0,90
3	0,86	0,93	1,01	0,04			3				0,95	1,03	1,11
4	1,01	1,09	1,17	0,17	0,11	0,05	4				1,15	1,23	1,31
0,5	1,16	1,25	1,32	0,31	0,24	0,18	0,5				1,35	1,43	1,52
6	1,31	1,39	1,48	0,44	0,38	0,31	6				1,55	1,63	1,72
7	1,46	1,54	1,63	0,57	0,51	0,45	7	0,86	0,80	0,74	1,74	1,83	1,93
8	1,61	1,70	1,78	0,71	0,64	0,58	8	1,03	0,96	0,90	1,94	2,03	2,13
9	1,76	1,85	1,94	0,84	0,77	0,71	9	1,19	1,13	1,06	2,14	2,24	2,34
1,0	1,91	2,00	2,09	0,97	0,91	0,84	1,0	1,36	1,29	1,22	2,35	2,45	2,55
1	2,06	2,15	2,24	1,11	1,04	0,97	1	1,52	1,45	1,38	2,55	2,65	2,75
2	2,21	2,30	2,40	1,24	1,17	1,10	2	1,69	1,61	1,55	2,73	2,85	2,95
3	2,36	2,46	2,55	1,37	1,30	1,23	3	1,85	1,78	1,71	2,93	3,05	3,16
4	2,51	2,61	2,71	1,51	1,43	1,36	4	2,02	1,94	1,87	3,13	3,25	3,36
1,5	2,66	2,76	2,86	1,64	1,57	1,49	1,5	2,18	2,10	2,03	3,33	3,45	3,57
6	2,81	2,91	3,01	1,77	1,70	1,62	6	2,35	2,27	2,19	3,53	3,65	3,77
7	2,96	3,06	3,17	1,91	1,83	1,75	7	2,51	2,43	2,35	3,72	3,85	3,98
8	3,11	3,22	3,32	2,04	1,96	1,88	8	2,68	2,59	2,51	3,92	4,05	4,18
9	3,26	3,37	3,47	2,17	2,10	2,02	9	2,84	2,76	2,67	4,12	4,25	4,39
2,0	3,41	3,52	3,63	2,31	2,23	2,15	2,0	3,01	2,92	2,83	4,32	4,45	4,59
1	3,56	3,67	3,78	2,44	2,36	2,28	1	3,18	3,08	2,99	4,52	4,65	4,80
2	3,71	3,82	3,93	2,57	2,49	2,41	2	3,34	3,25	3,16	4,71	4,85	5,00
3	3,86	3,98	4,09	2,71	2,62	2,54	3	3,51	3,41	3,32	4,91	5,06	5,21
4	4,01	4,13	4,24	2,84	2,76	2,67	4	3,67	3,57	3,48	5,11	5,26	5,41
2,5	4,16	4,28	4,40	2,97	2,89	2,80	2,5	3,84	3,74	3,65	5,31	5,46	5,62
6	4,31	4,43	4,55	3,11	3,02	2,93	6	4,00	3,90	3,80	5,51	5,66	5,82
7	4,46	4,58	4,70	3,24	3,15	3,06	7	4,17	4,06	3,96	5,71	5,86	6,03
8	4,61	4,74	4,86	3,38	3,29	3,19	8	4,33	4,22	4,12	5,90	6,06	6,23
9	4,76	4,89	5,01	3,51	3,42	3,32	9	4,50	4,39	4,28	6,10	6,26	6,44
3,0	4,92	5,04	5,16	3,64	3,55	3,46	3,0	4,66	4,55	4,44	6,30	6,47	6,64
1	5,07	5,19	5,32	3,78	3,68	3,59	1	4,83	4,71	4,60	6,50	6,67	6,85
2	5,22	5,34	5,47	3,91	3,81	3,72	2	4,99	4,88	4,77	6,70	6,87	7,05
3	5,37	5,50	5,63	4,04	3,95	3,85	3	5,16	5,04	4,93	6,89	7,07	7,26
4	5,52	5,65	5,78	4,18	4,08	3,98	4	5,33	5,20	5,09	7,09	7,27	7,46
3,5	5,67	5,80	5,93	4,31	4,21	4,11	3,5	5,49	5,37	5,25	7,29	7,47	7,67
6	5,82	5,95	6,09	4,44	4,34	4,24	6	5,66	5,53	5,41	7,49	7,67	7,87
7	5,97	6,10	6,24	4,58	4,47	4,37	7	5,82	5,69	5,57	7,69	7,87	8,08
8	6,12	6,26	6,39	4,71	4,61	4,50	8	5,99	5,86	5,73	7,88	8,08	8,28
9	6,27	6,41	6,55	4,84	4,74	4,63	9	6,15	6,02	5,89	8,08	8,28	8,49
4,0	6,42	6,56	6,70	4,98	4,87	4,76	4,0	6,32	6,18	6,05	8,28	8,48	8,69
1	6,57	6,71	6,86	5,11	5,00	4,90	1	6,48	6,34	6,21	8,48	8,68	8,90
2	6,72	6,86	7,01	5,25	5,14	5,03	2	6,65	6,51	6,38	8,68	8,88	9,10
3	6,87	7,02	7,16	5,38	5,27	5,16	3	6,81	6,67	6,54	8,87	9,08	9,31
4	7,02	7,17	7,31	5,51	5,40	5,29	4	6,98	6,83	6,70	9,07	9,28	9,51
4,5	7,17	7,32	7,47	5,64	5,53	5,42	4,5	7,15	7,00	6,86	9,27	9,49	9,72
6	7,32	7,47	7,62	5,78	5,66	5,55	6	7,31	7,16	7,02	9,47	9,69	9,92
7	7,47	7,62	7,78	5,91	5,80	5,68	7	7,48	7,32	7,18	9,67	9,89	10,13
8	7,62	7,78	7,93	6,04	5,93	5,81	8	7,64	7,49	7,34	9,87	10,09	10,33
9	7,77	7,93	8,08	6,18	6,06	5,94	9	7,81	7,65	7,50	10,06	10,29	10,54
Δ	15	15	15	13	13	13	Δ	17	16	16	20	20	21

p.p (parties proportionnelles)

	13	21		15		16		17		20
1	01	02	1	02	1	02	1	02	1	02
2	03	04	2	03	2	03	2	03	2	04
3	04	06	3	05	3	05	3	05	3	06
4	05	08	4	06	4	06	4	07	4	08
5	07	11	5	08	5	08	5	09	5	10
6	08	13	6	09	6	10	6	10	6	12
7	09	15	7	11	7	11	7	12	7	14
8	10	17	8	12	8	13	8	14	8	16
9	12	19	9	14	9	14	9	15	9	18

(88) TALUS.

Left half under profile **D** (Y-shape, labels *c* … *p*); right half under profile **R** (labels *c* … *p*). Sub-columns 06, 07, 08.

d	c 06	c 07	c 08	p 06	p 07	p 08	r	c 06	c 07	c 08	p 06	p 07	p 08
5,0	7,93	8,08	8,24	6,31	6,19	6,08	5,0	7,97	7,81	7,66	10,26	10,49	10,73
1	8,08	8,23	8,39	6,44	6,32	6,21	1	8,14	7,98	7,82	10,46	10,70	10,94
2	8,23	8,39	8,55	6,58	6,46	6,34	2	8,30	8,14	7,98	10,66	10,90	11,14
3	8,38	8,54	8,70	6,71	6,59	6,47	3	8,47	8,30	8,14	10,86	11,10	11,35
4	8,53	8,69	8,85	6,84	6,72	6,60	4	8,63	8,47	8,31	11,05	11,30	11,55
5,5	8,68	8,84	9,01	6,98	6,85	6,73	5,5	8,80	8,63	8,47	11,25	11,50	11,76
6	8,83	8,99	9,16	7,11	6,99	6,86	6	8,96	8,79	8,63	11,45	11,70	11,96
7	8,98	9,15	9,32	7,24	7,12	6,99	7	9,13	8,96	8,79	11,65	11,90	12,17
8	9,13	9,30	9,47	7,38	7,25	7,12	8	9,30	9,12	8,95	11,85	12,11	12,37
9	9,28	9,45	9,62	7,51	7,38	7,25	9	9,46	9,28	9,11	12,04	12,31	12,58
6,0	9,43	9,60	9,78	7,64	7,51	7,38	6,0	9,63	9,45	9,27	12,24	12,51	12,78
1	9,58	9,75	9,93	7,78	7,65	7,52	1	9,79	9,61	9,43	12,44	12,71	12,99
2	9,73	9,91	10,08	7,91	7,78	7,65	2	9,96	9,77	9,59	12,64	12,91	13,19
3	9,88	10,06	10,24	8,04	7,91	7,78	3	10,12	9,94	9,75	12,84	13,11	13,40
4	10,03	10,21	10,39	8,18	8,04	7,91	4	10,29	10,10	9,92	13,04	13,31	13,60
6,5	10,18	10,36	10,54	8,31	8,18	8,04	6,5	10,45	10,26	10,08	13,23	13,52	13,81
6	10,33	10,51	10,70	8,45	8,31	8,17	6	10,62	10,42	10,24	13,43	13,72	14,01
7	10,48	10,67	10,85	8,58	8,44	8,30	7	10,78	10,59	10,40	13,63	13,92	14,22
8	10,64	10,82	11,01	8,71	8,57	8,43	8	10,95	10,75	10,56	13,83	14,12	14,42
9	10,79	10,97	11,16	8,85	8,70	8,56	9	11,11	10,91	10,72	14,03	14,32	14,63
7,0	10,94	11,12	11,31	8,98	8,84	8,69	7,0	11,28	11,08	10,88	14,22	14,52	14,83
1	11,09	11,27	11,47	9,11	8,97	8,82	1	11,45	11,25	11,04	14,42	14,72	15,04
2	11,24	11,43	11,62	9,25	9,10	8,96	2	11,61	11,40	11,20	14,62	14,93	15,24
3	11,39	11,58	11,77	9,38	9,23	9,09	3	11,78	11,57	11,36	14,82	15,13	15,45
4	11,54	11,73	11,93	9,51	9,36	9,22	4	11,95	11,73	11,53	15,02	15,33	15,65
7,5	11,69	11,88	12,08	9,65	9,50	9,35	7,5	12,11	11,89	11,69	15,21	15,53	15,86
6	11,84	12,03	12,24	9,78	9,63	9,48	6	12,27	12,06	11,85	15,41	15,73	16,06
7	11,99	12,19	12,39	9,91	9,76	9,61	7	12,44	12,22	12,01	15,61	15,93	16,27
8	12,14	12,34	12,54	10,05	9,89	9,74	8	12,60	12,38	12,17	15,81	16,13	16,47
9	12,29	12,49	12,70	10,18	10,03	9,87	9	12,77	12,54	12,33	16,01	16,34	16,68
8,0	12,44	12,64	12,85	10,31	10,16	10,00	8,0	12,93	12,71	12,49	16,21	16,54	16,88
1	12,59	12,79	13,00	10,45	10,29	10,13	1	13,10	12,87	12,65	16,40	16,74	17,09
2	12,74	12,95	13,16	10,58	10,42	10,26	2	13,26	13,03	12,81	16,60	16,94	17,29
3	12,89	13,10	13,31	10,71	10,55	10,40	3	13,43	13,20	12,97	16,80	17,14	17,50
4	13,04	13,25	13,47	10,85	10,69	10,53	4	13,60	13,36	13,14	17,01	17,34	17,70
8,5	13,19	13,40	13,62	10,98	10,82	10,66	8,5	13,76	13,52	13,30	17,20	17,54	17,91
6	13,34	13,55	13,77	11,11	10,95	10,79	6	13,93	13,69	13,46	17,39	17,74	18,11
7	13,49	13,71	13,93	11,25	11,08	10,92	7	14,09	13,85	13,62	17,59	17,95	18,32
8	13,64	13,86	14,08	11,38	11,22	11,05	8	14,26	14,01	13,78	17,79	18,15	18,52
9	13,79	14,01	14,23	11,51	11,35	11,18	9	14,42	14,18	13,94	17,99	18,35	18,73
9,0	13,94	14,16	14,39	11,65	11,48	11,31	9,0	14,59	14,35	14,10	18,19	18,55	18,93
1	14,09	14,31	14,54	11,78	11,61	11,44	1	14,75	14,50	14,26	18,38	18,75	19,14
2	14,24	14,47	14,69	11,91	11,74	11,57	2	14,92	14,67	14,42	18,58	18,95	19,34
3	14,39	14,62	14,85	12,05	11,88	11,70	3	15,08	14,83	14,58	18,78	19,15	19,55
4	14,54	14,77	15,00	12,18	12,01	11,84	4	15,25	14,99	14,75	18,98	19,36	19,75
9,5	14,69	14,92	15,16	12,31	12,14	11,97	9,5	15,41	15,15	14,91	19,18	19,56	19,96
6	14,84	15,07	15,31	12,45	12,27	12,10	6	15,58	15,32	15,07	19,37	19,76	20,16
7	14,99	15,23	15,46	12,58	12,41	12,23	7	15,75	15,48	15,23	19,57	19,96	20,37
8	15,14	15,38	15,62	12,71	12,54	12,36	8	15,91	15,64	15,39	19,77	20,16	20,57
9	15,29	15,53	15,77	12,85	12,67	12,49	9	16,08	15,81	15,55	19,97	20,36	20,78
Δ	15	15	15	13	13	13	Δ	17	16	16	20	20	21

p·p

	13	21	15	16	17	20
1	01	02	02	02	02	02
2	03	04	03	03	03	04
3	04	06	05	05	05	06
4	05	08	06	06	07	08
5	07	11	08	08	09	10
6	08	13	09	10	10	12
7	09	15	11	11	12	14
8	10	17	12	13	14	16
9	12	19	14	14	15	18

d	c D 06	c D 07	c D 08	p 06	p 07	p 08
10,0	15,45	15,68	15,93	12,98	12,80	12,62
1	15,60	15,83	16,08	13,11	12,93	12,75
2	15,75	15,99	16,23	13,25	13,06	12,89
3	15,90	16,14	16,39	13,38	13,20	13,02
4	16,05	16,29	16,54	13,51	13,33	13,15
10,5	16,21	16,44	16,69	13,65	13,46	13,28
6	16,36	16,59	16,85	13,78	13,59	13,41
7	16,51	16,75	17,00	13,92	13,73	13,54
8	16,66	16,90	17,16	14,05	13,86	13,67
9	16,81	17,05	17,31	14,18	13,99	13,80
11,0	16,96	17,20	17,46	14,32	14,12	13,93
1	17,11	17,35	17,62	14,45	14,25	14,06
2	17,26	17,51	17,77	14,58	14,39	14,19
3	17,41	17,66	17,92	14,72	14,52	14,33
4	17,56	17,81	18,08	14,85	14,65	14,46
11,5	17,71	17,96	18,23	14,98	14,78	14,59
6	17,86	18,11	18,38	15,12	14,92	14,72
7	18,01	18,27	18,54	15,25	15,05	14,85
8	18,16	18,42	18,69	15,38	15,18	14,98
9	18,31	18,57	18,85	15,52	15,31	15,11
12,0	18,46	18,72	19,00	15,65	15,44	15,24
1	18,61	18,87	19,15	15,78	15,58	15,37
2	18,76	19,03	19,31	15,92	15,71	15,50
3	18,91	19,18	19,46	16,05	15,84	15,63
4	19,06	19,33	19,61	16,18	15,97	15,77
12,5	19,21	19,48	19,77	16,32	16,11	15,90
6	19,36	19,63	19,92	16,45	16,24	16,03
7	19,51	19,79	20,08	16,58	16,37	16,16
8	19,66	19,94	20,23	16,72	16,50	16,29
9	19,81	20,09	20,38	16,85	16,63	16,42
13,0	19,95	20,24	20,54	16,98	16,77	16,55
1	20,11	20,39	20,69	17,12	16,90	16,68
2	20,25	20,55	20,84	17,25	17,03	16,81
3	20,41	20,70	21,00	17,38	17,16	16,94
4	20,56	20,85	21,15	17,52	17,30	17,07
13,5	20,71	21,00	21,31	17,65	17,43	17,21
6	20,86	21,15	21,46	17,78	17,56	17,34
7	21,01	21,31	21,61	17,92	17,69	17,47
8	21,16	21,46	21,77	18,05	17,82	17,60
9	21,32	21,61	21,92	18,18	17,96	17,73
14,0	21,47	21,76	22,07	18,32	18,09	17,86
1	21,62	21,91	22,23	18,45	18,22	17,99
2	21,77	22,07	22,38	18,59	18,35	18,12
3	21,92	22,22	22,53	18,72	18,49	18,25
4	22,07	22,37	22,69	18,85	18,62	18,38
14,5	22,22	22,52	22,84	18,99	18,75	18,51
6	22,37	22,67	23,00	19,12	18,88	18,65
7	22,52	22,83	23,15	19,25	19,01	18,78
8	22,67	22,98	23,30	19,39	19,15	18,91
9	22,82	23,13	23,46	19,52	19,28	19,04
Δ	15	15	15	13	13	13

r	c R 06	c R 07	c R 08	p 06	p 07	p 08
10,0	16,24	15,97	15,71	20,17	20,57	20,98
1	16,41	16,14	15,87	20,37	20,77	21,18
2	16,57	16,30	16,03	20,56	20,97	21,39
3	16,74	16,46	16,19	20,76	21,17	21,59
4	16,90	16,62	16,35	20,96	21,37	21,80
10,5	17,07	16,79	16,52	21,16	21,57	22,00
6	17,23	16,95	16,68	21,36	21,77	22,21
7	17,40	17,11	16,84	21,55	21,98	22,41
8	17,56	17,28	17,00	21,75	22,18	22,62
9	17,73	17,44	17,16	21,95	22,38	22,82
11,0	17,90	17,60	17,32	22,15	22,58	23,03
1	18,06	17,77	17,48	22,35	22,78	23,23
2	18,23	17,93	17,64	22,54	22,98	23,44
3	18,39	18,09	17,80	22,74	23,18	23,64
4	18,56	18,26	17,96	22,94	23,39	23,85
11,5	18,72	18,42	18,13	23,14	23,59	24,05
6	18,89	18,58	18,29	23,34	23,79	24,26
7	19,05	18,74	18,45	23,53	23,99	24,46
8	19,22	18,91	18,61	23,73	24,19	24,67
9	19,38	19,07	18,77	23,93	24,39	24,87
12,0	19,55	19,23	18,93	24,13	24,59	25,08
1	19,71	19,40	19,09	24,33	24,80	25,28
2	19,88	19,56	19,25	24,53	25,00	25,49
3	20,05	19,72	19,41	24,72	25,20	25,69
4	20,21	19,89	19,57	24,92	25,40	25,90
12,5	20,38	20,05	19,74	25,12	25,60	26,10
6	20,54	20,21	19,90	25,32	25,80	26,31
7	20,71	20,38	20,06	25,52	26,00	26,51
8	20,87	20,54	20,22	25,71	26,21	26,72
9	21,04	20,70	20,38	25,91	26,41	26,92
13,0	21,20	20,87	20,54	26,11	26,61	27,13
1	21,37	21,03	20,70	26,31	26,81	27,33
2	21,53	21,19	20,86	26,51	27,01	27,54
3	21,70	21,35	21,02	26,70	27,21	27,74
4	21,87	21,52	21,18	26,90	27,41	27,95
13,5	22,03	21,68	21,35	27,10	27,61	28,15
6	22,20	21,84	21,51	27,30	27,82	28,36
7	22,36	22,01	21,67	27,50	28,02	28,56
8	22,53	22,17	21,83	27,70	28,22	28,77
9	22,69	22,33	21,99	27,89	28,42	28,97
14,0	22,86	22,50	22,15	28,09	28,62	29,18
1	23,02	22,66	22,31	28,29	28,82	29,38
2	23,19	22,82	22,47	28,49	29,02	29,59
3	23,35	22,99	22,63	28,69	29,23	29,79
4	23,52	23,15	22,79	28,88	29,43	30,00
14,5	23,68	23,31	22,96	29,08	29,63	30,20
6	23,85	23,47	23,12	29,28	29,83	30,41
7	24,02	23,64	23,28	29,48	30,03	30,61
8	24,18	23,80	23,44	29,68	30,23	30,81
9	24,35	23,96	23,60	29,87	30,43	31,02
Δ	17	16	16	20	20	21

p·p

	13	21
1	01	02
2	03	04
3	04	06
4	05	08
5	07	11
6	08	13
7	09	15
8	10	17
9	12	19

	15
1	02
2	03
3	05
4	06
5	08
6	09
7	11
8	12
9	14

	16
1	02
2	03
3	05
4	06
5	08
6	10
7	11
8	13
9	14

	17
1	02
2	03
3	05
4	07
5	09
6	10
7	12
8	14
9	15

	20
1	02
2	04
3	06
4	08
5	10
6	12
7	14
8	16
9	18

TALUS.

Left half — **D** (variable *d*): groups **c** and **p**. Right half — **R** (variable *r*): groups **c** and **p**. Each group has sub-columns 09, 10, 11.

d	c 09	c 10	c 11	p 09	p 10	p 11	r	c 09	c 10	c 11	p 09	p 10	p 11
0,0	0,63	0,71	0,79				0,0						0,71
1	0,78	0,86	0,95				1				0,77	0,85	0,93
2	0,94	1,02	1,10				2				0,98	1,06	1,15
3	1,10	1,18	1,26				3				1,19	1,27	1,36
4	1,25	1,34	1,42				4				1,40	1,48	1,58
0,5	1,41	1,49	1,58	0,12	0,06	0,01	0,5				1,60	1,70	1,79
6	1,56	1,65	1,74	0,25	0,19	0,13	6				1,81	1,91	2,01
7	1,72	1,81	1,90	0,38	0,32	0,26	7				2,02	2,12	2,22
8	1,87	1,96	2,06	0,51	0,45	0,39	8	0,84	0,78	0,73	2,23	2,33	2,44
9	2,03	2,12	2,21	0,64	0,58	0,52	9	1,00	0,94	0,88	2,44	2,55	2,65
1,0	2,18	2,28	2,38	0,77	0,71	0,64	1,0	1,16	1,10	1,04	2,65	2,76	2,87
1	2,34	2,43	2,53	0,90	0,84	0,77	1	1,32	1,25	1,19	2,86	2,97	3,09
2	2,49	2,59	2,69	1,03	0,96	0,90	2	1,48	1,41	1,35	3,06	3,18	3,30
3	2,65	2,75	2,85	1,16	1,09	1,03	3	1,64	1,57	1,50	3,27	3,39	3,52
4	2,81	2,91	3,01	1,29	1,22	1,15	4	1,80	1,72	1,66	3,48	3,61	3,73
1,5	2,96	3,06	3,17	1,42	1,35	1,28	1,5	1,95	1,88	1,81	3,69	3,82	3,95
6	3,12	3,22	3,33	1,55	1,48	1,41	6	2,11	2,04	1,97	3,90	4,03	4,17
7	3,27	3,38	3,49	1,68	1,61	1,54	7	2,27	2,20	2,12	4,11	4,24	4,38
8	3,43	3,53	3,65	1,81	1,74	1,66	8	2,43	2,35	2,28	4,31	4,45	4,60
9	3,58	3,69	3,81	1,94	1,86	1,79	9	2,59	2,51	2,43	4,52	4,67	4,81
2,0	3,74	3,85	3,96	2,07	1,99	1,92	2,0	2,75	2,67	2,58	4,73	4,88	5,03
1	3,89	4,00	4,12	2,20	2,12	2,04	1	2,91	2,82	2,74	4,94	5,09	5,24
2	4,05	4,16	4,28	2,33	2,25	2,17	2	3,07	2,98	2,89	5,15	5,30	5,46
3	4,20	4,32	4,44	2,46	2,38	2,30	3	3,23	3,14	3,05	5,36	5,51	5,68
4	4,36	4,48	4,60	2,59	2,51	2,43	4	3,38	3,29	3,20	5,56	5,73	5,89
2,5	4,51	4,63	4,76	2,72	2,64	2,55	2,5	3,54	3,45	3,36	5,77	5,94	6,11
6	4,67	4,79	4,92	2,85	2,77	2,68	6	3,70	3,61	3,51	5,98	6,15	6,32
7	4,83	4,95	5,08	2,98	2,89	2,81	7	3,86	3,76	3,67	6,19	6,36	6,54
8	4,98	5,10	5,24	3,11	3,02	2,94	8	4,02	3,92	3,82	6,40	6,58	6,75
9	5,14	5,26	5,39	3,24	3,15	3,06	9	4,18	4,08	3,98	6,61	6,79	6,97
3,0	5,29	5,42	5,55	3,37	3,28	3,19	3,0	4,34	4,23	4,13	6,81	7,00	7,19
1	5,45	5,57	5,71	3,50	3,41	3,32	1	4,50	4,39	4,29	7,02	7,21	7,40
2	5,60	5,73	5,87	3,63	3,54	3,45	2	4,66	4,55	4,44	7,23	7,42	7,62
3	5,76	5,89	6,03	3,75	3,67	3,57	3	4,81	4,70	4,60	7,44	7,64	7,83
4	5,91	6,05	6,19	3,88	3,79	3,70	4	4,97	4,86	4,75	7,65	7,85	8,05
3,5	6,07	6,20	6,35	4,01	3,92	3,83	3,5	5,13	5,02	4,91	7,86	8,06	8,27
6	6,22	6,36	6,51	4,14	4,05	3,95	6	5,29	5,17	5,06	8,07	8,27	8,48
7	6,38	6,52	6,67	4,27	4,18	4,08	7	5,45	5,33	5,22	8,27	8,48	8,70
8	6,53	6,67	6,82	4,40	4,31	4,21	8	5,61	5,49	5,37	8,48	8,70	8,91
9	6,69	6,83	6,98	4,53	4,44	4,34	9	5,77	5,64	5,53	8,69	8,91	9,13
4,0	6,85	6,99	7,14	4,66	4,57	4,47	4,0	5,93	5,80	5,68	8,90	9,12	9,34
1	7,00	7,14	7,30	4,79	4,69	4,59	1	6,09	5,96	5,84	9,11	9,33	9,56
2	7,16	7,30	7,46	4,92	4,82	4,72	2	6,24	6,12	5,99	9,32	9,54	9,78
3	7,31	7,46	7,62	5,05	4,95	4,85	3	6,40	6,27	6,15	9,52	9,76	9,99
4	7,47	7,62	7,78	5,18	5,08	4,98	4	6,56	6,43	6,30	9,73	9,97	10,21
4,5	7,62	7,77	7,94	5,31	5,21	5,10	4,5	6,72	6,59	6,45	9,94	10,18	10,42
6	7,78	7,93	8,10	5,44	5,34	5,23	6	6,88	6,75	6,60	10,15	10,39	10,64
7	7,93	8,09	8,25	5,57	5,47	5,36	7	7,04	6,90	6,76	10,36	10,61	10,86
8	8,09	8,24	8,41	5,70	5,59	5,48	8	7,20	7,06	6,92	10,57	10,82	11,07
9	8,24	8,40	8,57	5,83	5,72	5,61	9	7,36	7,21	7,07	10,77	11,03	11,29
Δ	16	16	16	13	13	13	Δ	16	16	15	21	21	22

p.p (parties proportionnelles)

	13	16	21	22
1	01	02	02	02
2	03	03	04	04
3	04	05	06	07
4	05	06	08	09
5	07	08	11	11
6	08	10	13	13
7	09	11	15	15
8	10	13	17	18
9	12	14	19	20

TALUS. (91)

Slope table. Left block — diagrams **c**, **D**, **p**; right block — diagrams **c**, **R**, **p**. Columns 09, 10, 11 in each sub‑group.

d	c·09	c·10	c·11	p·09	p·10	p·11	r	c·09	c·10	c·11	p·09	p·10	p·11
5,0	8,40	8,56	8,73	5,96	5,85	5,74	5,0	7,51	7,37	7,23	10,98	11,24	11,51
1	8,56	8,72	8,89	6,09	5,98	5,87	1	7,67	7,52	7,38	11,19	11,45	11,72
2	8,71	8,88	9,05	6,22	6,11	5,99	2	7,83	7,68	7,55	11,40	11,67	11,95
3	8,87	9,03	9,21	6,35	6,24	6,12	3	7,99	7,85	7,69	11,61	11,88	12,15
4	9,02	9,19	9,37	6,48	6,36	6,25	4	8,15	8,00	7,85	11,82	12,09	12,37
5,5	9,18	9,35	9,53	6,61	6,49	6,38	5,5	8,31	8,15	8,00	12,03	12,30	12,59
6	9,33	9,50	9,69	6,74	6,62	6,50	6	8,47	8,31	8,16	12,23	12,51	12,80
7	9,49	9,66	9,85	6,87	6,75	6,63	7	8,63	8,47	8,31	12,44	12,73	13,02
8	9,64	9,82	10,01	7,00	6,88	6,76	8	8,78	8,62	8,46	12,65	12,94	13,23
9	9,80	9,98	10,16	7,13	7,01	6,89	9	8,94	8,78	8,62	12,86	13,15	13,45
6,0	9,95	10,13	10,32	7,26	7,14	7,01	6,0	9,10	8,94	8,77	13,07	13,36	13,67
1	10,11	10,29	10,48	7,39	7,26	7,14	1	9,26	9,09	8,93	13,28	13,57	13,88
2	10,27	10,45	10,64	7,52	7,39	7,27	2	9,42	9,25	9,08	13,48	13,79	14,10
3	10,42	10,60	10,80	7,65	7,52	7,40	3	9,58	9,41	9,24	13,69	14,00	14,31
4	10,58	10,76	10,96	7,78	7,65	7,52	4	9,74	9,56	9,39	13,90	14,21	14,53
6,5	10,73	10,92	11,12	7,91	7,78	7,65	6,5	9,90	9,72	9,55	14,11	14,42	14,74
6	10,89	11,07	11,28	8,04	7,91	7,78	6	10,06	9,88	9,70	14,32	14,63	14,96
7	11,04	11,23	11,44	8,17	8,04	7,91	7	10,21	10,03	9,86	14,53	14,85	15,18
8	11,20	11,39	11,59	8,30	8,16	8,03	8	10,37	10,19	10,01	14,73	15,06	15,39
9	11,35	11,53	11,75	8,43	8,29	8,16	9	10,53	10,35	10,17	14,95	15,27	15,61
7,0	11,51	11,70	11,91	8,56	8,42	8,29	7,0	10,69	10,50	10,32	15,15	15,48	15,82
1	11,66	11,86	12,07	8,69	8,55	8,42	1	10,85	10,66	10,48	15,36	15,69	16,04
2	11,82	12,02	12,23	8,82	8,68	8,54	2	11,01	10,82	10,63	15,57	15,91	16,26
3	11,97	12,17	12,39	8,94	8,81	8,67	3	11,17	10,97	10,79	15,78	16,12	16,47
4	12,13	12,33	12,55	9,07	8,94	8,80	4	11,33	11,13	10,95	15,99	16,33	16,69
7,5	12,29	12,49	12,71	9,20	9,06	8,92	7,5	11,49	11,29	11,10	16,19	16,54	16,90
6	12,44	12,64	12,87	9,33	9,19	9,05	6	11,65	11,44	11,25	16,40	16,76	17,12
7	12,60	12,80	13,02	9,46	9,32	9,18	7	11,80	11,60	11,41	16,61	16,97	17,33
8	12,75	12,96	13,18	9,59	9,45	9,31	8	11,96	11,76	11,56	16,82	17,18	17,55
9	12,91	13,12	13,34	9,72	9,58	9,43	9	12,12	11,92	11,72	17,03	17,39	17,77
8,0	13,06	13,27	13,50	9,85	9,71	9,56	8,0	12,28	12,07	11,87	17,24	17,60	17,98
1	13,22	13,43	13,66	9,98	9,84	9,69	1	12,44	12,23	12,03	17,44	17,82	18,20
2	13,37	13,59	13,82	10,11	9,96	9,82	2	12,60	12,39	12,18	17,65	18,03	18,41
3	13,53	13,74	13,98	10,24	10,09	9,94	3	12,76	12,54	12,33	17,86	18,24	18,63
4	13,68	13,90	14,14	10,37	10,22	10,07	4	12,92	12,70	12,49	18,07	18,45	18,85
8,5	13,84	14,06	14,30	10,50	10,35	10,20	8,5	13,07	12,86	12,65	18,28	18,66	19,06
6	14,00	14,21	14,45	10,63	10,48	10,33	6	13,23	13,01	12,80	18,49	18,88	19,28
7	14,15	14,37	14,61	10,76	10,61	10,45	7	13,39	13,17	12,95	18,69	19,09	19,49
8	14,31	14,53	14,77	10,89	10,74	10,58	8	13,55	13,33	13,11	18,90	19,30	19,71
9	14,46	14,69	14,93	11,02	10,85	10,71	9	13,71	13,48	13,26	19,11	19,51	19,92
9,0	14,62	14,84	15,09	11,15	10,99	10,84	9,0	13,87	13,64	13,42	19,32	19,72	20,14
1	14,77	15,00	15,25	11,27	11,12	10,96	1	14,03	13,80	13,57	19,53	19,93	20,36
2	14,93	15,16	15,41	11,40	11,25	11,09	2	14,19	13,95	13,73	19,74	20,15	20,57
3	15,08	15,31	15,57	11,53	11,38	11,22	3	14,35	14,11	13,88	19,95	20,36	20,79
4	15,24	15,47	15,73	11,66	11,51	11,35	4	14,50	14,27	14,04	20,15	20,57	21,00
9,5	15,39	15,63	15,88	11,79	11,64	11,47	9,5	14,66	14,42	14,19	20,36	20,79	21,22
6	15,55	15,78	16,04	11,92	11,77	11,60	6	14,82	14,58	14,35	20,57	21,00	21,43
7	15,70	15,94	16,20	12,05	11,89	11,73	7	14,98	14,74	14,50	20,78	21,21	21,65
8	15,86	16,10	16,36	12,18	12,02	11,85	8	15,14	14,89	14,66	20,99	21,42	21,87
9	16,02	16,26	16,52	12,31	12,15	11,98	9	15,30	15,05	14,81	21,20	21,63	22,08
Δ	16	16	16	13	13	13	Δ	16	16	15	21	21	22

Proportional parts (p·p):

13		15		16		21		22	
1	01	1	02	1	02	1	02	1	02
2	03	2	03	2	03	2	04	2	04
3	04	3	05	3	05	3	06	3	07
4	05	4	06	4	06	4	08	4	09
5	07	5	08	5	08	5	11	5	11
6	08	6	09	6	10	6	13	6	13
7	09	7	11	7	11	7	15	7	15
8	10	8	12	8	13	8	17	8	18
9	12	9	14	9	14	9	19	9	20

TALUS.

(92)

Left block — symbols **c**, **D**, **p**

d	D/09	D/10	D/11	p/09	p/10	p/11
10,0	16,17	16,42	16,68	12,45	12,28	12,11
1	16,33	16,58	16,84	12,58	12,41	12,24
2	16,48	16,73	17,00	12,71	12,53	12,36
3	16,64	16,89	17,16	12,84	12,66	12,49
4	16,79	17,05	17,32	12,97	12,79	12,62
10,5	16,95	17,20	17,48	13,10	12,92	12,75
6	17,10	17,36	17,64	13,23	13,05	12,87
7	17,26	17,52	17,79	13,36	13,18	13,00
8	17,42	17,67	17,95	13,49	13,31	13,13
9	17,57	17,83	18,11	13,62	13,44	13,26
11,0	17,73	17,99	18,27	13,75	13,56	13,38
1	17,88	18,15	18,43	13,88	13,69	13,51
2	18,04	18,30	18,59	14,01	13,82	13,64
3	18,19	18,46	18,75	14,13	13,95	13,77
4	18,35	18,62	18,91	14,26	14,08	13,89
11,5	18,50	18,77	19,07	14,39	14,21	14,02
6	18,66	18,93	19,22	14,52	14,34	14,15
7	18,81	19,09	19,38	14,65	14,46	14,28
8	18,97	19,24	19,54	14,78	14,59	14,40
9	19,12	19,40	19,70	14,91	14,72	14,53
12,0	19,28	19,56	19,86	15,04	14,85	14,66
1	19,44	19,72	20,02	15,17	14,98	14,79
2	19,59	19,87	20,18	15,30	15,11	14,91
3	19,75	20,03	20,34	15,43	15,24	15,04
4	19,90	20,19	20,50	15,56	15,36	15,17
12,5	20,06	20,34	20,65	15,69	15,49	15,29
6	20,21	20,50	20,81	15,82	15,62	15,42
7	20,37	20,66	20,97	15,95	15,75	15,55
8	20,52	20,81	21,13	16,08	15,88	15,68
9	20,68	20,97	21,29	16,21	16,01	15,80
13,0	20,83	21,13	21,45	16,34	16,14	15,93
1	20,99	21,29	21,61	16,47	16,26	16,06
2	21,14	21,44	21,77	16,60	16,39	16,19
3	21,30	21,60	21,93	16,73	16,52	16,31
4	21,46	21,76	22,08	16,86	16,65	16,44
13,5	21,61	21,91	22,24	16,99	16,78	16,57
6	21,77	22,07	22,40	17,12	16,91	16,70
7	21,92	22,23	22,56	17,25	17,04	16,82
8	22,08	22,38	22,72	17,38	17,16	16,95
9	22,23	22,54	22,88	17,51	17,29	17,08
14,0	22,39	22,70	23,04	17,64	17,42	17,21
1	22,54	22,86	23,20	17,77	17,55	17,33
2	22,70	23,01	23,36	17,90	17,68	17,46
3	22,85	23,17	23,51	18,03	17,81	17,59
4	23,01	23,33	23,67	18,16	17,94	17,72
14,5	23,16	23,48	23,83	18,29	18,06	17,84
6	23,32	23,64	23,99	18,42	18,19	17,97
7	23,48	23,80	24,15	18,55	18,32	18,10
8	23,63	23,95	24,31	18,67	18,45	18,23
9	23,79	24,11	24,47	18,80	18,58	18,35
Δ	16	16	16	13	13	13

Right block — symbols **c**, **R**, **p**

r	R/09	R/10	R/11	p/09	p/10	p/11
10,0	15,45	15,21	14,96	21,40	21,85	22,30
1	15,61	15,36	15,12	21,61	22,06	22,52
2	15,77	15,52	15,27	21,82	22,27	22,73
3	15,93	15,68	15,43	22,03	22,48	22,95
4	16,09	15,83	15,58	22,24	22,69	23,16
10,5	16,25	15,99	15,74	22,45	22,91	23,38
6	16,41	16,15	15,89	22,65	23,12	23,60
7	16,57	16,30	16,05	22,86	23,33	23,81
8	16,73	16,46	16,20	23,07	23,54	24,03
9	16,88	16,62	16,36	23,28	23,75	24,24
11,0	17,04	16,77	16,51	23,49	23,97	24,46
1	17,20	16,93	16,67	23,70	24,18	24,67
2	17,36	17,09	16,82	23,90	24,39	24,89
3	17,52	17,25	16,98	24,11	24,60	25,11
4	17,68	17,40	17,13	24,32	24,81	25,32
11,5	17,84	17,56	17,29	24,53	25,03	25,54
6	18,00	17,71	17,44	24,74	25,24	25,75
7	18,16	17,87	17,60	24,95	25,45	25,97
8	18,31	18,03	17,75	25,16	25,66	26,18
9	18,47	18,19	17,90	25,36	25,88	26,40
12,0	18,63	18,34	18,06	25,57	26,09	26,62
1	18,79	18,50	18,21	25,78	26,30	26,83
2	18,95	18,66	18,37	25,99	26,51	27,05
3	19,11	18,81	18,52	26,20	26,72	27,23
4	19,27	18,97	18,68	26,41	26,94	27,48
12,5	19,43	19,13	18,83	26,61	27,15	27,70
6	19,59	19,28	18,99	26,82	27,36	27,91
7	19,75	19,44	19,14	27,03	27,57	28,13
8	19,90	19,60	19,30	27,24	27,78	28,35
9	20,06	19,75	19,45	27,45	28,00	28,56
13,0	20,22	19,91	19,61	27,66	28,21	28,77
1	20,38	20,07	19,76	27,86	28,42	28,99
2	20,54	20,22	19,92	28,07	28,63	29,21
3	20,70	20,38	20,07	28,28	28,85	29,42
4	20,86	20,54	20,23	28,49	29,06	29,64
13,5	21,02	20,69	20,38	28,70	29,27	29,85
6	21,18	20,85	20,54	28,91	29,48	30,07
7	21,33	21,01	20,69	29,11	29,69	30,29
8	21,49	21,16	20,85	29,32	29,91	30,50
9	21,65	21,32	21,00	29,53	30,12	30,72
14,0	21,81	21,48	21,16	29,74	30,33	30,93
1	21,97	21,63	21,31	29,95	30,54	31,15
2	22,13	21,79	21,47	30,16	30,75	31,36
3	22,29	21,95	21,62	30,37	30,97	31,58
4	22,45	22,11	21,77	30,57	31,18	31,80
14,5	22,61	22,26	21,93	30,78	31,39	32,01
6	22,76	22,42	22,08	30,99	31,60	32,23
7	22,92	22,58	22,24	31,20	31,81	32,44
8	23,08	22,73	22,39	31,41	32,03	32,66
9	23,24	22,89	22,55	31,62	32,24	32,87
Δ	16	16	15	21	21	22

p·p (proportional parts)

n	13	15	16	21	22
1	01	02	02	02	02
2	03	03	03	04	04
3	04	05	05	06	07
4	05	06	06	08	09
5	07	08	08	11	11
6	08	09	10	13	13
7	09	11	11	15	15
8	10	12	13	17	18
9	12	14	14	19	20

d	D, c 12	D, c 13	D, c 14	D, p 12	D, p 13	D, p 14	r	R, c 12	R, c 13	R, c 14	R, p 12	R, p 13	R, p 14	p.p	
0,0	0,87	0,95	1,04				0,0				0,79	0,87	0,96		13
1	1,03	1,11	1,20				1				0,91	1,20	1,19	1	01
2	1,19	1,28	1,36				2				1,23	1,32	1,41	2	03
3	1,35	1,44	1,53				3				1,45	1,55	1,64	3	04
4	1,51	1,60	1,69				4				1,67	1,77	1,87	4	05
0,5	1,67	1,76	1,86				0,5				1,89	1,99	2,10	5	07
6	1,83	1,93	2,02	0,08	0,02		6				2,11	2,22	2,33	6	08
7	1,99	2,09	2,19	0,20	0,14	0,09	7				2,33	2,44	2,56	7	09
8	2,15	2,25	2,35	0,33	0,27	0,21	8				2,55	2,66	2,78	8	10
9	2,31	2,41	2,52	0,45	0,39	0,33	9	0,82	0,77	0,72	2,77	2,89	3,01	9	12
1,0	2,47	2,58	2,68	0,58	0,52	0,46	1,0	0,98	0,92	0,86	2,99	3,11	3,24		15
1	2,63	2,74	2,84	0,71	0,64	0,58	1	1,13	1,07	1,01	3,21	3,34	3,47	1	02
2	2,79	2,90	3,01	0,83	0,77	0,71	2	1,28	1,22	1,16	3,43	3,56	3,70	2	03
3	2,95	3,06	3,17	0,96	0,90	0,83	3	1,44	1,37	1,31	3,65	3,78	3,93	3	05
4	3,11	3,23	3,34	1,08	1,02	0,95	4	1,59	1,52	1,46	3,87	4,01	4,15	4	06
1,5	3,27	3,39	3,50	1,21	1,15	1,08	1,5	1,74	1,68	1,61	4,09	4,23	4,38	5	08
6	3,44	3,55	3,67	1,34	1,27	1,20	6	1,89	1,83	1,76	4,31	4,46	4,61	6	09
7	3,60	3,71	3,83	1,46	1,40	1,33	7	2,05	1,98	1,91	4,53	4,68	4,84	7	11
8	3,76	3,88	4,00	1,59	1,52	1,45	8	2,20	2,13	2,06	4,75	4,90	5,07	8	12
9	3,92	4,04	4,16	1,72	1,65	1,57	9	2,35	2,28	2,21	4,97	5,13	5,29	9	14
2,0	4,08	4,20	4,32	1,84	1,77	1,70	2,0	2,50	2,43	2,35	5,19	5,35	5,52		16
1	4,24	4,36	4,49	1,97	1,90	1,82	1	2,66	2,58	2,50	5,41	5,58	5,75	1	02
2	4,40	4,53	4,65	2,09	2,02	1,95	2	2,81	2,73	2,65	5,63	5,80	5,98	2	03
3	4,56	4,69	4,82	2,22	2,15	2,07	3	2,96	2,88	2,80	5,85	6,02	6,21	3	05
4	4,72	4,85	4,98	2,35	2,27	2,19	4	3,12	3,03	2,95	6,07	6,25	6,44	4	06
2,5	4,88	5,01	5,15	2,47	2,40	2,32	2,5	3,27	3,18	3,10	6,29	6,47	6,66	5	08
6	5,04	5,18	5,31	2,60	2,52	2,44	6	3,42	3,33	3,25	6,51	6,69	6,89	6	10
7	5,20	5,34	5,47	2,73	2,65	2,57	7	3,57	3,48	3,40	6,73	6,92	7,12	7	11
8	5,36	5,50	5,64	2,85	2,77	2,69	8	3,73	3,64	3,55	6,95	7,14	7,35	8	13
9	5,52	5,66	5,80	2,98	2,90	2,81	9	3,88	3,79	3,70	7,17	7,37	7,58	9	14
3,0	5,68	5,83	5,97	3,10	3,02	2,94	3,0	4,03	3,94	3,84	7,39	7,59	7,80		22
1	5,84	5,99	6,13	3,23	3,15	3,06	1	4,18	4,09	3,99	7,61	7,81	8,03	1	02
2	6,01	6,15	6,30	3,36	3,27	3,19	2	4,34	4,24	4,14	7,83	8,04	8,26	2	04
3	6,17	6,31	6,46	3,48	3,40	3,31	3	4,49	4,39	4,29	8,04	8,26	8,49	3	07
4	6,33	6,48	6,63	3,61	3,52	3,43	4	4,64	4,54	4,44	8,26	8,49	8,72	4	09
3,5	6,49	6,64	6,79	3,73	3,65	3,56	3,5	4,80	4,69	4,59	8,48	8,71	8,95	5	11
6	6,65	6,80	6,95	3,86	3,77	3,68	6	4,95	4,84	4,74	8,70	8,93	9,17	6	13
7	6,81	6,96	7,12	3,99	3,90	3,81	7	5,10	4,99	4,89	8,92	9,16	9,40	7	15
8	6,97	7,13	7,28	4,11	4,03	3,93	8	5,25	5,14	5,04	9,14	9,38	9,63	8	18
9	7,13	7,29	7,45	4,24	4,15	4,05	9	5,41	5,29	5,19	9,36	9,61	9,86	9	20
4,0	7,29	7,45	7,61	4,37	4,28	4,18	4,0	5,56	5,45	5,33	9,58	9,83	10,09		23
1	7,45	7,61	7,78	4,49	4,40	4,30	1	5,71	5,60	5,48	9,80	10,05	10,31	1	02
2	7,61	7,78	7,94	4,62	4,53	4,43	2	5,86	5,75	5,63	10,02	10,28	10,54	2	05
3	7,77	7,94	8,11	4,74	4,65	4,55	3	6,02	5,90	5,78	10,24	10,50	10,77	3	07
4	7,93	8,10	8,27	4,87	4,78	4,67	4	6,17	6,05	5,93	10,46	10,72	11,00	4	09
4,5	8,09	8,26	8,43	5,00	4,90	4,80	4,5	6,32	6,20	6,08	10,68	10,95	11,23	5	12
6	8,25	8,43	8,60	5,12	5,03	4,92	6	6,47	6,35	6,23	10,90	11,17	11,46	6	14
7	8,41	8,59	8,76	5,25	5,15	5,05	7	6,63	6,50	6,38	11,12	11,40	11,68	7	16
8	8,57	8,75	8,93	5,38	5,28	5,17	8	6,78	6,65	6,53	11,34	11,62	11,91	8	18
9	8,74	8,91	9,09	5,50	5,40	5,29	9	6,93	6,80	6,68	11,56	11,84	12,14	9	21
Δ	16	16	16	13	13	13	Δ	15	15	15	22	22	23		

TALUS.

Left table — c | D | P

d	c 12	c 13	c 14	P 12	P 13	P 14
5,0	8,90	9,08	9,26	5,63	5,53	5,42
1	9,06	9,24	9,42	5,76	5,65	5,55
2	9,22	9,40	9,59	5,89	5,78	5,67
3	9,38	9,56	9,75	6,01	5,90	5,79
4	9,54	9,73	9,92	6,14	6,03	5,92
5,5	9,70	9,89	10,08	6,26	6,15	6,04
6	9,87	10,05	10,25	6,39	6,28	6,17
7	10,03	10,21	10,41	6,52	6,40	6,29
8	10,19	10,38	10,57	6,64	6,53	6,41
9	10,35	10,54	10,74	6,77	6,65	6,54
6,0	10,51	10,70	10,90	6,90	6,78	6,66
1	10,67	10,86	11,07	7,02	6,90	6,79
2	10,83	11,03	11,23	7,15	7,03	6,91
3	10,99	11,19	11,40	7,27	7,15	7,03
4	11,15	11,35	11,56	7,40	7,28	7,16
6,5	11,31	11,51	11,73	7,53	7,40	7,28
6	11,47	11,68	11,89	7,65	7,53	7,41
7	11,63	11,84	12,05	7,78	7,65	7,53
8	11,79	12,00	12,22	7,90	7,78	7,65
9	11,95	12,16	12,38	8,03	7,90	7,78
7,0	12,11	12,33	12,55	8,16	8,03	7,90
1	12,27	12,49	12,71	8,28	8,15	8,03
2	12,43	12,65	12,88	8,41	8,28	8,15
3	12,60	12,81	13,04	8,54	8,41	8,27
4	12,76	12,98	13,21	8,66	8,53	8,40
7,5	12,92	13,14	13,37	8,79	8,66	8,52
6	13,08	13,30	13,53	8,91	8,78	8,65
7	13,24	13,46	13,70	9,04	8,91	8,77
8	13,40	13,63	13,86	9,17	9,03	8,89
9	13,56	13,79	14,03	9,29	9,16	9,02
8,0	13,72	13,95	14,19	9,42	9,28	9,14
1	13,88	14,11	14,36	9,55	9,41	9,27
2	14,04	14,28	14,52	9,67	9,53	9,39
3	14,20	14,44	14,68	9,80	9,66	9,51
4	14,36	14,60	14,85	9,92	9,78	9,64
8,5	14,52	14,76	15,01	10,05	9,91	9,76
6	14,68	14,93	15,18	10,18	10,03	9,89
7	14,84	15,09	15,34	10,30	10,16	10,01
8	15,00	15,25	15,51	10,43	10,28	10,13
9	15,16	15,41	15,67	10,55	10,41	10,26
9,0	15,33	15,58	15,84	10,68	10,53	10,38
1	15,49	15,74	16,00	10,81	10,66	10,51
2	15,65	15,90	16,16	10,93	10,78	10,63
3	15,81	16,06	16,33	11,06	10,91	10,75
4	15,97	16,23	16,49	11,19	11,03	10,88
9,5	16,13	16,39	16,66	11,31	11,16	11,00
6	16,29	16,55	16,82	11,44	11,28	11,13
7	16,45	16,71	16,99	11,56	11,41	11,25
8	16,61	16,88	17,15	11,69	11,54	11,37
9	16,77	17,04	17,32	11,82	11,66	11,50
Δ	16	16	16	13	13	12

Right table — c | R | P

r	c 12	c 13	c 14	P 12	P 13	P 14
5,0	7,09	6,95	6,82	11,78	12,07	12,37
1	7,24	7,11	6,97	12,00	12,29	12,60
2	7,39	7,26	7,12	12,22	12,52	12,82
3	7,55	7,41	7,27	12,44	12,74	13,05
4	7,70	7,56	7,42	12,66	12,97	13,28
5,5	7,85	7,71	7,57	12,88	13,19	13,51
6	8,01	7,86	7,72	13,10	13,41	13,74
7	8,16	8,01	7,87	13,32	13,64	13,97
8	8,31	8,16	8,02	13,54	13,86	14,19
9	8,46	8,31	8,16	13,76	14,09	14,42
6,0	8,62	8,46	8,31	13,98	14,31	14,65
1	8,77	8,61	8,46	14,20	14,53	14,88
2	8,92	8,76	8,61	14,42	14,76	15,11
3	9,07	8,92	8,76	14,64	14,98	15,34
4	9,23	9,07	8,91	14,86	15,21	15,56
6,5	9,38	9,22	9,06	15,08	15,43	15,79
6	9,53	9,37	9,21	15,30	15,65	16,02
7	9,68	9,52	9,36	15,52	15,88	16,25
8	9,84	9,67	9,51	15,74	16,10	16,48
9	9,99	9,82	9,65	15,96	16,32	16,70
7,0	10,14	9,97	9,80	16,18	16,55	16,93
1	10,30	10,12	9,95	16,40	16,77	17,16
2	10,45	10,27	10,10	16,62	17,00	17,39
3	10,60	10,42	10,25	16,84	17,22	17,62
4	10,75	10,57	10,40	17,06	17,44	17,85
7,5	10,91	10,72	10,55	17,28	17,67	18,07
6	11,06	10,88	10,70	17,50	17,89	18,30
7	11,21	11,03	10,85	17,72	18,12	18,53
8	11,36	11,18	11,00	17,94	18,34	18,76
9	11,52	11,33	11,14	18,16	18,56	18,99
8,0	11,67	11,48	11,29	18,38	18,79	19,21
1	11,82	11,63	11,44	18,60	19,01	19,44
2	11,98	11,78	11,59	18,82	19,24	19,67
3	12,13	11,93	11,74	19,04	19,46	19,90
4	12,28	12,08	11,89	19,26	19,68	20,13
8,5	12,43	12,23	12,04	19,48	19,91	20,36
6	12,59	12,38	12,19	19,70	20,13	20,58
7	12,74	12,53	12,34	19,92	20,36	20,81
8	12,89	12,69	12,49	20,14	20,58	21,04
9	13,04	12,84	12,63	20,36	20,80	21,27
9,0	13,20	12,99	12,78	20,58	21,03	21,50
1	13,35	13,14	12,93	20,80	21,25	21,72
2	13,50	13,29	13,08	21,02	21,47	21,95
3	13,66	13,44	13,23	21,24	21,70	22,18
4	13,81	13,59	13,38	21,46	21,92	22,41
9,5	13,96	13,74	13,53	21,68	22,15	22,64
6	14,11	13,89	13,68	21,89	22,37	22,87
7	14,27	14,04	13,83	22,11	22,59	23,09
8	14,42	14,19	13,98	22,33	22,82	23,32
9	14,57	14,34	14,12	22,55	23,04	23,55
Δ	15	15	15	22	22	23

$p \cdot p$

	12	23		13		15		16		22
1	01	01	1	01	1	02	1	02	1	02
2	02	05	2	03	2	03	2	03	2	04
3	04	07	3	04	3	05	3	05	3	07
4	05	09	4	05	4	06	4	06	4	09
5	06	12	5	07	5	08	5	08	5	11
6	07	14	6	08	6	09	6	10	6	13
7	08	16	7	09	7	11	7	11	7	15
8	10	18	8	10	8	12	8	13	8	18
9	11	21	9	12	9	14	9	14	9	20

Column figures: left block — *c* , *D* , *p* ; right block — *c* , *R* , *p*

d	D 12	D 13	D 14	p 12	p 13	p 14	r	R 12	R 13	R 14	p 12	p 13	p 14
10,0	16,93	17,20	17,48	11,94	11,78	11,62	10,0	14,73	14,50	14,27	22,78	23,27	23,78
1	17,09	17,36	17,65	12,07	11,91	11,75	1	14,88	14,65	14,42	23,00	23,49	24,01
2	17,25	17,53	17,81	12,20	12,03	11,87	2	15,03	14,80	14,57	23,22	23,72	24,23
3	17,42	17,69	17,98	12,32	12,16	12,00	3	15,19	14,95	14,72	23,44	23,94	24,46
4	17,58	17,85	18,14	12,45	12,28	12,12	4	15,34	15,10	14,87	23,66	24,16	24,69
10,5	17,74	18,01	18,31	12,58	12,41	12,24	10,5	15,49	15,25	15,02	23,88	24,39	24,92
6	17,90	18,18	18,47	12,70	12,53	12,37	6	15,64	15,40	15,17	24,10	24,61	25,15
7	18,06	18,34	18,63	12,83	12,66	12,49	7	15,80	15,55	15,32	24,32	24,84	25,38
8	18,22	18,50	18,80	12,95	12,78	12,62	8	15,95	15,70	15,47	24,53	25,06	25,60
9	18,38	18,66	18,96	13,08	12,91	12,74	9	16,10	15,85	15,61	24,75	25,28	25,83
11,0	18,54	18,83	19,13	13,21	13,03	12,86	11,0	16,25	16,01	15,76	24,97	25,51	26,06
1	18,70	18,99	19,29	13,33	13,16	12,99	1	16,41	16,16	15,91	25,19	25,73	26,29
2	18,86	19,15	19,46	13,46	13,29	13,11	2	16,56	16,31	16,06	25,41	25,95	26,52
3	19,02	19,31	19,62	13,59	13,41	13,24	3	16,71	16,46	16,21	25,63	26,18	26,74
4	19,18	19,48	19,78	13,71	13,54	13,36	4	16,87	16,61	16,36	25,85	26,40	26,97
11,5	19,34	19,64	19,95	13,84	13,66	13,48	11,5	17,02	16,76	16,51	26,07	26,63	27,20
6	19,50	19,80	20,11	13,96	13,79	13,61	6	17,17	16,91	16,66	26,29	26,85	27,43
7	19,66	19,96	20,28	14,09	13,91	13,73	7	17,32	17,07	16,81	26,51	27,07	27,66
8	19,83	20,13	20,44	14,22	14,04	13,86	8	17,48	17,21	16,96	26,73	27,30	27,89
9	19,99	20,29	20,61	14,34	14,16	13,98	9	17,63	17,37	17,10	26,95	27,52	28,11
12,0	20,15	20,45	20,77	14,47	14,29	14,10	12,0	17,78	17,51	17,25	27,17	27,75	28,34
1	20,31	20,61	20,94	14,60	14,41	14,23	1	17,93	17,66	17,40	27,39	27,97	28,57
2	20,47	20,78	21,10	14,72	14,54	14,35	2	18,09	17,82	17,55	27,61	28,19	28,80
3	20,63	20,94	21,26	14,85	14,66	14,48	3	18,24	17,97	17,70	27,83	28,42	29,03
4	20,79	21,10	21,43	14,97	14,79	14,60	4	18,39	18,12	17,85	28,05	28,64	29,26
12,5	20,95	21,26	21,59	15,10	14,91	14,72	12,5	18,55	18,27	18,00	28,27	28,87	29,48
6	21,11	21,43	21,76	15,23	15,04	14,85	6	18,70	18,42	18,15	28,49	29,09	29,71
7	21,27	21,59	21,92	15,35	15,16	14,97	7	18,85	18,57	18,30	28,71	29,31	29,94
8	21,43	21,75	22,09	15,48	15,29	15,20	8	19,00	18,72	18,45	28,93	29,54	30,17
9	21,59	21,91	22,25	15,60	15,41	15,22	9	19,16	18,87	18,59	29,15	29,76	30,40
13,0	21,75	22,08	22,42	15,73	15,54	15,34	13,0	19,31	19,02	18,74	29,37	29,99	30,62
1	21,91	22,24	22,58	15,86	15,66	15,47	1	19,46	19,17	18,89	29,59	30,21	30,85
2	22,07	22,40	22,74	15,98	15,79	15,59	2	19,61	19,32	19,04	29,81	30,43	31,08
3	22,23	22,56	22,91	16,11	15,91	15,72	3	19,77	19,47	19,19	30,03	30,66	31,31
4	22,39	22,73	23,07	16,24	16,04	15,84	4	19,92	19,62	19,34	30,25	30,88	31,54
13,5	22,55	22,89	23,25	16,36	16,16	15,96	13,5	20,07	19,78	19,49	30,47	31,10	31,77
6	22,71	23,05	23,40	16,49	16,29	16,09	6	20,23	19,93	19,64	30,69	31,33	31,99
7	22,88	23,21	23,57	16,61	16,42	16,21	7	20,38	20,08	19,79	30,91	31,55	32,22
8	23,04	23,38	23,73	16,74	16,54	16,34	8	20,53	20,23	19,94	31,13	31,78	32,45
9	23,20	23,54	23,89	16,87	16,67	16,46	9	20,68	20,38	20,08	31,35	32,06	32,68
14,0	23,36	23,70	24,06	16,99	16,79	16,58	14,0	20,84	20,53	20,23	31,57	32,22	32,91
1	23,52	23,86	24,22	17,13	16,92	16,71	1	20,99	20,68	20,38	31,79	32,45	33,13
2	23,68	24,03	24,39	17,26	17,04	16,83	2	21,14	20,83	20,53	32,01	32,67	33,36
3	23,84	24,19	24,55	17,38	17,17	16,96	3	21,29	20,98	20,68	32,23	32,90	33,59
4	24,00	24,35	24,72	17,51	17,29	17,08	4	21,45	21,13	20,83	32,45	33,12	33,82
14,5	24,16	24,51	24,88	17,63	17,42	17,20	14,5	21,60	21,28	20,98	32,67	33,34	34,05
6	24,32	24,68	25,05	17,76	17,55	17,33	6	21,75	21,43	21,13	32,89	33,57	34,28
7	24,48	24,84	25,21	17,89	17,67	17,45	7	21,90	21,59	21,28	33,11	33,79	34,50
8	24,64	25,00	25,37	18,01	17,79	17,58	8	22,06	21,74	21,43	33,33	34,02	34,73
9	24,80	25,16	25,54	18,14	17,92	17,70	9	22,21	21,89	21,57	33,55	34,24	34,96
Δ	16	16	16	13	13	12	Δ	15	15	15	22	22	23

P.P

n	12	23	13	15	16	22
1	01	02	01	02	02	02
2	02	05	03	03	03	04
3	04	07	04	05	05	07
4	05	09	05	06	06	09
5	06	12	07	08	08	11
6	07	14	08	09	10	13
7	08	16	09	11	11	15
8	10	18	10	12	13	18
9	11	21	12	14	14	20

TALUS.

Column groups — left: **c / D** (15, 16, 17) and **p** (15, 16, 17); right: **c / R** (15, 16, 17) and **p** (15, 16, 17).

d	cD·15	cD·16	cD·17	p·15	p·16	p·17	r	cR·15	cR·16	cR·17	p·15	p·16	p·17
0,0	1,12	1,21	1,30				0,0				1,05	1,14	1,23
1	1,29	1,38	1,47				1				1,28	1,38	1,48
2	1,46	1,55	1,64				2				1,51	1,61	1,72
3	1,62	1,72	1,81				3				1,74	1,85	1,96
4	1,79	1,88	1,99				4				1,98	2,09	2,20
0,5	1,95	2,05	2,16				0,5				2,21	2,33	2,44
6	2,12	2,21	2,33				6				2,44	2,56	2,69
7	2,29	2,39	2,50	0,03			7				2,68	2,80	2,93
8	2,45	2,56	2,67	0,15	0,10	0,04	8				2,91	3,04	3,17
9	2,62	2,73	2,84	0,28	0,22	0,16	9				3,14	3,27	3,41
1,0	2,79	2,89	3,01	0,40	0,34	0,28	1,0	0,81	0,75	0,70	3,37	3,51	3,65
1	2,95	3,06	3,18	0,52	0,46	0,41	1	0,96	0,89	0,85	3,61	3,75	3,90
2	3,12	3,23	3,35	0,65	0,59	0,53	2	1,10	1,04	0,99	3,84	3,99	4,14
3	3,28	3,40	3,52	0,77	0,71	0,65	3	1,25	1,18	1,13	4,07	4,22	4,38
4	3,45	3,57	3,69	0,89	0,83	0,77	4	1,40	1,33	1,28	4,30	4,46	4,62
1,5	3,62	3,74	3,86	1,01	0,95	0,89	1,5	1,54	1,47	1,42	4,54	4,70	4,86
6	3,78	3,90	4,03	1,14	1,07	1,01	6	1,69	1,62	1,57	4,77	4,94	5,11
7	3,95	4,07	4,20	1,26	1,19	1,13	7	1,84	1,76	1,71	5,00	5,17	5,35
8	4,11	4,24	4,37	1,38	1,32	1,25	8	1,99	1,91	1,85	5,23	5,41	5,59
9	4,28	4,40	4,54	1,51	1,44	1,37	9	2,13	2,05	2,00	5,47	5,65	5,83
2,0	4,45	4,58	4,71	1,63	1,56	1,49	2,0	2,28	2,20	2,14	5,70	5,89	6,07
1	4,61	4,74	4,88	1,75	1,68	1,61	1	2,43	2,35	2,28	5,93	6,12	6,32
2	4,78	4,91	5,05	1,88	1,80	1,73	2	2,57	2,49	2,43	6,16	6,36	6,56
3	4,95	5,08	5,22	2,00	1,93	1,86	3	2,72	2,64	2,57	6,40	6,60	6,80
4	5,11	5,25	5,39	2,12	2,05	1,98	4	2,87	2,78	2,71	6,63	6,83	7,04
2,5	5,28	5,42	5,56	2,24	2,17	2,10	2,5	3,02	2,93	2,86	6,86	7,07	7,28
6	5,44	5,59	5,73	2,37	2,29	2,22	6	3,16	3,07	3,00	7,09	7,31	7,53
7	5,61	5,75	5,90	2,49	2,41	2,34	7	3,31	3,22	3,15	7,33	7,55	7,77
8	5,78	5,92	6,07	2,61	2,54	2,46	8	3,46	3,36	3,29	7,56	7,78	8,01
9	5,94	6,09	6,25	2,74	2,66	2,58	9	3,60	3,51	3,43	7,79	8,02	8,25
3,0	6,11	6,26	6,42	2,86	2,78	2,70	3,0	3,75	3,65	3,58	8,02	8,26	8,49
1	6,28	6,43	6,59	2,98	2,90	2,82	1	3,90	3,80	3,72	8,26	8,50	8,74
2	6,44	6,59	6,76	3,11	3,02	2,95	2	4,05	3,94	3,86	8,49	8,73	8,98
3	6,61	6,76	6,93	3,23	3,14	3,06	3	4,19	4,09	4,01	8,72	8,97	9,22
4	6,77	6,93	7,10	3,35	3,27	3,19	4	4,34	4,24	4,15	8,96	9,21	9,46
3,5	6,94	7,10	7,27	3,47	3,39	3,31	3,5	4,49	4,38	4,29	9,19	9,44	9,70
6	7,11	7,27	7,44	3,60	3,51	3,43	6	4,63	4,53	4,44	9,42	9,68	9,95
7	7,27	7,44	7,61	3,72	3,63	3,55	7	4,78	4,67	4,58	9,65	9,92	10,19
8	7,44	7,60	7,78	3,84	3,75	3,67	8	4,93	4,82	4,72	9,89	10,16	10,43
9	7,60	7,77	7,95	3,97	3,88	3,79	9	5,08	4,96	4,87	10,12	10,39	10,67
4,0	7,77	7,94	8,12	4,09	4,00	3,91	4,0	5,22	5,11	5,01	10,35	10,63	10,91
1	7,94	8,11	8,29	4,21	4,12	4,03	1	5,37	5,25	5,16	10,58	10,87	11,16
2	8,10	8,28	8,46	4,34	4,24	4,15	2	5,52	5,40	5,30	10,82	11,11	11,40
3	8,27	8,44	8,63	4,46	4,36	4,27	3	5,66	5,54	5,44	11,05	11,35	11,65
4	8,44	8,61	8,80	4,58	4,49	4,39	4	5,81	5,69	5,59	11,28	11,58	11,88
4,5	8,60	8,78	8,97	4,70	4,61	4,52	4,5	5,96	5,84	5,73	11,51	11,82	12,12
6	8,77	8,95	9,14	4,83	4,73	4,64	6	6,11	5,98	5,87	11,75	12,05	12,37
7	8,93	9,12	9,31	4,95	4,85	4,76	7	6,25	6,13	6,02	11,98	12,29	12,61
8	9,10	9,29	9,48	5,07	4,97	4,88	8	6,40	6,27	6,16	12,21	12,53	12,85
9	9,27	9,45	9,65	5,20	5,10	5,00	9	6,55	6,42	6,30	12,55	12,77	13,09
Δ	17	17	17	12	12	12	Δ	15	15	14	23	24	24

p·p (proportional parts)

n	12	24	14	15	17	23
1	01	02	01	02	02	02
2	02	05	03	03	03	05
3	04	07	04	05	05	07
4	05	10	06	06	07	09
5	06	12	07	08	09	12
6	07	14	08	09	10	14
7	08	17	10	11	12	16
8	10	19	11	12	14	18
9	11	22	13	14	15	21

d	c · 15	16	17	D·P · 15	16	17	r	c · 15	16	17	R·P · 15	16	17
5,0	9,44	9,63	9,82	5,32	5,22	5,12	5,0	6,70	6,57	6,45	12,68	13,00	13,33
1	9,61	9,80	9,99	5,44	5,34	5,24	1	6,84	6,72	6,59	12,91	13,24	13,58
2	9,78	9,97	10,16	5,56	5,46	5,36	2	6,99	6,86	6,74	13,14	13,47	13,82
3	9,94	10,14	10,33	5,69	5,58	5,48	3	7,14	7,01	6,88	13,38	13,71	14,06
4	10,11	10,30	10,51	5,81	5,71	5,60	4	7,28	7,15	7,02	13,61	13,95	14,30
5,5	10,28	10,47	10,68	5,93	5,83	5,72	5,5	7,43	7,30	7,17	13,84	14,19	14,54
6	10,44	10,64	10,85	6,06	5,95	5,84	6	7,58	7,44	7,31	14,07	14,42	14,79
7	10,61	10,81	11,02	6,18	6,07	5,97	7	7,73	7,59	7,46	14,31	14,66	15,03
8	10,77	10,98	11,19	6,30	6,19	6,09	8	7,87	7,73	7,60	14,54	14,90	15,27
9	10,94	11,15	11,36	6,43	6,31	6,21	9	8,02	7,88	7,74	14,77	15,13	15,51
6,0	11,11	11,31	11,53	6,55	6,44	6,33	6,0	8,17	8,03	7,89	15,00	15,37	15,75
1	11,27	11,48	11,70	6,67	6,56	6,45	1	8,31	8,17	8,03	15,24	15,61	16,00
2	11,44	11,65	11,87	6,79	6,68	6,57	2	8,46	8,32	8,17	15,47	15,85	16,24
3	11,60	11,82	12,04	6,92	6,80	6,69	3	8,61	8,46	8,32	15,70	16,08	16,48
4	11,77	11,99	12,21	7,04	6,92	6,81	4	8,76	8,61	8,46	15,93	16,32	16,72
6,5	11,94	12,16	12,38	7,16	7,05	6,93	6,5	8,90	8,75	8,60	16,17	16,56	16,96
6	12,10	12,32	12,55	7,29	7,17	7,05	6	9,05	8,90	8,75	16,40	16,80	17,21
7	12,27	12,49	12,72	7,41	7,29	7,17	7	9,20	9,04	8,89	16,63	17,03	17,45
8	12,44	12,66	12,89	7,53	7,41	7,30	8	9,34	9,19	9,03	16,86	17,27	17,69
9	12,60	12,83	13,06	7,66	7,53	7,42	9	9,49	9,33	9,18	17,10	17,51	17,93
7,0	12,77	13,00	13,23	7,78	7,66	7,54	7,0	9,64	9,48	9,32	17,33	17,75	18,17
1	12,93	13,16	13,40	7,90	7,78	7,66	1	9,79	9,62	9,47	17,56	17,98	18,42
2	13,10	13,33	13,57	8,02	7,90	7,78	2	9,93	9,77	9,61	17,79	18,22	18,66
3	13,27	13,50	13,74	8,15	8,02	7,90	3	10,08	9,92	9,75	18,03	18,46	18,90
4	13,43	13,67	13,91	8,27	8,14	8,02	4	10,23	10,06	9,90	18,26	18,69	19,14
7,5	13,60	13,84	14,08	8,39	8,27	8,14	7,5	10,37	10,21	10,05	18,49	18,93	19,38
6	13,77	14,01	14,25	8,52	8,39	8,26	6	10,52	10,35	10,18	18,74	19,17	19,63
7	13,93	14,17	14,42	8,64	8,51	8,38	7	10,67	10,50	10,33	18,97	19,41	19,87
8	14,10	14,34	14,59	8,76	8,63	8,50	8	10,81	10,64	10,47	19,20	19,64	20,11
9	14,26	14,51	14,77	8,89	8,75	8,63	9	10,96	10,79	10,61	19,43	19,88	20,35
8,0	14,43	14,68	14,94	9,01	8,87	8,75	8,0	11,11	10,93	10,76	19,66	20,12	20,59
1	14,60	14,85	15,11	9,13	9,00	8,87	1	11,26	11,08	10,90	19,89	20,36	20,84
2	14,76	15,01	15,28	9,25	9,12	8,99	2	11,40	11,22	11,05	20,12	20,59	21,08
3	14,93	15,18	15,45	9,38	9,24	9,11	3	11,55	11,37	11,19	20,35	20,83	21,32
4	15,09	15,35	15,62	9,50	9,36	9,23	4	11,70	11,51	11,33	20,59	21,07	21,56
8,5	15,26	15,52	15,79	9,62	9,48	9,35	8,5	11,84	11,66	11,48	20,82	21,30	21,80
6	15,43	15,69	15,96	9,75	9,61	9,47	6	11,99	11,81	11,62	21,05	21,54	22,05
7	15,59	15,86	16,13	9,87	9,73	9,59	7	12,14	11,95	11,76	21,28	21,78	22,29
8	15,76	16,02	16,30	9,99	9,85	9,71	8	12,29	12,10	11,91	21,52	22,02	22,53
9	15,93	16,19	16,47	10,12	9,97	9,83	9	12,43	12,24	12,05	21,75	22,25	22,77
9,0	16,09	16,36	16,64	10,24	10,09	9,95	9,0	12,58	12,39	12,19	21,98	22,49	23,01
1	16,26	16,53	16,81	10,36	10,22	10,08	1	12,73	12,53	12,34	22,21	22,73	23,26
2	16,42	16,70	16,98	10,48	10,34	10,20	2	12,87	12,68	12,48	22,45	22,97	23,50
3	16,59	16,86	17,15	10,61	10,46	10,32	3	13,02	12,82	12,62	22,68	23,20	23,74
4	16,76	17,03	17,32	10,73	10,58	10,44	4	13,17	12,97	12,77	22,91	23,44	23,98
9,5	16,92	17,20	17,49	10,85	10,70	10,56	9,5	13,32	13,11	12,91	23,14	23,68	24,22
6	17,09	17,37	17,66	10,98	10,83	10,68	6	13,46	13,26	13,06	23,38	23,91	24,47
7	17,26	17,54	17,83	11,10	10,95	10,80	7	13,61	13,41	13,20	23,61	24,15	24,71
8	17,42	17,71	18,00	11,22	11,07	10,92	8	13,76	13,55	13,35	23,84	24,39	24,95
9	17,59	17,87	18,17	11,35	11,19	11,04	9	13,90	13,70	13,49	24,08	24,63	25,19
Δ	17	17	17	12	12	12	Δ	15	15	15	23	24	24

p·p

	12	24
1	01	02
2	02	05
3	04	07
4	05	10
5	06	12
6	07	14
7	08	17
8	10	19
9	11	22

	14
1	01
2	03
3	04
4	06
5	07
6	08
7	10
8	11
9	13

	15
1	02
2	03
3	05
4	06
5	08
6	09
7	11
8	12
9	14

	17
1	02
2	03
3	05
4	07
5	09
6	10
7	12
8	14
9	15

	23
1	02
2	05
3	07
4	09
5	12
6	14
7	16
8	18
9	21

Tables **D** (columns *c* and *p*) and **R** (columns *c* and *p*).

d	D c 15	D c 16	D c 17	D p 15	D p 16	D p 17	r	R c 15	R c 16	R c 17	R p 15	R p 16	R p 17
10,0	17,77	18,05	18,34	11,47	11,31	11,16	10,0	14,05	13,84	13,63	24,31	24,86	25,43
1	17,93	18,22	18,51	11,59	11,44	11,28	1	14,20	13,99	13,78	24,54	25,10	25,67
2	18,10	18,39	18,69	11,71	11,56	11,40	2	14,35	14,13	13,92	24,77	25,33	25,92
3	18,27	18,56	18,86	11,84	11,68	11,53	3	14,50	14,28	14,06	25,01	25,57	26,16
4	18,43	18,73	19,03	11,96	11,80	11,65	4	14,64	14,42	14,21	25,24	25,81	26,40
10,5	18,60	18,89	19,20	12,08	11,92	11,77	10,5	14,79	14,57	14,35	25,47	26,05	26,64
6	18,76	19,06	19,37	12,21	12,05	11,89	6	14,94	14,71	14,49	25,70	26,28	26,88
7	18,93	19,23	19,54	12,33	12,17	12,01	7	15,08	14,86	14,64	25,94	26,52	27,13
8	19,10	19,40	19,71	12,45	12,29	12,13	8	15,23	15,00	14,78	26,17	26,76	27,37
9	19,26	19,57	19,88	12,57	12,41	12,25	9	15,38	15,15	14,92	26,40	26,99	27,61
11,0	19,43	19,74	20,05	12,70	12,53	12,37	11,0	15,53	15,29	15,07	26,63	27,23	27,85
1	19,60	19,90	20,22	12,82	12,65	12,49	1	15,67	15,44	15,21	26,87	27,47	28,09
2	19,76	20,07	20,39	12,94	12,78	12,61	2	15,82	15,59	15,36	27,10	27,71	28,34
3	19,93	20,24	20,56	13,07	12,90	12,73	3	15,97	15,73	15,50	27,33	27,94	28,58
4	20,09	20,41	20,73	13,19	13,02	12,86	4	16,11	15,88	15,64	27,56	28,18	28,82
11,5	20,26	20,58	20,90	13,31	13,14	12,98	11,5	16,26	16,02	15,79	27,80	28,42	29,06
6	20,43	20,75	21,07	13,44	13,26	13,10	6	16,41	16,17	15,93	28,03	28,66	29,30
7	20,59	20,91	21,24	13,56	13,39	13,22	7	16,56	16,31	16,07	28,26	28,89	29,55
8	20,76	21,08	21,41	13,68	13,51	13,34	8	16,70	16,46	16,22	28,50	29,13	29,79
9	20,92	21,25	21,58	13,80	13,63	13,46	9	16,85	16,60	16,36	28,73	29,37	30,03
12,0	21,09	21,42	21,75	13,93	13,75	13,58	12,0	17,00	16,75	16,50	28,96	29,61	30,27
1	21,26	21,59	21,92	14,05	13,87	13,70	1	17,14	16,89	16,65	29,19	29,84	30,51
2	21,42	21,75	22,09	14,17	14,00	13,82	2	17,29	17,04	16,79	29,43	30,08	30,76
3	21,59	21,92	22,26	14,30	14,12	13,94	3	17,44	17,18	16,94	29,66	30,32	31,00
4	21,76	22,09	22,43	14,42	14,24	14,06	4	17,58	17,33	17,08	29,89	30,55	31,24
12,5	21,92	22,26	22,60	14,54	14,36	14,19	12,5	17,73	17,48	17,22	30,12	30,79	31,48
6	22,09	22,43	22,77	14,67	14,48	14,31	6	17,88	17,62	17,37	30,36	31,03	31,72
7	22,25	22,60	22,95	14,79	14,60	14,43	7	18,03	17,77	17,51	30,59	31,27	31,97
8	22,42	22,76	23,12	14,91	14,73	14,55	8	18,17	17,91	17,65	30,82	31,50	32,21
9	22,59	22,93	23,29	15,03	14,85	14,67	9	18,32	18,06	17,80	31,05	31,74	32,45
13,0	22,75	23,10	23,46	15,16	14,97	14,79	13,0	18,47	18,20	17,94	31,29	31,98	32,69
1	22,92	23,27	23,63	15,28	15,09	14,91	1	18,61	18,35	18,08	31,52	32,22	32,93
2	23,09	23,44	23,80	15,40	15,21	15,03	2	18,76	18,49	18,23	31,75	32,45	33,18
3	23,25	23,60	23,97	15,53	15,34	15,15	3	18,91	18,64	18,37	31,98	32,69	33,42
4	23,42	23,77	24,14	15,65	15,46	15,27	4	19,06	18,78	18,51	32,22	32,93	33,66
13,5	23,58	23,94	24,31	15,77	15,58	15,39	13,5	19,20	18,93	18,66	32,45	33,16	33,90
6	23,75	24,11	24,48	15,90	15,70	15,52	6	19,35	19,08	18,80	32,68	33,40	34,14
7	23,92	24,28	24,65	16,02	15,82	15,64	7	19,50	19,22	18,95	32,91	33,64	34,39
8	24,08	24,45	24,82	16,14	15,95	15,76	8	19,64	19,37	19,09	33,15	33,88	34,63
9	24,25	24,61	24,99	16,26	16,07	15,88	9	19,79	19,51	19,23	33,38	34,11	34,87
14,0	24,41	24,78	25,16	16,39	16,19	16,00	14,0	19,94	19,66	19,38	33,61	34,35	35,12
1	24,58	24,95	25,33	16,51	16,31	16,12	1	20,09	19,80	19,52	33,85	34,59	35,35
2	24,75	25,12	25,50	16,63	16,43	16,24	2	20,23	19,95	19,66	34,08	34,83	35,60
3	24,91	25,29	25,67	16,76	16,56	16,36	3	20,38	20,09	19,81	34,31	35,06	35,84
4	25,08	25,45	25,84	16,88	16,68	16,48	4	20,53	20,24	19,95	34,54	35,30	36,08
14,5	25,25	25,62	26,01	17,00	16,80	16,60	14,5	20,67	20,38	20,09	34,78	35,54	36,32
6	25,41	25,79	26,18	17,13	16,92	16,72	6	20,82	20,53	20,24	35,01	35,78	36,56
7	25,58	25,96	26,35	17,25	17,04	16,84	7	20,97	20,67	20,38	35,24	36,01	36,81
8	25,74	26,13	26,52	17,37	17,16	16,97	8	21,12	20,82	20,53	35,47	36,25	37,05
9	25,91	26,30	26,69	17,49	17,29	17,09	9	21,26	20,97	20,67	35,71	36,49	37,29
Δ	17	17	17	12	12	12	Δ	15	15	14	23	24	24

p·p

n	12	24	14	15	17	23
1	01	02	01	02	02	02
2	02	05	03	03	03	05
3	04	07	04	05	05	07
4	05	10	06	06	07	09
5	06	12	07	08	09	12
6	07	14	08	09	10	14
7	08	17	10	11	12	16
8	10	19	11	12	14	18
9	11	22	13	14	15	21

d	c / D 18	c / D 19	c / D 20	p 18	p 19	p 20	r	c / R 18	c / R 19	c / R 20	p 18	p 19	p 20
0,0	1,40	1,49	1,59				0,0				1,33	1,44	1,55
1	1,57	1,67	1,77				1				1,58	1,69	1,80
2	1,74	1,84	1,94				2				1,83	1,94	2,06
3	1,91	2,02	2,12				3				2,07	2,19	2,32
4	2,09	2,19	2,30				4				2,32	2,45	2,58
0,5	2,26	2,37	2,48				0,5				2,57	2,70	2,83
6	2,43	2,54	2,65				6				2,82	2,95	3,09
7	2,60	2,72	2,83				7				3,06	3,20	3,35
8	2,78	2,89	3,01				8				3,31	3,45	3,61
9	2,95	3,06	3,18	0,11	0,05		9				3,56	3,71	3,86
1,0	3,12	3,24	3,36	0,23	0,17	0,12	1,0				3,80	3,96	4,12
1	3,29	3,41	3,54	0,35	0,29	0,24	1	0,79	0,74	0,69	4,05	4,21	4,38
2	3,47	3,59	3,71	0,47	0,41	0,35	2	0,94	0,88	0,83	4,30	4,46	4,64
3	3,64	3,76	3,89	0,59	0,53	0,47	3	1,08	1,02	0,97	4,54	4,72	4,89
4	3,81	3,94	4,07	0,71	0,65	0,59	4	1,22	1,16	1,11	4,79	4,97	5,15
1,5	3,98	4,11	4,24	0,83	0,77	0,71	1,5	1,36	1,30	1,25	5,04	5,22	5,41
6	4,16	4,29	4,42	0,95	0,89	0,82	6	1,50	1,44	1,39	5,29	5,47	5,67
7	4,33	4,46	4,60	1,07	1,00	0,94	7	1,65	1,58	1,53	5,53	5,72	5,93
8	4,50	4,64	4,77	1,19	1,12	1,06	8	1,79	1,72	1,66	5,78	5,98	6,19
9	4,67	4,81	4,95	1,31	1,24	1,18	9	1,93	1,87	1,80	6,03	6,23	6,44
2,0	4,85	4,98	5,13	1,43	1,36	1,29	2,0	2,07	2,01	1,94	6,27	6,48	6,70
1	5,02	5,16	5,30	1,55	1,48	1,41	1	2,21	2,15	2,08	6,52	6,73	6,95
2	5,19	5,33	5,48	1,67	1,60	1,53	2	2,36	2,29	2,22	6,77	6,99	7,21
3	5,36	5,51	5,66	1,79	1,72	1,65	3	2,50	2,43	2,36	7,01	7,24	7,47
4	5,54	5,68	5,83	1,90	1,84	1,77	4	2,64	2,57	2,50	7,26	7,49	7,73
2,5	5,71	5,86	6,01	2,02	1,95	1,88	2,5	2,78	2,71	2,64	7,51	7,74	7,99
6	5,88	6,03	6,19	2,14	2,07	2,00	6	2,92	2,85	2,77	7,76	7,99	8,25
7	6,05	6,21	6,36	2,26	2,19	2,12	7	3,07	2,99	2,91	8,00	8,25	8,50
8	6,23	6,38	6,54	2,38	2,31	2,24	8	3,21	3,13	3,05	8,25	8,50	8,76
9	6,40	6,56	6,72	2,50	2,43	2,35	9	3,35	3,27	3,19	8,50	8,75	9,02
3,0	6,57	6,73	6,90	2,62	2,55	2,47	3,0	3,49	3,41	3,33	8,74	9,00	9,27
1	6,74	6,91	7,07	2,74	2,67	2,59	1	3,63	3,55	3,47	8,99	9,26	9,53
2	6,92	7,08	7,25	2,86	2,79	2,71	2	3,77	3,69	3,61	9,24	9,51	9,79
3	7,09	7,25	7,43	2,98	2,90	2,82	3	3,92	3,83	3,74	9,48	9,76	10,05
4	7,26	7,43	7,60	3,10	3,02	2,94	4	4,06	3,97	3,88	9,73	10,01	10,30
3,5	7,43	7,60	7,78	3,22	3,14	3,06	3,5	4,20	4,11	4,02	9,98	10,26	10,56
6	7,61	7,78	7,96	3,34	3,26	3,18	6	4,34	4,25	4,16	10,23	10,52	10,82
7	7,78	7,95	8,13	3,46	3,38	3,30	7	4,48	4,39	4,30	10,47	10,77	11,08
8	7,95	8,13	8,31	3,58	3,50	3,41	8	4,63	4,53	4,44	10,72	11,02	11,33
9	8,12	8,30	8,49	3,70	3,62	3,53	9	4,77	4,67	4,58	10,97	11,27	11,59
4,0	8,30	8,48	8,66	3,82	3,74	3,65	4,0	4,91	4,81	4,72	11,21	11,53	11,85
1	8,47	8,65	8,84	3,94	3,86	3,77	1	5,05	4,95	4,85	11,46	11,78	12,11
2	8,64	8,83	9,02	4,06	3,97	3,88	2	5,19	5,09	4,99	11,71	12,03	12,36
3	8,81	9,00	9,19	4,18	4,09	4,00	3	5,34	5,23	5,13	11,95	12,28	12,62
4	8,99	9,18	9,37	4,30	4,21	4,12	4	5,48	5,37	5,27	12,20	12,53	12,88
4,5	9,16	9,35	9,55	4,42	4,33	4,24	4,5	5,62	5,51	5,41	12,45	12,79	13,14
6	9,33	9,52	9,72	4,54	4,45	4,35	6	5,76	5,65	5,55	12,70	13,04	13,39
7	9,50	9,70	9,90	4,66	4,57	4,47	7	5,90	5,79	5,69	12,94	13,29	13,65
8	9,68	9,87	10,08	4,78	4,69	4,59	8	6,05	5,93	5,83	13,19	13,54	13,91
9	9,85	10,05	10,25	4,90	4,81	4,71	9	6,19	6,07	5,96	13,44	13,80	14,17
Δ	17	17	18	12	12	12	Δ	15	15	15	25	25	26

p.p

	12	26	14	17	18	25
1	01	03	01	02	02	03
2	02	05	03	03	04	05
3	04	08	04	05	05	08
4	05	10	06	07	07	10
5	06	13	07	09	09	13
6	07	16	08	10	11	15
7	08	18	10	12	13	18
8	10	21	11	14	14	20
9	11	23	13	15	16	23

TALUS.

d	c / D			p			r	c / R			p		
	18	19	20	18	19	20		18	19	20	18	19	20
5,0	10,02	10,22	10,43	5,02	4,93	4,83	5,0	6,33	6,22	6,10	13,68	14,04	14,42
1	10,19	10,40	10,61	5,14	5,04	4,95	1	6,47	6,36	6,24	13,93	14,30	14,68
2	10,37	10,57	10,78	5,26	5,16	5,07	2	6,61	6,50	6,38	14,18	14,55	14,94
3	10,54	10,75	10,96	5,38	5,28	5,19	3	6,76	6,64	6,52	14,42	14,80	15,20
4	10,71	10,92	11,14	5,50	5,40	5,30	4	6,90	6,78	6,66	14,67	15,05	15,45
5,5	10,88	11,10	11,31	5,62	5,52	5,42	5,5	7,04	6,92	6,80	14,92	15,31	15,71
6	11,06	11,27	11,49	5,74	5,64	5,54	6	7,18	7,06	6,93	15,16	15,56	15,97
7	11,23	11,45	11,67	5,86	5,76	5,66	7	7,32	7,20	7,07	15,41	15,81	16,23
8	11,40	11,62	11,84	5,98	5,88	5,77	8	7,47	7,34	7,21	15,66	16,06	16,48
9	11,57	11,80	12,02	6,10	6,00	5,89	9	7,61	7,48	7,35	15,90	16,31	16,74
6,0	11,75	11,97	12,20	6,22	6,11	6,01	6,0	7,75	7,62	7,49	16,15	16,57	17,00
1	11,92	12,15	12,37	6,34	6,23	6,13	1	7,89	7,76	7,63	16,40	16,82	17,26
2	12,09	12,32	12,55	6,46	6,35	6,24	2	8,03	7,90	7,77	16,65	17,07	17,51
3	12,26	12,49	12,73	6,58	6,47	6,36	3	8,18	8,04	7,90	16,89	17,32	17,77
4	12,44	12,67	12,91	6,70	6,59	6,48	4	8,32	8,18	8,04	17,14	17,57	18,03
6,5	12,61	12,84	13,08	6,82	6,71	6,60	6,5	8,46	8,32	8,18	17,39	17,83	18,29
6	12,78	13,02	13,26	6,94	6,83	6,72	6	8,60	8,46	8,32	17,63	18,08	18,54
7	12,95	13,19	13,44	7,06	6,95	6,83	7	8,74	8,60	8,46	17,88	18,33	18,80
8	13,13	13,37	13,61	7,18	7,06	6,95	8	8,89	8,74	8,60	18,13	18,58	19,06
9	13,30	13,54	13,79	7,30	7,18	7,07	9	9,03	8,88	8,74	18,37	18,84	19,32
7,0	13,47	13,72	13,97	7,42	7,30	7,19	7,0	9,17	9,02	8,86	18,62	19,09	19,57
1	13,64	13,89	14,14	7,54	7,42	7,30	1	9,31	9,16	9,01	18,87	19,34	19,83
2	13,82	14,07	14,32	7,66	7,54	7,42	2	9,45	9,30	9,15	19,12	19,59	20,09
3	13,99	14,24	14,50	7,78	7,66	7,54	3	9,59	9,44	9,29	19,35	19,84	20,35
4	14,16	14,41	14,67	7,90	7,78	7,66	4	9,74	9,58	9,43	19,61	20,10	20,60
7,5	14,33	14,59	14,85	8,02	7,90	7,77	7,5	9,88	9,72	9,57	19,86	20,35	20,86
6	14,51	14,76	15,03	8,14	8,01	7,89	6	10,02	9,86	9,71	20,10	20,60	21,12
7	14,68	14,94	15,20	8,26	8,13	8,01	7	10,16	10,00	9,85	20,35	20,85	21,38
8	14,85	15,11	15,38	8,38	8,25	8,13	8	10,30	10,14	9,99	20,60	21,11	21,64
9	15,02	15,29	15,56	8,50	8,37	8,25	9	10,45	10,28	10,12	20,84	21,36	21,89
8,0	15,20	15,46	15,73	8,62	8,49	8,36	8,0	10,59	10,42	10,26	21,09	21,61	22,15
1	15,37	15,64	15,91	8,74	8,61	8,48	1	10,73	10,56	10,40	21,34	21,86	22,41
2	15,54	15,81	16,09	8,86	8,73	8,60	2	10,87	10,70	10,54	21,59	22,11	22,67
3	15,71	15,99	16,26	8,97	8,85	8,72	3	11,01	10,84	10,68	21,83	22,37	22,92
4	15,89	16,16	16,44	9,09	8,97	8,83	4	11,16	10,98	10,82	22,08	22,62	23,18
8,5	16,06	16,34	16,62	9,21	9,08	8,95	8,5	11,30	11,12	10,96	22,33	22,87	23,44
6	16,23	16,51	16,79	9,33	9,20	9,07	6	11,44	11,26	11,09	22,57	23,12	23,70
7	16,40	16,68	16,97	9,45	9,32	9,19	7	11,58	11,40	11,23	22,82	23,38	23,95
8	16,58	16,86	17,15	9,57	9,44	9,30	8	11,72	11,54	11,37	23,07	23,63	24,21
9	16,75	17,03	17,33	9,69	9,57	9,42	9	11,87	11,68	11,51	23,31	23,88	24,47
9,0	16,92	17,21	17,50	9,81	9,68	9,54	9,0	12,01	11,82	11,65	23,56	24,13	24,73
1	17,09	17,38	17,68	9,93	9,80	9,66	1	12,15	11,96	11,79	23,81	24,38	24,98
2	17,27	17,56	17,85	10,05	9,92	9,78	2	12,29	12,10	11,93	24,06	24,64	25,24
3	17,44	17,73	18,03	10,17	10,03	9,89	3	12,43	12,24	12,07	24,30	24,89	25,50
4	17,61	17,91	18,21	10,29	10,15	10,01	4	12,57	12,38	12,20	24,55	25,14	25,76
9,5	17,78	18,08	18,39	10,41	10,27	10,13	9,5	12,72	12,52	12,34	24,80	25,39	26,01
6	17,96	18,26	18,56	10,53	10,39	10,25	6	12,86	12,66	12,48	25,04	25,65	26,27
7	18,13	18,43	18,74	10,65	10,51	10,36	7	13,00	12,80	12,62	25,29	25,90	26,53
8	18,30	18,61	18,92	10,77	10,63	10,48	8	13,14	12,94	12,76	25,53	26,15	26,79
9	18,47	18,78	19,09	10,89	10,75	10,60	9	13,28	13,08	12,90	25,78	26,40	27,04
Δ	17	17	18	12	12	12	Δ	14	14	14	25	25	26

p.p

	12	26		14		17		18		25
1	01	03	1	01	1	02	1	02	1	03
2	02	05	2	03	2	03	2	04	2	05
3	04	08	3	04	3	05	3	05	3	08
4	05	10	4	06	4	07	4	07	4	10
5	06	13	5	07	5	09	5	09	5	13
6	07	16	6	08	6	10	6	11	6	15
7	08	18	7	10	7	12	7	13	7	18
8	10	21	8	11	8	14	8	14	8	20
9	11	23	9	13	9	15	9	16	9	23

Left half = **D**; right half = **R**. In each half the first triple (18, 19, 20) is headed **c** and the second triple (18, 19, 20) is headed **P**.

d	c 18	c 19	c 20	P 18	P 19	P 20	r	c 18	c 19	c 20	P 18	P 19	P 20
10,0	18,65	18,96	19,27	11,01	10,87	10,72	10,0	13,43	13,23	13,04	26,03	26,65	27,30
1	18,82	19,13	19,45	11,13	10,99	10,84	1	13,57	13,37	13,17	26,28	26,90	27,56
2	18,99	19,31	19,62	11,25	11,11	10,96	2	13,71	13,51	13,31	26,52	27,16	27,81
3	19,17	19,48	19,80	11,37	11,22	11,08	3	13,85	13,65	13,45	26,77	27,41	28,07
4	19,34	19,66	19,98	11,49	11,34	11,20	4	14,00	13,79	13,59	27,02	27,66	28,33
10,5	19,51	19,83	20,15	11,61	11,46	11,31	10,5	14,14	13,93	13,73	27,26	27,91	28,59
6	19,68	20,01	20,33	11,73	11,58	11,43	6	14,28	14,07	13,87	27,51	28,16	28,84
7	19,86	20,18	20,51	11,85	11,70	11,55	7	14,42	14,21	14,01	27,76	28,42	29,10
8	20,03	20,35	20,68	11,97	11,82	11,67	8	14,56	14,35	14,15	28,01	28,67	29,36
9	20,20	20,53	20,86	12,09	11,94	11,78	9	14,71	14,49	14,28	28,25	28,92	29,62
11,0	20,37	20,70	21,04	12,21	12,06	11,90	11,0	14,85	14,63	14,42	28,50	29,17	29,88
1	20,55	20,88	21,21	12,33	12,17	12,02	1	14,99	14,77	14,56	28,75	29,43	30,13
2	20,72	21,05	21,39	12,45	12,29	12,14	2	15,13	14,91	14,70	28,99	29,68	30,39
3	20,89	21,23	21,57	12,57	12,41	12,25	3	15,27	15,05	14,84	29,24	29,93	30,65
4	21,06	21,40	21,74	12,69	12,53	12,37	4	15,42	15,19	14,98	29,49	30,18	30,91
11,5	21,24	21,58	21,92	12,81	12,65	12,49	11,5	15,56	15,33	15,12	29,73	30,43	31,16
6	21,41	21,75	22,10	12,93	12,77	12,61	6	15,70	15,47	15,25	29,98	30,69	31,42
7	21,58	21,93	22,27	13,05	12,89	12,73	7	15,84	15,61	15,39	30,23	30,94	31,68
8	21,75	22,10	22,45	13,17	13,01	12,85	8	15,98	15,75	15,53	30,50	31,19	31,94
9	21,93	22,27	22,63	13,29	13,13	12,96	9	16,12	15,89	15,67	30,75	31,44	32,19
12,0	22,10	22,45	22,80	13,41	13,24	13,08	12,0	16,27	16,03	15,81	30,97	31,69	32,45
1	22,27	22,62	22,98	13,53	13,36	13,20	1	16,41	16,17	15,95	31,22	31,95	32,71
2	22,45	22,80	23,16	13,65	13,48	13,31	2	16,55	16,31	16,09	31,46	32,20	32,97
3	22,62	22,97	23,34	13,77	13,60	13,43	3	16,69	16,45	16,23	31,71	32,45	33,22
4	22,79	23,15	23,51	13,89	13,72	13,55	4	16,83	16,59	16,36	31,96	32,70	33,48
12,5	22,96	23,32	23,69	14,01	13,84	13,67	12,5	16,98	16,73	16,50	32,20	32,96	33,74
6	23,13	23,50	23,87	14,13	13,96	13,78	6	17,12	16,88	16,64	32,45	33,21	34,00
7	23,31	23,67	24,04	14,25	14,08	13,90	7	17,26	17,02	16,78	32,70	33,46	34,25
8	23,48	23,85	24,22	14,37	14,19	14,02	8	17,40	17,16	16,92	32,95	33,71	34,51
9	23,65	24,02	24,40	14,49	14,31	14,14	9	17,54	17,30	17,06	33,19	33,96	34,77
13,0	23,82	24,20	24,57	14,61	14,43	14,26	13,0	17,69	17,44	17,20	33,44	34,22	35,03
1	24,00	24,37	24,75	14,73	14,55	14,37	1	17,83	17,58	17,34	33,69	34,47	35,28
2	24,17	24,55	24,93	14,85	14,67	14,49	2	17,97	17,72	17,47	33,93	34,72	35,54
3	24,35	24,72	25,10	14,97	14,79	14,61	3	18,11	17,86	17,61	34,18	34,97	35,80
4	24,51	24,89	25,28	15,09	14,91	14,73	4	18,25	18,00	17,75	34,43	35,23	36,06
13,5	24,69	25,07	25,46	15,21	15,03	14,85	13,5	18,40	18,14	17,89	34,67	35,48	36,32
6	24,86	25,25	25,63	15,33	15,15	14,96	6	18,54	18,28	18,03	34,92	35,73	36,57
7	25,03	25,42	25,81	15,45	15,26	15,08	7	18,68	18,42	18,17	35,17	35,98	36,83
8	25,20	25,59	25,99	15,57	15,38	15,20	8	18,82	18,56	18,31	35,42	36,23	37,09
9	25,38	25,77	26,16	15,69	15,50	15,31	9	18,96	18,70	18,44	35,66	36,49	37,35
14,0	25,55	25,94	26,34	15,81	15,62	15,43	14,0	19,10	18,84	18,58	35,91	36,74	37,60
1	25,72	26,12	26,52	15,93	15,74	15,55	1	19,25	18,98	18,72	36,16	36,99	37,86
2	25,89	26,29	26,69	16,05	15,86	15,67	2	19,39	19,12	18,86	36,40	37,24	38,12
3	26,07	26,47	26,87	16,17	15,98	15,79	3	19,53	19,26	19,00	36,65	37,50	38,38
4	26,24	26,64	27,05	16,29	16,10	15,90	4	19,67	19,40	19,14	36,90	37,75	38,63
14,5	26,41	26,81	27,22	16,40	16,21	16,02	14,5	19,81	19,54	19,28	37,14	38,00	38,89
6	26,58	26,99	27,40	16,52	16,33	16,14	6	19,96	19,68	19,42	37,39	38,25	39,15
7	26,76	27,16	27,58	16,64	16,45	16,26	7	20,10	19,82	19,55	37,64	38,50	39,41
8	26,93	27,34	27,76	16,76	16,57	16,37	8	20,24	19,96	19,69	37,89	38,76	39,66
9	27,10	27,51	27,93	16,88	16,69	16,49	9	20,38	20,10	19,83	38,13	39,01	39,92
Δ	17	17	18	12	12	12	Δ	14	14	14	25	25	26

P·F (proportional parts)

n	12	26	14	17	18	25
1	01	03	01	02	02	03
2	02	05	03	03	04	05
3	04	08	04	05	05	08
4	05	10	06	07	07	10
5	06	13	07	09	09	13
6	07	16	08	10	11	15
7	08	18	10	12	13	18
8	10	21	11	14	14	20
9	11	23	13	15	16	23

TALUS.

Column groups: **c D p** (left) — **c R P** (right). Proportional parts (**p.p**) at far right.

d	c D 21	c D 22	c D 23	p 21	p 22	p 23	r	c R 21	c R 22	c R 23	P 21	P 22	P 23
0,0	1,69	1,79	1,90				0,0				1,66	1,78	1,90
1	1,87	1,98	2,08				1				1,92	2,04	2,17
2	2,05	2,16	2,27				2				2,18	2,31	2,45
3	2,23	2,34	2,45				3				2,45	2,58	2,72
4	2,41	2,52	2,64				4				2,71	2,85	3,00
0,5	2,59	2,70	2,82				0,5				2,97	3,12	3,28
6	2,77	2,88	3,00				6				3,24	3,39	3,55
7	2,95	3,06	3,19				7				3,50	3,66	3,83
8	3,12	3,25	3,37				8				3,76	3,93	4,10
9	3,30	3,43	3,55				9				4,03	4,20	4,38
1,0	3,48	3,61	3,74	0,06	0,01		1,0				4,29	4,47	4,65
1	3,66	3,79	3,92	0,18	0,13	0,07	1				4,55	4,73	4,93
2	3,84	3,97	4,11	0,30	0,24	0,19	2	0,78	0,73	0,68	4,82	5,00	5,20
3	4,02	4,15	4,29	0,41	0,36	0,30	3	0,92	0,87	0,81	5,08	5,27	5,48
4	4,20	4,33	4,47	0,53	0,48	0,42	4	1,06	1,00	0,95	5,34	5,55	5,75
1,5	4,38	4,51	4,66	0,65	0,59	0,53	1,5	1,19	1,15	1,09	5,61	5,81	6,03
6	4,56	4,70	4,84	0,76	0,71	0,65	6	1,33	1,27	1,22	5,87	6,06	6,30
7	4,73	4,88	5,02	0,88	0,82	0,76	7	1,47	1,41	1,35	6,13	6,35	6,58
8	4,91	5,06	5,21	1,00	0,94	0,88	8	1,60	1,55	1,49	6,40	6,62	6,85
9	5,09	5,24	5,39	1,11	1,05	0,99	9	1,74	1,68	1,62	6,66	6,89	7,13
2,0	5,27	5,42	5,58	1,23	1,17	1,11	2,0	1,88	1,82	1,76	6,92	7,16	7,40
1	5,45	5,60	5,76	1,35	1,29	1,22	1	2,01	1,95	1,89	7,19	7,42	7,68
2	5,63	5,78	5,94	1,46	1,40	1,34	2	2,15	2,09	2,02	7,43	7,69	7,95
3	5,81	5,96	6,13	1,58	1,52	1,45	3	2,29	2,22	2,16	7,71	7,96	8,23
4	5,99	6,15	6,31	1,70	1,63	1,57	4	2,43	2,36	2,29	7,97	8,23	8,50
2,5	6,17	6,33	6,49	1,81	1,75	1,68	2,5	2,56	2,49	2,43	8,24	8,50	8,78
6	6,35	6,51	6,68	1,93	1,87	1,80	6	2,70	2,63	2,56	8,50	8,77	9,05
7	6,52	6,69	6,86	2,05	1,98	1,91	7	2,84	2,77	2,69	8,76	9,04	9,33
8	6,70	6,87	7,04	2,16	2,10	2,03	8	2,97	2,90	2,83	9,03	9,31	9,60
9	6,88	7,05	7,23	2,28	2,21	2,14	9	3,11	3,04	2,96	9,29	9,58	9,88
3,0	7,06	7,23	7,41	2,40	2,33	2,26	3,0	3,25	3,17	3,10	9,55	9,85	10,16
1	7,24	7,42	7,60	2,52	2,45	2,37	1	3,38	3,31	3,23	9,82	10,11	10,43
2	7,42	7,60	7,78	2,63	2,56	2,49	2	3,52	3,44	3,36	10,08	10,38	10,71
3	7,60	7,78	7,96	2,75	2,68	2,60	3	3,66	3,58	3,50	10,34	10,65	10,98
4	7,78	7,96	8,15	2,87	2,79	2,72	4	3,80	3,72	3,63	10,61	10,92	11,26
3,5	7,95	8,14	8,33	2,98	2,91	2,83	3,5	3,93	3,85	3,77	10,87	11,19	11,53
6	8,14	8,32	8,51	3,10	3,03	2,95	6	4,07	3,99	3,90	11,13	11,46	11,81
7	8,31	8,50	8,70	3,22	3,14	3,06	7	4,21	4,12	4,03	11,40	11,73	12,08
8	8,49	8,68	8,88	3,33	3,26	3,18	8	4,34	4,26	4,17	11,66	12,00	12,36
9	8,67	8,87	9,07	3,45	3,37	3,29	9	4,48	4,39	4,30	11,92	12,27	12,63
4,0	8,85	9,05	9,25	3,57	3,49	3,41	4,0	4,62	4,53	4,41	12,19	12,54	12,91
1	9,03	9,23	9,43	3,68	3,60	3,52	1	4,75	4,66	4,57	12,45	12,80	13,18
2	9,21	9,41	9,62	3,80	3,72	3,64	2	4,89	4,80	4,70	12,71	13,07	13,46
3	9,39	9,59	9,80	3,92	3,84	3,75	3	5,03	4,94	4,84	12,98	13,34	13,73
4	9,57	9,77	9,98	4,03	3,95	3,87	4	5,17	5,07	4,97	13,24	13,61	14,01
4,5	9,75	9,95	10,17	4,15	4,07	3,98	4,5	5,30	5,21	5,11	13,50	13,88	14,28
6	9,93	10,13	10,35	4,27	4,18	4,10	6	5,44	5,35	5,24	13,77	14,15	14,56
7	10,10	10,32	10,54	4,38	4,30	4,21	7	5,58	5,48	5,37	14,03	14,42	14,83
8	10,28	10,50	10,72	4,50	4,42	4,33	8	5,71	5,61	5,51	14,29	14,69	15,11
9	10,46	10,68	10,90	4,62	4,53	4,44	9	5,85	5,75	5,64	14,55	14,96	15,38
Δ	18	18	18	12	12	11	Δ	14	14	13	26	27	28

p.p (parties proportionnelles)

n	11	12	13	14	18	26	27	28
1	01	01	01	01	02	03	03	03
2	02	02	03	03	04	05	05	06
3	03	04	04	04	05	08	08	08
4	04	05	05	06	07	10	11	11
5	06	06	07	07	09	13	14	14
6	07	07	08	08	11	16	16	17
7	08	08	09	10	13	18	19	20
8	09	10	10	11	14	21	22	22
9	10	11	12	13	16	23	24	25

Left block: **c D P** — Right block: **c R P**

d / r	c D 21	22	23	P 21	22	23	c R 21	22	23	P 21	22	23
5,0	10,64	10,86	11,09	4,74	4,65	4,56	5,99	5,88	5,78	14,84	15,23	15,65
5,1	10,82	11,04	11,27	4,86	4,76	4,67	6,13	6,02	5,91	15,08	15,50	15,93
5,2	11,00	11,22	11,45	4,97	4,88	4,79	6,27	6,15	6,04	15,34	15,77	16,21
5,3	11,18	11,40	11,64	5,09	5,00	4,90	6,40	6,29	6,18	15,61	16,04	16,48
5,4	11,36	11,58	11,82	5,21	5,11	5,02	6,54	6,43	6,31	15,87	16,31	16,76
5,5	11,54	11,77	12,00	5,32	5,23	5,13	6,68	6,56	6,45	16,13	16,57	17,03
5,6	11,72	11,95	12,19	5,44	5,34	5,25	6,81	6,70	6,58	16,40	16,84	17,31
5,7	11,90	12,13	12,37	5,56	5,46	5,36	6,95	6,83	6,71	16,66	17,11	17,58
5,8	12,08	12,31	12,55	5,67	5,58	5,48	7,09	6,97	6,85	16,92	17,38	17,86
5,9	12,25	12,49	12,74	5,79	5,69	5,59	7,22	7,10	6,98	17,19	17,65	18,13
6,0	12,43	12,67	12,92	5,91	5,81	5,71	7,36	7,24	7,12	17,45	17,92	18,41
6,1	12,61	12,85	13,11	6,02	5,92	5,82	7,50	7,37	7,25	17,71	18,19	18,68
6,2	12,79	13,04	13,29	6,14	6,04	5,94	7,64	7,51	7,38	17,98	18,46	18,96
6,3	12,97	13,22	13,47	6,26	6,15	6,05	7,77	7,65	7,52	18,24	18,73	19,23
6,4	13,15	13,40	13,66	6,37	6,27	6,17	7,91	7,78	7,65	18,50	19,00	19,51
6,5	13,33	13,58	13,84	6,49	6,39	6,28	8,05	7,92	7,79	18,76	19,26	19,78
6,6	13,51	13,76	14,02	6,61	6,50	6,40	8,18	8,05	7,92	19,03	19,53	20,06
6,7	13,69	13,94	14,21	6,72	6,62	6,51	8,32	8,19	8,05	19,29	19,80	20,33
6,8	13,87	14,12	14,39	6,84	6,73	6,63	8,46	8,32	8,19	19,55	20,07	20,61
6,9	14,05	14,30	14,58	6,96	6,85	6,74	8,59	8,46	8,32	19,82	20,34	20,88
7,0	14,22	14,49	14,76	7,07	6,97	6,86	8,73	8,59	8,46	20,08	20,61	21,16
7,1	14,40	14,67	14,94	7,19	7,08	6,97	8,87	8,73	8,59	20,34	20,88	21,43
7,2	14,58	14,85	15,13	7,31	7,20	7,09	9,01	8,87	8,72	20,61	21,15	21,71
7,3	14,76	15,03	15,31	7,42	7,31	7,20	9,14	9,00	8,86	20,87	21,42	21,99
7,4	14,94	15,21	15,49	7,54	7,43	7,32	9,28	9,14	8,99	21,13	21,69	22,26
7,5	15,12	15,39	15,68	7,66	7,55	7,43	9,42	9,27	9,13	21,40	21,95	22,54
7,6	15,30	15,57	15,86	7,77	7,66	7,55	9,55	9,41	9,26	21,66	22,22	22,81
7,7	15,48	15,75	16,05	7,89	7,78	7,66	9,69	9,54	9,39	21,92	22,49	23,09
7,8	15,66	15,94	16,23	8,01	7,89	7,78	9,83	9,68	9,53	22,19	22,76	23,36
7,9	15,83	16,12	16,41	8,12	8,01	7,99	9,96	9,82	9,66	22,45	23,03	23,64
8,0	16,01	16,30	16,60	8,24	8,13	8,01	10,10	9,95	9,80	22,71	23,30	23,91
8,1	16,19	16,48	16,78	8,36	8,24	8,12	10,24	10,09	9,93	22,98	23,57	24,19
8,2	16,37	16,66	16,96	8,47	8,36	8,24	10,38	10,22	10,06	23,24	23,84	24,46
8,3	16,55	16,84	17,15	8,59	8,47	8,35	10,51	10,36	10,20	23,50	24,11	24,74
8,4	16,73	17,02	17,33	8,71	8,59	8,47	10,65	10,49	10,33	23,77	24,38	25,01
8,5	16,91	17,21	17,51	8,82	8,70	8,58	10,79	10,63	10,47	24,03	24,64	25,29
8,6	17,09	17,39	17,70	8,94	8,82	8,70	10,92	10,76	10,60	24,29	24,91	25,56
8,7	17,27	17,57	17,88	9,06	8,94	8,81	11,06	10,90	10,73	24,56	25,18	25,84
8,8	17,45	17,75	18,07	9,17	9,05	8,92	11,20	11,04	10,87	24,82	25,45	26,11
8,9	17,62	17,93	18,25	9,29	9,17	9,04	11,33	11,17	11,00	25,08	25,72	26,39
9,0	17,80	18,11	18,43	9,41	9,28	9,15	11,47	11,31	11,14	25,34	25,99	26,66
9,1	17,98	18,29	18,62	9,52	9,40	9,27	11,61	11,44	11,27	25,61	26,26	26,94
9,2	18,16	18,47	18,80	9,64	9,52	9,38	11,75	11,58	11,40	25,87	26,53	27,21
9,3	18,34	18,66	18,98	9,76	9,63	9,50	11,88	11,71	11,54	26,13	26,80	27,49
9,4	18,52	18,84	19,17	9,87	9,75	9,61	12,02	11,85	11,67	26,40	27,07	27,76
9,5	18,70	19,02	19,35	9,99	9,86	9,73	12,16	11,98	11,81	26,66	27,33	28,04
9,6	18,88	19,20	19,54	10,11	9,98	9,84	12,29	12,12	11,94	26,92	27,60	28,31
9,7	19,06	19,38	19,72	10,22	10,10	9,96	12,43	12,26	12,07	27,19	27,87	28,59
9,8	19,24	19,56	19,90	10,34	10,21	10,07	12,57	12,39	12,21	27,45	28,14	28,87
9,9	19,41	19,74	20,09	10,46	10,33	10,19	12,70	12,53	12,34	27,71	28,41	29,14
Δ	18	18	18	12	12	11	14	14	13	26	27	28

P.P

	11	26		12	27		13	28		14		18
1	01	03	1	01	03	1	01	03	1	01	1	02
2	02	05	2	02	05	2	03	06	2	03	2	04
3	03	08	3	04	08	3	04	08	3	04	3	05
4	05	10	4	05	11	4	05	11	4	06	4	07
5	06	13	5	06	14	5	07	14	5	07	5	09
6	07	16	6	07	16	6	08	17	6	08	6	11
7	08	18	7	08	19	7	09	20	7	10	7	13
8	09	21	8	10	22	8	10	22	8	11	8	14
9	10	23	9	11	24	9	12	25	9	13	9	16

TALUS.

c D p (left group) — **c R p** (right group)

d	21	22	23	21	22	23
10,0	19,60	19,32	20,27	10,58	10,44	10,31
1	19,77	20,11	20,45	10,70	10,56	10,42
2	19,95	20,29	20,64	10,82	10,68	10,54
3	20,13	20,47	20,82	10,93	10,79	10,65
4	20,31	20,65	21,01	11,05	10,91	10,77
10,5	20,49	20,83	21,19	11,17	11,02	10,88
6	20,67	21,01	21,37	11,28	11,14	11,00
7	20,85	21,19	21,56	11,40	11,26	11,11
8	21,03	21,38	21,74	11,52	11,37	11,23
9	21,21	21,56	21,92	11,63	11,49	11,34
11,0	21,39	21,74	22,11	11,75	11,60	11,46
1	21,56	21,92	22,29	11,87	11,72	11,57
2	21,74	22,10	22,48	11,98	11,84	11,69
3	21,92	22,28	22,66	12,10	11,95	11,80
4	22,10	22,46	22,84	12,22	12,07	11,92
11,5	22,28	22,64	23,03	12,33	12,18	12,03
6	22,46	22,83	23,21	12,45	12,30	12,15
7	22,64	23,01	23,39	12,57	12,41	12,26
8	22,82	23,19	23,58	12,68	12,53	12,38
9	23,00	23,37	23,76	12,80	12,65	12,49
12,0	23,18	23,55	23,94	12,92	12,76	12,61
1	23,35	23,73	24,13	13,03	12,88	12,72
2	23,53	23,91	24,31	13,15	12,99	12,84
3	23,71	24,09	24,50	13,27	13,11	12,95
4	23,89	24,28	24,68	13,38	13,23	13,07
12,5	24,07	24,46	24,86	13,50	13,34	13,18
6	24,25	24,64	25,05	13,62	13,46	13,29
7	24,43	24,82	25,23	13,73	13,57	13,41
8	24,61	25,00	25,41	13,85	13,69	13,52
9	24,79	25,18	25,60	13,97	13,81	13,64
13,0	24,97	25,36	25,78	14,08	13,92	13,75
1	25,15	25,55	25,97	14,20	14,04	13,87
2	25,32	25,73	26,15	14,32	14,15	13,98
3	25,50	25,91	26,33	14,43	14,27	14,10
4	25,68	26,09	26,52	14,55	14,38	14,21
13,5	25,86	26,27	26,70	14,67	14,50	14,33
6	26,04	26,45	26,88	14,78	14,62	14,44
7	26,22	26,63	27,07	14,90	14,73	14,56
8	26,40	26,81	27,25	15,02	14,85	14,67
9	26,58	27,00	27,43	15,13	14,96	14,79
14,0	26,76	27,18	27,62	15,25	15,08	14,90
1	26,93	27,36	27,80	15,37	15,20	15,02
2	27,11	27,54	27,99	15,48	15,31	15,13
3	27,29	27,72	28,17	15,60	15,43	15,25
4	27,47	27,90	28,35	15,72	15,54	15,36
14,5	27,65	28,08	28,54	15,83	15,66	15,48
6	27,83	28,26	28,72	15,95	15,78	15,59
7	28,01	28,45	28,90	16,07	15,89	15,71
8	28,19	28,63	29,09	16,18	16,01	15,82
9	28,37	28,81	29,27	16,30	16,12	15,94
Δ	18	13	18	12	12	11

r	21	22	23	21	22	23
10,0	12,85	12,66	12,48	27,98	28,68	29,42
1	12,98	12,80	12,61	28,24	28,95	29,70
2	13,12	12,93	12,75	28,50	29,22	29,97
3	13,26	13,07	12,88	28,77	29,49	30,25
4	13,34	13,20	13,01	29,03	29,76	30,52
10,5	13,53	13,34	13,15	29,29	30,03	30,80
6	13,67	13,47	13,28	29,56	30,30	31,07
7	13,80	13,61	13,42	29,82	30,57	31,35
8	13,94	13,75	13,55	30,08	30,84	31,63
9	14,07	13,88	13,68	30,34	31,10	31,90
11,0	14,22	14,02	13,82	30,61	31,37	32,18
1	14,35	14,15	13,95	30,87	31,64	32,45
2	14,49	14,29	14,09	31,13	31,91	32,73
3	14,63	14,42	14,22	31,40	32,18	33,00
4	14,76	14,56	14,35	31,66	32,45	33,28
11,5	14,90	14,69	14,49	31,92	32,72	33,55
6	15,04	14,83	14,62	32,19	32,99	33,83
7	15,17	14,97	14,76	32,45	33,26	34,10
8	15,31	15,10	14,89	32,71	33,53	34,38
9	15,45	15,24	15,02	32,98	33,79	34,65
12,0	15,59	15,37	15,16	33,24	34,06	34,93
1	15,72	15,51	15,29	33,50	34,33	35,20
2	15,86	15,64	15,43	33,77	34,60	35,48
3	16,00	15,78	15,56	34,03	34,87	35,75
4	16,13	15,91	15,69	34,29	35,14	36,03
12,5	16,27	16,05	15,83	34,56	35,41	36,30
6	16,41	16,19	15,96	34,82	35,68	36,58
7	16,54	16,32	16,10	35,08	35,95	36,85
8	16,68	16,46	16,23	35,35	35,22	37,13
9	16,82	16,59	16,36	35,61	36,48	37,40
13,0	16,96	16,73	16,50	35,87	36,75	37,68
1	17,09	16,86	16,63	36,14	37,02	37,95
2	17,23	17,00	16,77	36,40	37,29	38,23
3	17,37	17,13	16,90	36,66	37,56	38,51
4	17,49	17,27	17,03	36,92	37,83	38,78
13,5	17,63	17,41	17,17	37,19	38,10	39,06
6	17,77	17,54	17,30	37,43	38,37	39,33
7	17,90	17,68	17,44	37,71	38,64	39,61
8	18,04	17,81	17,57	37,98	38,91	39,88
9	18,18	17,95	17,70	38,24	39,17	40,16
14,0	18,33	18,08	17,84	38,50	39,44	40,43
1	18,46	18,22	17,97	38,77	39,71	40,71
2	18,60	18,36	18,11	39,03	39,98	40,98
3	18,74	18,49	18,24	39,29	40,25	41,26
4	18,87	18,63	18,37	39,56	40,52	41,53
14,5	19,01	18,76	18,51	39,82	40,79	41,81
6	19,15	18,90	18,64	40,08	41,06	42,08
7	19,28	19,03	18,78	40,35	41,33	42,36
8	19,42	19,17	18,91	40,61	41,60	42,63
9	19,56	19,30	19,04	40,87	41,86	42,91
Δ	14	14	13	25	27	23

P·P

	11	26		12	27		13	28		14		18
1	01	03		01	03		01	03		01		02
2	02	05		02	05		03	06		03		04
3	03	08		04	08		04	08		04		05
4	05	10		05	11		05	11		06		07
5	06	13		06	14		07	14		07		09
6	07	16		07	16		08	17		08		11
7	08	18		08	19		09	20		10		13
8	09	21		10	22		10	22		11		14
9	10	23		11	24		12	25		13		16

d	c / D — 24	c / D — 25		P — 24	P — 25		r	c / R — 24	c / R — 25		P — 24	P — 25		P·P
0,0	2,01	2,13					0,0				2,03	2,16		**11**
1	2,20	2,31					1				2,31	2,45		1 01
2	2,38	2,50					2				2,59	2,74		2 02
3	2,57	2,69					3				2,87	3,03		3 03
4	2,75	2,88					4				3,15	3,32		4 05
0,5	2,94	3,06					0,5				3,44	3,61		5 06
6	3,13	3,25					6				3,72	3,89		6 07
7	3,31	3,44					7				4,00	4,18		7 08
8	3,50	3,63					8				4,28	4,47		8 09
9	3,68	3,82					9				4,56	4,76		9 10
1,0	3,87	4,01					1,0				4,84	5,05		**13**
1	4,06	4,19		0,02			1				5,12	5,34		1 01
2	4,24	4,38		0,14	0,08		2				5,40	5,62		2 03
3	4,43	4,57		0,25	0,20		3	0,77	0,72		5,69	5,91		3 04
4	4,61	4,76		0,36	0,31		4	0,90	0,85		5,97	6,20		4 05
1,5	4,80	4,95		0,48	0,42		1,5	1,03	0,98		6,25	6,49		5 07
6	4,93	5,14		0,59	0,54		6	1,17	1,11		6,53	6,78		6 08
7	5,17	5,33		0,71	0,65		7	1,30	1,25		6,81	7,07		7 09
8	5,36	5,51		0,82	0,76		8	1,43	1,38		7,09	7,35		8 10
9	5,54	5,70		0,93	0,88		9	1,56	1,51		7,37	7,64		9 12
2,0	5,73	5,89		1,05	0,99		2,0	1,70	1,64		7,66	7,93		**19**
1	5,92	6,08		1,16	1,10		1	1,83	1,77		7,94	8,22		1 02
2	6,10	6,27		1,28	1,22		2	1,96	1,90		8,22	8,51		2 04
3	6,29	6,46		1,39	1,33		3	2,09	2,03		8,50	8,80		3 06
4	6,47	6,65		1,50	1,44		4	2,23	2,16		8,78	9,09		4 08
2,5	6,66	6,83		1,62	1,56		2,5	2,36	2,29		9,06	9,37		5 10
6	6,85	7,02		1,73	1,67		6	2,49	2,43		9,34	9,66		6 11
7	7,03	7,21		1,85	1,78		7	2,63	2,56		9,63	9,95		7 13
8	7,22	7,40		1,96	1,89		8	2,76	2,69		9,91	10,24		8 15
9	7,40	7,59		2,07	2,01		9	2,89	2,82		10,19	10,53		9 17
3,0	7,59	7,78		2,19	2,12		3,0	3,02	2,95		10,47	10,82		**28**
1	7,78	7,96		2,30	2,23		1	3,16	3,08		10,75	11,10		1 03
2	7,96	8,15		2,42	2,35		2	3,29	3,21		11,03	11,39		2 06
3	8,15	8,34		2,53	2,46		3	3,42	3,34		11,31	11,68		3 08
4	8,33	8,53		2,64	2,57		4	3,55	3,47		11,60	11,97		4 11
3,5	8,52	8,72		2,76	2,69		3,5	3,69	3,61		11,88	12,26		5 14
6	8,71	8,91		2,87	2,80		6	3,82	3,74		12,16	12,55		6 17
7	8,89	9,10		2,99	2,91		7	3,95	3,87		12,44	12,83		7 20
8	9,08	9,28		3,10	3,03		8	4,08	4,00		12,72	13,12		8 22
9	9,26	9,47		3,21	3,14		9	4,22	4,13		13,00	13,41		9 25
4,0	9,45	9,66		3,33	3,25		4,0	4,35	4,26		13,28	13,70		**29**
1	9,64	9,85		3,44	3,36		1	4,48	4,39		13,57	13,99		1 03
2	9,82	10,04		3,56	3,48		2	4,61	4,52		13,85	14,28		2 06
3	10,01	10,23		3,67	3,59		3	4,75	4,65		14,13	14,56		3 09
4	10,19	10,42		3,78	3,70		4	4,88	4,79		14,41	14,85		4 12
4,5	10,38	10,60		3,90	3,82		4,5	5,01	4,92		14,69	15,14		5 15
6	10,57	10,79		4,01	3,93		6	5,14	5,05		14,97	15,43		6 17
7	10,75	10,98		4,13	4,05		7	5,28	5,18		15,25	15,72		7 20
8	10,94	11,17		4,24	4,16		8	5,41	5,31		15,54	16,01		8 23
9	11,12	11,36		4,35	4,27		9	5,55	5,44		15,82	16,30		9 26
Δ	19	19		11	11		Δ	13	13		28	29		

TALUS.

d	c — D 2¼	c — D 2⅓	p 2¼	p 2⅓	r	c — R 2¼	c — R 2⅓	p 2¼	p 2⅓
5,0	11,31	11,55	4,17	4,38	5,0	5,67	5,57	16,11	16,59
1	11,50	11,74	4,28	4,50	1	5,81	5,70	16,39	16,87
2	11,69	11,92	4,40	4,61	2	5,94	5,83	16,68	17,16
3	11,87	12,11	4,51	4,72	3	6,07	5,97	16,96	17,45
4	12,06	12,30	4,63	4,84	4	6,20	6,10	17,24	17,74
5,5	12,24	12,49	5,04	4,95	5,5	6,34	6,23	17,52	18,03
6	12,43	12,68	5,15	5,06	6	6,47	6,36	17,80	18,32
7	12,62	12,87	5,27	5,18	7	6,60	6,49	18,08	18,60
8	12,80	13,06	5,38	5,29	8	6,73	6,62	18,36	18,89
9	12,99	13,24	5,50	5,39	9	6,87	6,75	18,65	19,18
6,0	13,17	13,43	5,61	5,51	6,0	7,00	6,88	18,93	19,47
1	13,36	13,62	5,73	5,63	1	7,13	7,01	19,21	19,76
2	13,55	13,81	5,84	5,74	2	7,26	7,15	19,49	20,05
3	13,73	14,00	5,95	5,85	3	7,40	7,28	19,77	20,33
4	13,92	14,19	6,07	5,97	4	7,53	7,41	20,05	20,62
6,5	14,10	14,37	6,18	6,08	6,5	7,66	7,54	20,33	20,91
6	14,29	14,56	6,29	6,19	6	7,79	7,67	20,61	21,20
7	14,48	14,75	6,41	6,31	7	7,93	7,80	20,90	21,49
8	14,66	14,94	6,52	6,42	8	8,06	7,93	21,18	21,78
9	14,85	15,13	6,64	6,53	9	8,19	8,06	21,46	22,07
7,0	15,03	15,32	6,75	6,65	7,0	8,33	8,19	21,74	22,35
1	15,22	15,51	6,86	6,76	1	8,46	8,33	22,02	22,64
2	15,41	15,69	6,98	6,87	2	8,59	8,46	22,30	22,93
3	15,59	15,88	7,09	6,99	3	8,72	8,59	22,58	23,22
4	15,78	16,07	7,21	7,10	4	8,86	8,72	22,87	23,51
7,5	15,96	16,26	7,32	7,21	7,5	8,99	8,85	23,15	23,80
6	16,15	16,45	7,43	7,32	6	9,12	8,98	23,43	24,08
7	16,34	16,64	7,55	7,44	7	9,25	9,11	23,71	24,37
8	16,52	16,83	7,66	7,55	8	9,39	9,24	23,99	24,66
9	16,71	17,01	7,78	7,66	9	9,52	9,37	24,27	24,95
8,0	16,89	17,20	7,89	7,78	8,0	9,65	9,51	24,55	25,24
1	17,08	17,39	8,00	7,89	1	9,78	9,64	24,84	25,53
2	17,27	17,58	8,12	8,00	2	9,92	9,77	25,12	25,81
3	17,45	17,77	8,23	8,12	3	10,05	9,90	25,40	26,10
4	17,64	17,95	8,35	8,23	4	10,18	10,03	25,68	26,39
8,5	17,82	18,14	8,46	8,34	8,5	10,31	10,16	25,96	26,68
6	18,01	18,33	8,57	8,46	6	10,45	10,29	26,24	26,97
7	18,20	18,52	8,69	8,57	7	10,58	10,42	26,52	27,26
8	18,38	18,71	8,80	8,68	8	10,71	10,55	26,81	27,55
9	18,57	18,90	8,92	8,79	9	10,84	10,69	27,09	27,83
9,0	18,75	19,09	9,03	8,91	9,0	10,98	10,82	27,37	28,12
1	18,94	19,28	9,14	9,02	1	11,11	10,95	27,65	28,41
2	19,13	19,46	9,26	9,13	2	11,24	11,08	27,93	28,70
3	19,31	19,65	9,37	9,25	3	11,38	11,21	28,21	28,99
4	19,50	19,84	9,49	9,36	4	11,51	11,34	28,49	29,28
9,5	19,68	20,03	9,60	9,47	9,5	11,64	11,47	28,78	29,56
6	19,87	20,22	9,71	9,59	6	11,77	11,60	29,06	29,85
7	20,06	20,41	9,83	9,70	7	11,91	11,73	29,34	30,14
8	20,24	20,60	9,94	9,81	8	12,04	11,87	29,62	30,43
9	20,43	20,78	10,06	9,93	9	12,17	12,00	29,90	30,72
Δ	19	19	11	11	Δ	13	13	28	29

P·P

	11		13		19		28		29
1	01	1	01	1	02	1	03	1	03
2	02	2	03	2	04	2	06	2	06
3	03	3	04	3	06	3	08	3	09
4	05	4	05	4	08	4	11	4	12
5	06	5	07	5	10	5	14	5	15
6	07	6	08	6	11	6	17	6	17
7	08	7	09	7	13	7	20	7	20
8	09	8	10	8	15	8	22	8	23
9	10	9	12	9	17	9	25	9	26

D: c 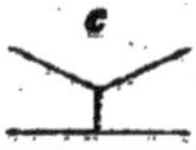 p 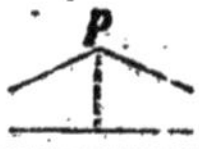

R: c 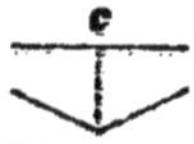 p 

d	D c 24	D c 25	D p 24	D p 25	r	R c 24	R c 25	R p 24	R p 25	p.p	
10,0	20,62	20,97	10,17	10,04	10,0	12,30	12,13	30,20	31,01		11
1	20,81	21,16	10,29	10,15	1	12,43	12,26	30,48	31,30	1	01
2	20,99	21,35	10,40	10,27	2	12,57	12,39	30,77	31,58	2	02
3	21,18	21,54	10,52	10,38	3	12,70	12,52	31,04	31,87	3	03
4	21,36	21,73	10,63	10,49	4	12,83	12,65	31,32	32,16	4	05
10,5	21,55	21,92	10,74	10,61	10,5	12,96	12,78	31,60	32,45	5	06
6	21,74	22,10	10,86	10,72	6	13,10	12,91	31,88	32,74	6	07
7	21,92	22,29	10,97	10,83	7	13,23	13,05	32,17	33,03	7	08
8	22,11	22,48	11,09	10,95	8	13,35	13,18	32,45	33,32	8	09
9	22,29	21,67	11,20	11,06	9	13,49	13,31	32,73	33,60	9	10
11,0	22,48	22,86	11,31	11,17	11,0	13,63	13,44	33,01	33,89		13
1	22,67	23,05	11,43	11,28	1	13,76	13,57	33,29	34,18	1	01
2	22,85	23,24	11,54	11,40	2	13,89	13,70	33,57	34,47	2	03
3	23,04	23,42	11,66	11,51	3	14,03	13,83	33,85	34,76	3	04
4	23,22	23,61	11,77	11,62	4	14,16	13,96	34,14	35,05	4	05
11,5	23,41	23,80	11,88	11,74	11,5	14,29	14,09	34,42	35,33	5	07
6	23,60	23,99	12,00	11,85	6	14,42	14,23	34,70	35,62	6	08
7	23,78	24,18	12,11	11,96	7	14,56	14,36	34,98	35,91	7	09
8	23,97	24,37	12,23	12,08	8	14,69	14,49	35,26	36,20	8	10
9	24,15	24,55	12,34	12,19	9	14,82	14,62	35,54	36,49	9	12
12,0	24,34	24,74	12,45	12,30	12,0	14,95	14,75	35,82	36,78		19
1	24,53	24,93	12,57	12,42	1	15,09	14,88	36,11	37,06	1	02
2	24,71	25,12	12,68	12,53	2	15,22	15,01	36,39	37,35	2	04
3	24,90	25,31	12,80	12,64	3	15,35	15,14	36,67	37,64	3	06
4	25,08	25,50	12,91	12,76	4	15,48	15,27	36,95	37,93	4	08
12,5	25,27	25,69	13,02	12,87	12,5	15,62	15,41	37,23	38,22	5	10
6	25,46	25,87	13,14	12,98	6	15,75	15,54	37,51	38,51	6	11
7	25,64	26,06	13,25	13,09	7	15,88	15,67	37,79	38,79	7	13
8	25,83	26,25	13,37	13,21	8	16,01	15,80	38,08	39,08	8	15
9	26,01	26,44	13,48	13,32	9	16,15	15,93	38,36	39,37	9	17
13,0	26,20	26,63	13,59	13,43	13,0	16,28	16,06	38,64	39,66		28
1	26,39	26,82	13,71	13,55	1	16,41	16,19	38,92	39,95	1	03
2	26,57	27,01	13,82	13,66	2	16,54	16,32	39,20	40,24	2	06
3	26,76	27,19	13,94	13,77	3	16,68	16,45	39,48	40,53	3	08
4	26,94	27.38	14,05	13,89	4	16,81	16,59	39,76	40,81	4	11
13,5	27,13	27,57	14,16	14,00	13,5	16,94	16,72	40,05	41,10	5	14
6	27,32	27,76	14,28	14,11	6	17,08	16,85	40,33	41,39	6	17
7	27,50	27,95	14,39	14,23	7	17,21	16,98	40,61	41,68	7	20
8	27,69	28,14	14,51	14,34	8	17,34	17,11	40,89	41,97	8	22
9	27,87	28,32	14,62	14,45	9	17,47	17,24	41,17	42,26	9	25
14,0	28,06	28,51	14,73	14,56	14,0	17,61	17,37	41,45	42,54		29
1	28,25	28,70	14,85	14,68	1	17,74	17,50	41,73	42,83	1	03
2	28,43	28,89	14,96	14,79	2	17,87	17,63	42,02	43,12	2	06
3	28,62	29,08	15,08	14,90	3	18,00	17,77	42,30	43,41	3	09
4	28,80	29,27	15,19	15,02	4	18,14	17,90	42,58	43,70	4	12
14,5	28,99	29,46	15,30	15,13	14,5	18,27	18,03	42,86	43,99	5	15
6	29,18	29,64	15,42	15,24	6	18,40	18,16	43,14	44,27	6	17
7	29,36	29,83	15,53	15,36	7	18,53	18,29	43,42	44,56	7	20
8	29,55	30,02	15,65	15,47	8	18,67	18,42	43,70	44,85	8	23
9	29,73	30,21	15,76	15,58	9	18,80	18,55	43.99	45,14	9	26
Δ	19	19	11	11	Δ	13	13	28	29